品質管制

劉漢容　著

三民書局

國家圖書館出版品預行編目資料

品質管制／劉漢容著.－－初版一刷.－－臺北市；三
民，2003
  面； 公分
參考書目：面
ISBN 957－14－3856－1 （平裝）

  1.品質管理

494.56   92015465

網路書店位址 http://www.sanmin.com.tw

© 品 質 管 制

著作人   劉漢容
發行人   劉振強
著作財
產權人   三民書局股份有限公司
          臺北市復興北路386號
發行所   三民書局股份有限公司
          地址／臺北市復興北路386號
          電話／(02)25006600
          郵撥／0009998－5
印刷所   三民書局股份有限公司
門市部   復北店／臺北市復興北路386號
          重南店／臺北市重慶南路一段61號
初版一刷 2003年9月
編 號   S 493340

基本定價 玖 元

行政院新聞局登記證局版臺業字第○二○○號

ISBN 957－14－3856－1 （平裝）

自　序

　　自十九世紀以來，二十世紀初開始孕育的品質管理，歷經多年來的發展和演進，從統計品質管制，而全面品質管制，到如今的全面品質管理，每一階段都有豐碩的成果，留下明確清晰的軌跡，讓我們繼續享有前人的知識和智慧，踏著前人的腳步，向前邁進，豐富了人類生活品質，讓人類有品質尊嚴的人生。

　　我國自 1953 年導入品質管理以來，歷經半世紀的全民努力，塑造了我們的品質意識、理念和文化，更因為緊鄰日本，受到日本品質革命之風的影響，加上留美學者的返國服務，共同掀起品質革命，在全球化嚴苛且劇烈的競爭下，我們的商品、經營管理品質，仍然屹立不搖。

　　作者出道四十年來，尤其在最近的二十年，全心全力投入品質管理的研究、教學、推廣和應用工作上，期間又蒙產官學界各學者專家的時賜教誨，略有心得，稍有成就。如今帶著品質管制者的一份使命，將研究和學習成果、實務經驗，彙整編著成本書，期望對我國品質界略盡棉薄之力，也藉此與學者專家及企業界的朋友交換心得。

　　這四十年來，承蒙諸位學者專家以及師長的提攜、鼓勵和指導甚多，於此，一併僅致我最深的謝忱。

　　作者學習、成長和服務於國立成功大學工業管理系，退休之後的教學之旅，經歷長榮大學資訊管理系，如今來到輔英科技大學的管理資訊學院，在這歷程中所獲得的指導、協助、教益及提拔，不勝枚舉，於此謹致最深的感激，當永銘心中。作者雖早已步入知天命之年，唯才疏學淺，尚祈晚學先進，不吝指正。

劉漢容

識於私立輔英科技大學

資管學院

2003 年 8 月 25 日

品質管制

目次

第1章

概　論

1-1　品質新時代的挑戰

　　自工業革命以來，科技的發展日益千里，尤其在產品的製造技術上更日益精進，新產品也不斷地推陳出新，快速攻佔市場，讓消費者享受到更多更好的產品及其服務。更由於電腦科技，不論在硬體或軟體上的長足且快速發展和應用之普及化、自動化及無人化生產的漸漸開展，加上管理知能的不斷提升，帶動環球工業走向更新更遠的里程。同時由於知識爆炸，「知」的權力普遍受到重視，人們對產品及服務愈來愈了解，對其需求和期望也愈來愈多愈高，因而，品質帶來的新時代挑戰如下：

1.品質水準不斷提升

　　由於人類生活水準不斷地提升，因此消費者或顧客對品質的需求和期望也不斷上揚，導致生產者走向顧客導向的時代。一方面必須不斷創新產品或服務以增加其功用和性能；另一方面必須不斷提高品質水準，以滿足人類的需求甚或超越人類的期望。

2.品質競爭劇烈且全球化

　　由於交通工具的發達，導致全球各國的距離縮短，使得產品和服務的競爭達短兵相接的境地。因此，已開發國家必須努力向前推進，開發

中國家的工業化急起直追以及未開發國家也不斷努力以求工業化,使得國際間產品的競爭,風雲變化,此起彼落,遵循了「優勝劣敗,適者生存」的原則。因此,誰的產品或服務的品質愈佳,價格愈低,則其產品或服務的競爭力愈強,其公司的基礎愈穩固,足以達成永續生存的境界。

3.產品壽命及可靠度的備受重視

原先由於太空的發展,系統不但愈形複雜且零組件眾多,因而對產品及零組件的壽命及可靠度具有高度的需求。但隨著時代的變化,一些精密度高的產品,甚至一般的耐用材,也不斷地重視和注重。近年來,可靠度的理念也從產品的結果走向設計階段,換言之,在設計階段已導入產品壽命或可靠度的理念,使品質達到更高一層的境界。

4.品質、生產力與成本

品質管制一旦實施良好,不合格產品必然減少,一方面可提高生產力,另一方面也降低生產成本。

1-2　品質、品級的意義

好的品質並非最好的意思,而是滿足顧客的需求和期望,茲以各學者專家及品質專業機構對品質所下的定義來加以詮釋:

1.戴明博士

品質應為顧客現在及未來的需求。

戴明博士重視顧客的需求,直接以顧客需求為品質之定義。因此品質必須隨時代而改變且必須時時加以調查以探討真正的顧客需求。

2.裘蘭博士

品質就是適用 (Fitness for Use)。

品質的功能在於達成適用的各項活動的集合體,而不論其活動發生在那裡。

適用就是適合其既定用途的程度。

3. 費根堡博士

品質係產品在市場、工程、製造及維護上的綜合特性，透過其使用以滿足顧客的需求。

4. 石川馨博士

產品的品質係工程和製造的綜合特性，這種特性使得產品使用時能滿足顧客的期望。

狹義的品質：產品的品質。

廣義的品質：工作品質、服務品質、資訊品質、人力品質、工程品質、系統品質、公司品質等等。

5. 田口玄一博士

品質是產品出廠後帶給社會的損失。

6. 克勞斯比先生

品質即是合乎標準或規格。

7. 國際標準組織

品質係一產品或服務的特色或特性綜合體，具有滿足既定需求的能力。

至於品級，依據 ISO 8402 辭彙釋義，品級係將有相同功用而有不同品質要求的實體給予類別或級別。換言之，等級係反映所規劃或認定的品質要求差別，著重在功能用途與成本之關係，如旅館業之五星級、四星級……等等。但高等級實體（如五星級飯店）仍然可能有不滿意的品質，反之亦然。

1–3 管制的意義

管制係建立標準且採取適當行動以符合標準的程序，其步驟如下：

(1)選定管制主題

(2)決定衡量方法和單位

(3)設定標準或規格

(4)選用適當的檢驗設備

(5)實際量測和檢驗

(6)分析和解釋差異

(7)採取改正對策

1–4 品質管理的意義

1. 戴明博士

統計品質管制係一管制過程，衡量實際的品質績效，與標準加以比較，針對其差異，採取必要的改正對策。

2. 費根堡博士

全面品質管制係將組織內各單位的品質規劃、品質管制及品質改善等各項努力整合起來，使生產和服務皆能在最經濟的水準上，使顧客完全滿意的一種有效制度。

3. 美國國防部

品質管制係一種管理機能，用以管制原材料或成品以防止不良品的產生。

4. 美國國家標準

品質管制係作業技術及活動以維持產品或服務的品質，俾滿足顧客

需求，同時也包含這些技術和活動之應用與推動。

5.國際標準組織

國際標準組織在 ISO 9000 系列品質管理與品質保證上之定義為：「品質管理係指決定和實施品質政策之整體管理功能面」，而「品質政策係高階層正式宣示其組織的全盤品質意圖和方向」。

基於上述的定義，可知品質管理係一種經營管理的方法，運用其組織、規劃及管制的機能以達產品、服務、人力、過程及環境等各項品質的永續改善，締造全公司的最大競爭力。

1–5　品質管理的發展和演進

1–5–1　品質管理的發展

品質管制係以統計理論為基礎，再融入其他學門的知識，用以控制產品及服務的生產過程及其品質。品質管制早在 1882 年美國貝爾電話公司 (American Bell Telephone Company) 與西方電器公司 (Western Electric Company) 簽約時已有品質保證的理念，條款中規定了嚴格的檢驗要求。自此到 1920 年代之間仍停留在強化檢驗的階段，很少應用統計學原理。

美國貝爾電話實驗室 (Bell Telephone Laboratory) 的蕭華特博士 (W. A. Shewhart) 於 1924 年首先將統計原理應用在工業生產方面，其備忘錄上已繪有今日常用的管制圖形式，此一新技術不斷地發展和演進，直到 1931 年蕭華特博士出版《工業製品品質之經濟管制》(*Economic Control of Quality of Manufactured Products*) 一書後，始奠定了統計品質管制的基礎。

1925 年成立貝爾電話實驗室時係由愛德華 (George D. Edwards) 主持，其成員尚有蕭華特 (Walter A. Shewhart)、道奇 (Harold F. Dodge)，

他們成為近代品質管制的先驅。1930 年代道奇和雷敏 (H. G. Romig) 成功地將機率理論應用於驗收抽樣上，發表著名的道奇－雷敏抽樣計畫表 (Dodge-Romig Sampling Inspection Tables)。其時，美國工業界對統計的品質管制技術並不熱衷，甚少廠商採用。

直到二次世界大戰開始，美軍需要大量的軍用品，必須向民間企業公司採購，為了確保驗收產品的品質合乎要求及規範，因而大量採用抽樣計畫以驗收產品，導致民間企業不得不群起效法，大量引用統計品質管制技術於產品的製造上，帶來美國企業品質管制的蓬勃發展。

1940 年美國軍方委託美國標準協會 (American Standards Association) 制定戰時三標準 （War Standards Z1.1–1941, Z1.2–1941 及 Z1.3–1942)，詳細說明統計品質管制之內容和用法。

美國軍方又於 1942 年與哥倫比亞大學合作，成立哥倫比亞大學統計研究小組 (Statistical Research Group of Columbia University)，此小組的成果有制定「海軍計數值抽樣計畫」(Navy Manual on Sampling Inspection by Attributes)，由何特霖 (Harold Hotelling) 發展的 T^2 對管制圖，將多變量分析應用在品質管制上，另一極重大的貢獻為由華德 (A. Wald) 所發展的「逐次抽樣計畫」(Sequential Sampling)，此計畫曾列為美國國防機密之一，直到 1945 年始公諸於世。

二次世界大戰帶來品質管制的廣泛應用，確實帶給美國工業界產品品質及生產技術的長足進步，不僅產量大幅提高，生產成本也大大的降低。其成就一方面歸功於學者專家的投入研究行列，發展各種技術和方法，另一方面則是教育訓練的功勞，在戰爭期間，教育訓練及品管研究會林立，因此於戰後，由各研究會聯合成立美國品質管制協會 (American Society for Quality Control)，1946 年設立於紐約市，並發行《工業品質管制月刊》(*Industrial Quality Control*)，從 1968 年起改名為《品質進展》(*Quality Progress*)，發行至今。同時又發行《品質技術期刊》(*Journal of Quality Technology*)，每年發行四次，著重於統計理論和技術之發展。

　　二次世界大戰後，美國各大學均開授有關品質管制相關課程，而各公司企業亦多成立品質管制部門，負責推動品質管制活動，成效良好。戰後許多品質標準的建立仍由美軍主導且在美國國防部 (The United States Department of Defense) 名下發行，美國國家標準機構（American National Standard Institute，簡稱 ANSI）也參與其工作，逐漸成為主導地位。同時在民間方面，美國國家標準機構 (ANSI) 加入國際標準組織（The International Organization for Standardization，簡稱 ISO）為會員，國際標準組織在品質管制方面設有二個技術小組，即 TC 69 負責統計方法發展，TC 176 則負責品質保證，因而發展出今日極重要的 ISO 9000 系列品質保證系統及品質認證作業。

　　二次世界大戰之前的日本，毫無品質管制理念，加上戰爭的摧殘，使得日本的產品成為聞名的「東洋貨」（濫貨），戰後於 1950 年由日本規格協會（The Union of Japanese Scientists and Engineers，簡稱 JUSE）邀請美國戴明博士 (Dr. William Edwards Deming) 赴日作為期 8 天的演講，針對企業的領導者及高級主管講授統計品質管制，掀起了日本人追求品質狂熱而帶動了日本的品質革命，為紀念戴明博士的貢獻，於 1951 年設立戴明獎 (Deming Prize)，頒給推動品質管制成功的企業或個人。

　　日本規格協會頒授 JIS 品質標幟，制定 JIS 標準，均成為舉世聞名的標準制度。

　　推動日本品質管制最有貢獻的日本人首推東京大學教授石川馨博士 (Dr. Kaoru Ishikawa)，他於 1950 年開始學習品質管制，從 1955 年開始在日本大力推動品質管制，他發展了要因分析圖 (Cause and Effect Diagram)，並經彙總而創立品管圈 (Quality Control Circles) 制度，不僅訓練了基層人員的領導與創造能力，啟發了人員潛在的工作能力，而且逐漸改善了日本的生產技術和產品品質。他更引進美國費根堡博士 (Dr. A. V. Feigenbaum) 的全面品質管制 (Total Quality Control)，融合日本的文化而發展「全公司品質管制」(Company-Wide Quality Control，簡稱 CWQC)。

　　其次，應屬田口玄一博士 (Dr. G. Taguchi)，他於 1970 年代開始發展其田口方法，透過實驗計畫以從事系統設計、參數設計及公差設計，到 1980 年代開始顯露頭角，而行至如今，已舉世聞名，廣為世界各工業國家企業所採用。

　　亞洲地區推動品質管制的組織為亞洲生產力組織 (Asian Productivity Organization)，協助亞洲各國推動生產力提升及品質管制工作，該組織於 1964 年在東京召開第一次品質管制會議，後於 1965 年在香港召開第二次品質管制會議，以交換各會員國實施品質管制之經驗。

　　中華民國於 1953 年 1 月引進統計品質管制，由臺灣肥料公司第五廠開始試行；同年 7 月，聯勤生產署轄下的兵工廠，在兵器製造上也著手實施。兩單位實施的結果，成效均相當良好，可惜當時我國工業發展正在起步階段，無暇顧及品質之改善，而在教育訓練也未能全面展開，也沒有相關的機構來提倡和輔導，因而觀念及風氣均未形成，品質管制未為工業界普遍採用。

　　從 1957 年開始推動的第二期四年經濟建設計畫（1957 至 1960 年）中，明列工業發展的目標為改進品質、提高生產效能及發展出口工業等項目。其時，中國生產力中心已於 1955 年底成立，以協助企業提高生產力為目標，俾達成「更佳品質」、「更低成本」、「更多利潤」及「更高待遇」為理想，該中心更廣邀臺肥公司與兵工廠的專家及臺大、成大的教授共同合作積極推動品質管制工作。其方式係選擇二、三家適於實施品質管制的廠商，協助其構建品質管制的技術和方法並推動之，以作為其他廠商的示範。同時，舉辦品質管制講習會、演講會以訓練各公司之管理人員和技術人員。又遴選優秀人員赴美國及日本受訓和考察。

　　最初幾年，由於各廠商對品質管制之認識不足、意願不高，推行成績並不理想。於是中國生產力中心乃建議政府採行政措施，以強化品質管制的推動工作。於是，於 1962 年成立「經濟部工礦業產品品質管制審議委員會」，為全國推行品質管制的最高審議機構。該委員會釐訂「推動國內工業實施品質管制辦法」，於 1963 年公佈實施。1964 年成立「中

華民國品質管制學會」（簡稱 CSQC），便於國內品管專家及從業人員得以相互切磋研究並交換品管工作之經驗，也便於與國際品管組織或機構聯繫並引進新的品管技術和方法。

工礦業產品品質審議委員會又於 1967 年倡導全面品質管制，並遴選公營事業機構四家試辦。經濟部商品檢驗局依據「國產商品實施品質管制、使用正字標記及申請分等檢驗聯繫辦法」及「國產商品實施品質管制辦法」實施檢驗作業。

工業局於 1976 年公佈「合格外銷工廠登記處理要點」，且從 1977 年起執行「品管列等合格外銷工廠追蹤考核實施要點」，直到近年才為 ISO9000 品質保證制度所取代，以符合世界品質潮流。

中華民國品質管制學會成立於民國 53 年，對我國品質管制的發展佔著舉足輕重的地位，從教育訓練、月刊發行、品管獎項的頒發、證照制度的推動到各項品質活動的推展，帶動我國品質管制的蓬勃發展。

行政院為提升我國的競爭力，從民國 77 年開始推動「全面提升產品品質計畫」，每一階段為期 5 年的計畫，以執行品質人才教育訓練、產品品質技術推廣、品質綜合研究發展、品質意識推廣、實驗室認證及國家品質獎等工作。

二次世界大戰之後，美國的品質管制雖然持續發展且進步中，如國家標準及國際標準之建立，可靠度的快速發展以及 1960 年代所孕育的全面品質管制的理念和技術，同時，戰後，裘蘭博士大力主張高階管理、領導及密集訓練等的必要，戴明博士則肩負統計品質管制的理論技術推廣，但美國工商企業界一直沉醉於工業王國、世界第一的美夢中，直到 1980 年代，日本產品，不論汽車、電器產品及光學產品，充斥且搶佔美國市場時，才開始覺醒，重拾品質管制先聖先賢的理念、制度和技術，如蕭華特博士的管制圖、戴明博士的品質 14 點、裘蘭博士的品質三部曲以及克勞斯比的無缺點理念與品質實施 14 步驟。同時汲取全公司品質管制的理念和技術，以及田口式品質工程而孕育了今日的全面品質管理（Total Quality Management，簡稱 TQM），而於八〇年代末期開始急

起直追，如今美國的品質管理，在工商企業界雖仍然稍微落後於日本，但在政府機構的行政部門已稍稍超越日本，美國是否能重拾回其工業王國、品質第一的信譽，廿一世紀即可見分曉。

我國近年來亦大力推展品質管理，從 1988 年開始推動為期五年的「全面提升品質計畫」(National Quality Promotion Program，簡稱 NQPP)，在本計畫下有國家品質獎、全國團結競賽、優良案例獎及品質月等活動，締造了前所未有的功效，如今已進入第四個五年計畫中。又於 1990 年推動為期五年的「全面產品形象提升計畫」，編列新臺幣 10 億元投入國際消費者市場以期提升我國產品的形象，1995 年開始進入第二期，更編列新臺幣 16 億元的預算。

1-5-2　品質管理之演進

提倡全面品質管制的費根堡博士將品質管制演進的過程歸納而劃分為五個階段，每一階段歷時約二十年。

第一階段為操作員品質管制

其期間約在十九世紀末葉，其時著重於個人技藝的表現及其成就感，同時也盛行學徒制，因此，每一操作員均負責整個產品的製造過程，也同時負責並管制其品質。當時已有確保零件互換性及設定合理公差界限的觀念。

第二階段為領班品質管制

二十世紀初葉，工業革命帶來大量生產，管理制度蛻變。科學管理之父泰勒 (Frederick W. Taylor) 博士倡導科學管理，主張採用標準工作方法、標準工時以規範及改善生產效率，同時提倡管理與生產作業之分工，因而興起工廠管理制度，設立領班以督導其屬下之員工並負責產品品質標準的制定和實施。

第三階段為檢驗品質管制

第一次世界大戰導致工廠的生產規模愈趨龐大和複雜。每一領班要管理和督導大量的操作人員，已無法兼顧產品的品質，必須另設檢驗人員專司其責，此為量（生產）與質（檢驗）分野的開端。

1920 年代由於品質保證的要求，檢驗組織日趨龐大，另設檢驗主管以督導和管理檢驗人員及其作業。

第四階段為統計品質管制

第二次世界大戰期間，美國軍方需要大量的軍需品，不得不委託民間企業協助生產，為確保品質，因而發展出更有效的品質管制方法，即以統計理論為基礎而孕育出管制圖、驗收抽樣、實驗計畫、統計推論及變異分析等統計管制技術和工具，以探討製程品質水準及製程品質變異行為，使得產品品質得以控制在一定的界限之內。統計品質管制的最大貢獻，一方面係利用統計技術以管制和改善品質，以事實代替臆測而達所謂的事實管理 (Management by Facts)；另一方面係利用抽樣檢驗來代替全數檢驗，其結果不僅導致品質的提升，也大量降低成本，尤其是檢驗成本。統計品質管制的應用侷限於公司內的技術、生產、檢驗及品管等單位，未全面性展開。

第五階段為全面品質管制

全面品質管制的理念係逐漸孕育而成的，直到 1961 年費根堡（A. V. Feigenbaum）博士發表其名著《全面品質管制》（*Total Quality Control*，簡稱 TQC）一書始臻成熟，全面品質管制主張凡與品質有關的機能如市場研究、市場調查、研發、製造工程、採購、現場管理、檢驗、包裝、運輸及售後服務等均需各負品質責任，特別強調品質和生產力的整合，而在品質上特別強調品質規劃和預防，形成品質人人有責的理念和風氣。

1-5-3　近代品質管理的演進

延續費根堡博士的全面品質管制，日本人創設了全公司品質管制 (CWQC)，其基本理念如下：

1.品質第一

公司的重要經營指標有品質 (Q)、成本 (C)、交貨 (D)、士氣 (M)、安全 (S)、教育 (E)、彈性 (F) 及變異 (V) 等，樣樣均極為重要，成本係利潤的創造者，即利潤為售價減去成本；交貨顯示公司的生產力及管理能力；士氣則為公司全體員工的工作精神；其他如安全、教育、彈性及變異等亦然，但此 8 項指標中究竟何者最為重要，日本人認為要數品質第一，因品質吸引顧客，使顧客使用時或後獲得滿足感甚或成就感，其購買必然源源不絕，則公司的利潤、員工的福利及永續經營自然水到渠成。

2.消費者導向

不論產品或服務，其對象為顧客，因此滿足顧客的需要應列為第一，但為滿足顧客需求，首需了解其需求，因此日本之「顧客的聲音就是上帝的聲音」，你必須仔細的聽，而且要切實去實現，因此如何創造物美價廉的產品或服務應為經營管理的重點。

3.下工程是顧客

前面提及顧客至上，本項係將顧客的領域推廣到公司內部，即下一工程為顧客，你必須有如外部真正顧客般的待遇。日本人的此一理念，其目的在於消除本位主義，因此也主張公司必須有幕僚以從事幕僚作業及服務諮詢作業，使公司的營運更具效率。

4.活用統計方法

傳統的管理常依據人們的經驗、直覺及膽量，如今則主張事實管理 (Management by Facts)，事實的探討和分析必須應用統計方法，尤其是

品管七工具，不僅簡易好用，且功效大。

5.尊重人性管理

俗云「江山易改，本性難移」，因此身為管理人員不要試圖去改變人員的個性，而是透過教育訓練來改變人們的想法，使之具有共識。同時，授權亦極為重要，一方面藉此以培育部屬，另一方面，授權使人人盡責，人人發揮其專長，貢獻公司。日本人更利用品管圈 (QCC) 活動以開發基層人員無限的潛力和腦力，一方面提振士氣，另一方面也改善了工作方法和品質。

6.跨機能管理

在公司組織中，直線部門的功能常常發揮和管理良好，但也因此形成本位主義而影響全公司的聯繫、協調及溝通，因此，日本人主張成立跨部門單位以從事跨部門業務之規劃、設計和管理工作，如全面品管委員會、安全衛生委員會及許多專案管理的組織。

延續著日本人的全公司品質管制 (CWQC)，從二十世紀九〇年代開始，逐漸形成今日的全面品質管理 (Total Quality Management，簡稱 TQM)，本書將另闢第 3 章詳加敘述。

同時，於全面品質管理孕育過程中，學者克勞斯比提出無缺點的理念，摩托羅拉 (Motorola) 公司為實踐無缺點理念而於 1987 年推展出其六標準差 (6σ) 的計畫，而形成九〇年代末期及廿一世紀的另一股品質活動風潮，如今正如火如荼在全球各大企業中延燒，本書將另闢章節敘述之。

1–6　品質成本

成本係經營管理上極重要的指標,而品質成本係品質管制成效最終也是最重要的指標之一；由於品質管制推動不良，往往造成太多的不良品而損失大量的金錢， 或需從良品中剔除不良品而花費大量的檢驗費

用，如果讓不良品流到顧客手上，造成公司的損失，為數更為可觀，尤其是受到產品責任 (Product Liability) 的理賠時，常造成公司「傾家蕩產」、「關門大吉」。

品質成本，依據費根堡博士 (Feigenbaum, 1983) 的理念分為失敗成本、鑑定成本及預防成本。失敗成本係指產品或服務生產不良所發生的成本，又可分為內部失敗成本及外部失敗成本，內部失敗成本係在產品出廠前所產生的失敗成本，如產品的重作、重生產、重試驗、報廢等的損失。外部失敗成本則在產品出廠後所發生的損失成本，如抱怨處理、退回、保證損失及折扣等等。

鑑定成本係評估產品或服務品質的實績而發生的成本，如進料檢驗、製程檢驗及成品檢驗等的費用。預防成本則為防止不良或缺點的發生而採行管理措施所發生的成本，如品質規劃、新產品的品質保證行動及審查、教育訓練以及品質分析與改善等所產生的費用。

傳統的品質管制係採用嚴苛的選剔檢驗來減少不良品流到顧客手中，但若所生產的不良產品很多時，一方面失敗成本很大，另一方面為了減少不良品的流出，必須加強檢驗工作，其鑑定成本隨之高漲，何況檢驗並不能完全杜絕不良品的發生，因此，必須採取預防措施以減少不良品的產生，才能減少鑑定成本和失敗成本，因此，我們探討品質成本的目的在於增加些許的預防成本，以提升品質，來大量降低失敗成本和鑑定成本；品質成本的理念係事先防患未然，而不是事後的亡羊補牢。

為探討品質成本，通常將品質成本分為內部失敗成本、外部失敗成本、鑑定成本及預防成本，茲將其包含的內容列述如下：

1.內部失敗成本

⑴報廢

由於產品品質導致不能經濟地修理或無法修理而必須將產品丟棄或報廢所發生的損失，其中包括人工成本、材料成本及製造與管理費用。報廢通常又可分為製造上的過失及供應商過失二類，前者係

公司生產過程中所造成的損壞,後者則為供應商所供應之材料已為不良,於進料驗收時未發現而流入生產過程中的情況。

⑵重作

為矯正產品的不良,使之合乎規格或適於使用所花費的成本,有時為了避免缺點的迅速擴散所採行的應急措施也包含在內。如前項,重作亦可細分為製造上的過失及供應商過失二類。

⑶重生產

在訂單生產形態下,由於不良品而導致交貨數量不足,必須重新生產所造成的損失,例如干擾生產計畫、工時損失以及生產效率的損失等等。

⑷重試驗

不論重作或重生產的產品均需重新檢驗以保證品質。

⑸效率損耗

或由於產品不良而導致設備利用率不高或干擾現場生產管理,造成生產效率不佳。

⑹產量損失

由於製程管制不佳造成生產量未達計畫水準,或由於量測設備的不夠精確而多付給顧客的數量。

⑺處理成本

不良產品的判定及處理所發生的成本。

2.外部失敗成本

⑴申訴

產品品質不佳導致顧客抱怨,為處理顧客申訴發生之調查與排解或賠償費用。

⑵退回

不良品退回的運費及處理成本。

⑶保證

在保證契約下，服務顧客所產生的成本。

(4)折扣

由於產品品質無法令顧客滿意所導致的價格折讓，使顧客接受產品或因產品不佳而需以次級品折價出售。

3.鑑定成本

(1)進料檢驗

於進料驗收時所作檢驗和接受成本，有時為提高進料品質，品管人員必須赴供應商現場督導或監控時所發生的成本。

(2)檢查和試驗

檢查和試驗產品品質的成本，包括製程檢驗、成品檢驗及出貨檢驗，其檢驗項目包括外觀、性能、尺寸、壽命、環境及可靠度等的試驗。

(3)儀器設備之校正和維護保養

儀器設備必須定期清潔保養和校正，以維持其精確度和準確度。

(4)物料及服務之損耗

檢驗時所耗用的材料及人工成本以及破壞性試驗所造成的產品損失。

(5)存貨品質評價

儲存超過一段時間的原料、產品、半成品及成品，必須重新評估其品質而發生的成本。

4.預防成本

(1)品質規劃

品質系統的建立、整體品質規劃、檢驗規劃及可靠度規劃、品質資訊系統的構建等，其成本與人員參與計畫工作所花費的時間有關，也與參與人員的薪酬額有關，更與作業的要求和條件有極密切的關係。

(2)產品設計保證成本

新產品開發時，從新設計試作品（Prototype）的製作、測試及實驗

到設計審查和改善等相關活動所花費的成本。

(3)教育訓練

近年來，全世界各大公司均深深體驗教育訓練的重要及功效，因此均投入相當大的財力、物力來從事教育訓練工作，其成效包括全員品質理念和意識的提升、共識的產生、高階層管理人員品質理念及品質策略的了解和運用、品質技術人員對品質知識、技術及方法的了解和應用以及現場人員自主管理能力及意識的提升,而這些正是提升品質、降低成本的不二途徑。

(4)製程管制

製程研究、分析、控制和改善等為品質管制的重心，也花去品管及現場人員相當多的時間和精力，其成本也相當大。

(5)品質資訊的取得、分析、判定和運用

品質資訊包括績效資訊及決策資訊,前者的功用在於顯示品質管制績效，後者則用以判定品質好壞，確定品質問題所在以及研究解決品質問題，因此必須定期或連續獲取品質資訊，加以整理分析及應用。

(6)品質報告

向各階層主管提出品質績效及品質資料,同時就專案研究及改善計畫而發表。

(7)品質改善計畫

為了解決重大品質問題或突破現狀所作的品質改善計畫,其實施過程及成果報告或發表。

(8)其他

其他項目而無法列入上列預防成本項目者，如印刷、電報、租金或旅費等等。

習　題

1 試述品質的新時代挑戰。

2 何謂品質管理?

3 試述品質管理的發展和演進。

4 試述品質管理在我國發展的情況。

5 品質管制、品質保證與品質管理有何異同?

6 何謂產品可靠度?

7 何謂商品責任?

8 何謂品質成本? 有幾類? 如何劃分? 並詳述其內容。

第2章

品管部門組織、功能

- ◆ 2-1 引 言
- ◆ 2-2 品管部門的組織
- ◆ 2-3 品管部門的職掌
- ◆ 2-4 品管部門的人力

2-1 引 言

任一公司在永續經營前提下，必須設定公司目標、擬定計畫並展開到各部門的作業計畫，而這些作業的執行和管制均有賴人員來完成，也必須有系統的組織來規範這些作業的營運,因此組織係把整個公司企業需完成的作業劃分成合理的作業單位，稱之為職位，同時規定每一職位的權責及其間的關係，然後再將各職位任命負責人員並組成各組織單位或部門。

因此，建立組織包含下列各項工作:

(1)釐清且確定所有品質活動及其作業。

(2)指派執行這些作業的職責或任務及人員。

(3)將全部的作業劃分成合理的工作單元或職位。

(4)界定每一工作單元的職責與權限，通常以職位說明書 (Job Description) 來規範。

(5)界定每一工作單元間的關係，諸如:

　①階層關係。

　②部門間的溝通與協調。

(6)建立公司組織，編訂各部門的作業，界定每一職位的權責及其間的溝通協調關係，同時透過合理且完整的制度規章來運作。

近年來，經營環境迅速變化，組織必須不斷因應，其發展趨勢係走

向國際化、扁平化及學習型組織。

2-2　品管部門的組織

2-2-1　品管組織的工作要素

為了建立品管部門的組織,首需釐清品質管理及活動的工作單元或要素,茲列如下:

(1)高階經營層的品質領導和規劃

・決定公司品質政策與目標。

・達成公司品質目標而擬定的整體品質計畫。

・為實現計畫,規劃其組織結構及人才配置和預算。

・建立品質診斷、稽核、管制及改善之系統。

・建立品質績效評價、分析及報告系統。

・實施品質保證計畫。

(2)新產品研發和設計

・顧客需求與期望的調查、分析和運用以便於產品定位。

・新產品品質保證系統。

・產品決策分析和技術研討。

・產品開發的品質驗證(含可靠度分析)。

・建立環境試驗計畫以便評價原物料、在製品及成品。

・建立標準的檢驗與試驗計畫。

・評價新產品的品質成本。

(3)供應商管理

・建立供應商管理手冊。

・建立供應商管理系統,包括供應商評鑑、評價及獎勵輔導。

・供應商的品質檢驗、試驗與驗收。

・供應商品質績效分析和決策。

⑷製程管理

　　‧建立製程管制計畫。

　　‧製程能力分析和改善。

　　‧執行製程檢測與監控作業。

　　‧矯正措施。

　　‧單位別或人員別的績效評價與分析。

⑸檢驗與試驗

　　‧建立檢驗與試驗計畫，包含判定準則。

　　‧建立檢驗系統、計畫與程序。

　　‧建立標準檢驗程序，以便甄選和訓練品檢員。

　　‧依照計畫，執行檢驗與試驗作業。

　　‧矯正措施。

　　‧不合格品的處置。

　　‧建立檢驗的報告及溝通系統。

　　‧檢驗績效的評價與對策。

⑹量測系統

　　‧設計檢驗儀器設備或檢具。

　　‧儀器設備的校正與管理系統。

⑺銷售與服務管理

　　‧成品的評價及試銷。

　　‧包裝、搬運及儲存績效的評價。

　　‧顧客抱怨的分析與處理。

　　‧競爭對手的分析與評價。

　　‧品質保證政策之分析與決策。

⑻其他的品管活動

　　‧品質成本分析與決策。

　　‧品質預防計畫的擬定與實施。

　　‧品質激勵計畫的擬定與實施。

　　‧統計技術運用之諮詢。

・品質專業訓練計畫。

2-2-2　組織部門的劃分

上述各項品質作業要素，不可能全部分派到品質部門，依其性質可分派到組織中的其他部門，諸如：

(1)非品質部門

例如顧客需求與期望的調查可分派到銷售部門，產品的開發可分派到設計部門或研發單位，而自主管理則由製造單位負責。

(2)組織外單位或外國組織

例如當前推展的共同研發係將部份研發工作委由協力廠來執行，又如產品的維護與售後服務則由服務中心或特約的維修站來提供或負責。

2-2-3　品管組織的發展

組織係為達成公司目標而建置，但目標不斷地改變，因此，組織的形式也隨公司環境、規模、特性及成長性而不斷地改變，尤其在臺灣，中小企業仍高達 90% 以上，組織形式眾多，因此，作者擬從品管組織的發展來探討其組織的形態。

(1)檢驗的組織單位

早期的品管工作僅有產品的檢驗而已，因此，於公司組織中成立檢驗部門，從事進料檢驗、製程檢驗及成品檢驗的作業，此時的檢驗部門通常隸屬於製造部門。

(2)預防性組織

隨著工業的快速發展與品質管理的成長，品質逐漸走向預防的功能，除了從事品質問題的解決，特別強化品質的分析、規劃與管制，茲舉幾種組織形式如下：

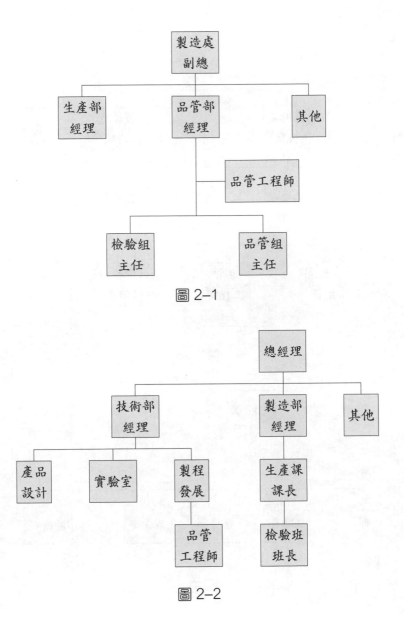

圖 2-1

圖 2-2

其後，由於產品功能與複雜度不斷提升而導致設計與製造的複雜性與困難度，產品的可靠度愈形重要，可靠度工程師應運而生。此時的組織形態如下圖所示：圖中標示的 ①，②，…，⑤ 表示可靠度工程單位可隸屬於組織中各單位中的多個選擇方案。

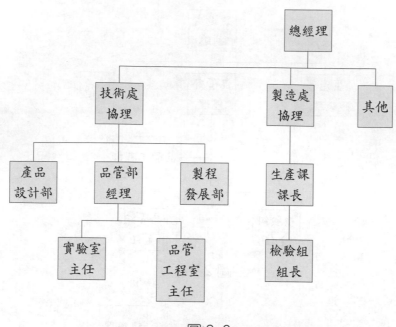

圖 2-3

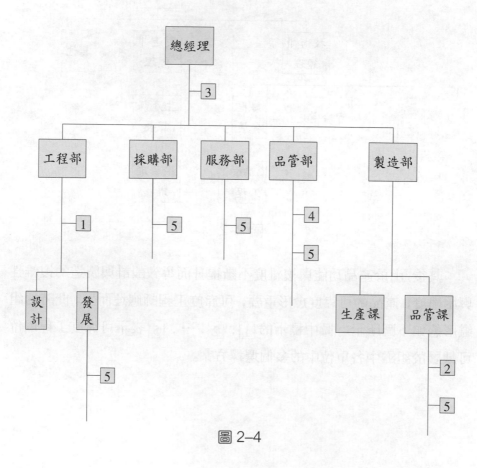

圖 2-4

可靠度工程單位隸屬於組織中不同的單位，其功能不同，各有其優缺點，茲比較如下：

表 2-1　可靠度工程單位各組織形式之比較

組織形式	優　點	缺　點
直屬工程部門	易與設計配合	不易與製造及品管作業協調
直屬品管課	易與製造協調	不易與設計配合
總經理幕僚	影響品質政策與目標	與執行單位疏離太遠，督導稽核權不足
獨立為品管部	自訂品質政策與目標，易於推動整體品管作業，各單位間品管作業協調順暢	不易與工程部及製造部配合，除非品管人員有此方面的專業訓練
分散於各部門成為品管幕僚	各部門自訂政策及計畫，個別績效良好	各單位的串連不佳，各自為政，配合度不佳

(3)品質保證的組織

品質保證係使消費者完全滿意的一連串品質活動，其內容包含市場調查、研發、品質設計、採購、製程技術、製造、檢驗、銷售、售前、售中與售後服務、抱怨處理、顧客滿意調查及品質資訊回饋等一連串循環不息的作業，其組織系統如下：

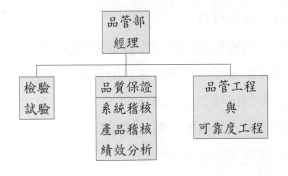

圖 2-5

(4)全面品質管理的組織

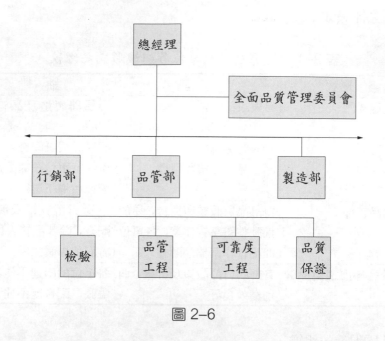

圖 2-6

📺2-3　品管部門的職掌

　　品管部門肩負全部管理的機能，即包含計畫、組織、人力發展、指揮與管制等的功能，茲以全面品質管理組織的職掌說明如下：

(1)全面品質管理委員會

　　‧推動全面品質管理活動以提升全公司經營管理的品質水準。

　　‧重大品質決策及品質改善專案的核准。

　　‧品質政策與目標之訂定或核准。

　　‧人力發展與人員激勵活動的規劃與核定。

　　‧重大品質問題的解決或仲裁。

(2)品管部經理

　　‧設定公司品質政策、目標與預算，呈請核准。

　　‧建立全公司品質管理系統且其執行與管制之。

- ‧推動標準化的制度或規範。
- ‧推動標準化的績效評價。
- ‧品質人力發展。
- ‧品質協調。
- ‧品質諮詢與服務。

⑶檢驗課

- ‧單位品質計畫、預算之訂定與呈核。
- ‧雛形設計的測試與檢驗。
- ‧品質檢驗規範與標準的建立。
- ‧檢驗儀器設備的設計、製造、使用與管理。
- ‧檢驗人力的發展與訓練。
- ‧會同處理不合格原物料及成品。
- ‧引進新的檢驗科技，包括檢驗方法、設備、資訊系統。
- ‧溝通、協調、諮詢與督導。

⑷品管工程

- ‧研發品質保證體系的建立。
- ‧產品的設計審查。
- ‧品質工程計畫的訂定和稽核。
- ‧產品與製程發展中相關品質作業。
- ‧雛形設計的分析和改進。
- ‧品質問題的解決和改善。

⑸可靠度工程

- ‧產品研發的可靠度分析和驗證。
- ‧製程中的可靠度分析和驗證。
- ‧故障模式與效益分析。
- ‧可靠度問題的排除和改善。
- ‧可靠度績效分析和矯正措施。
- ‧可靠度計畫之訂定和稽核。

(6)品質保證

- ・進料管制。
- ・供應商管理。
- ・製程品質管理。
- ・成品品質管理。
- ・包裝及儲運管理。
- ・設備的維護保養與校正。
- ・現場管理如 5S、TPM 的活動。
- ・品質績效分析和改善措施。
- ・顧客抱怨或回饋資訊的處理和對策。

2-4　品管部門的人力

　　人為組織中極重要的元素,不論組織或制度的建立需由人來規劃,其營運或執行需有人員投入,其管制、創新和改善等作業均需仰賴人員的智力、知識、能力和用心;品質管理為管理中的一環,其對人力的需求更為殷切。有關品管部門的人力可分為二部份,其一為人力數量,其二為人力水準,前者因公司規模、產品種類、特質及生產形態與生產量多寡而異,也因管理的水準而異,有些公司只做檢驗的工作,以檢驗人員為主,有些公司做到管制的功能,有些公司則特別強調創新和改善,其所需人力數量與水準自然有相當大的不同。

　　至於人力水準,如前所述,品管的工作包羅萬象,從市場調查、產品研發、供應商管理、製造、財務預算到銷售與服務的管理,均有其必須參與的層面,因不論在產品與製程技術、生產技術、財務、人事及管理,樣樣必須涉及,因此,品管人才的培育必須有一套完整的制度和計畫。

　　有關品管部門人力的培育,一方面著重科技面,即從產品技術、生產技術、材料及生產設備,深入了解;另一方面則為品管面,即本章有關品管部門職掌所列的項目,其理念、技術和制度的學習和運用,均有其必要性。

習　題

1 試述構建組織時宜包含那些工作。

2 試述構建品管組織時之工作單元，僅就下列項目：

(1)新產品研發與設計。

(2)製程管理。

(3)銷售與服務管理。

3 試就下列的組織形態，說明其每一部門的職責：

(1)預防性組織（圖 2−2）。

(2)預防性組織（圖 2−3）。

(3)品質保證組織（如圖 2−5）。

(4)全面品質管理組織（圖 2−6）。

4 試比較上題(3)各組織之優缺點。

第3章

全面品質管理

3–1　引　言

　　全面品質管理係由統計的品質管制、全面品質管制 (TQC) 逐漸演進而來，於 1980 年代開始，而於 1990 年代成形，不僅擁有品質歷程中的精華，也匯集品管大師的重大貢獻，如蕭華特博士的管制圖、戴明博士的淵博知識系統、裘蘭博士的品質三部曲、克勞斯比的品質 4 大絕對，加上日本品管大師石川馨博士的全公司品質管制 (CWQC)，以及田口博士的田口方法等的理念、制度和技術，而由全面品質管理 (TQM) 總其成，因此，依據美國學者戴維斯 (Davis, 1994) 的定義：「全面品質管理」係一種經營管理的方法，企圖透過產品、服務、人員、過程及環境等的各項品質的持續不斷改善，締造組織的最大競爭力，全面品質管理具有下列特性：①顧客導向、②堅持品質第一、③善用決策及問題解決的科學方法、④長期的品質承諾、⑤團隊協作、⑥永續過程改善、⑦教育訓練、⑧自主管理、⑨長期一致的目標、⑩全員參與。

　　換言之，全面品質管理必須從公司文化的構建、品質政策的決定，然後構建完善的品質系統以執行之，提升公司的競爭力。

3-1-1　品質政策

公司整體的經營管理應包含策略管理和日常管理兩大範疇,策略管理係針對公司未來的發展和遠景,擬定其政策、實施計畫以及管制系統。

公司的策略管理,首需決定公司的經營理念、使命、願景及政策,並加以宣導使永存員工心中,成為精神激勵的核心。

經營理念係公司創業者的理念和精神支柱而成為公司最高指導原則,也是公司全員共有的核心價值,如美國福特汽車公司的經營理念:

人員: 是我們優異的源泉,貢獻智慧、決定公司聲譽及締造公司的永續經營,而全員參與及團隊協作為我們的核心人性價值。

產品: 是大家努力的成果,應提供全球顧客最佳的服務,顧客的觀點,應感同身受。

利潤: 係用以衡量服務顧客成效的最重要指標,也是公司成長和生存所繫。

公司的使命係公司所從事的企業範圍及所提供的服務,例如美國電話電報公司 (AT&T) 的使命:

「提供具競爭性價格的產品和服務,我們透過權能自主以超越顧客所期望的品質、服務和特質,同時給予投資股東以合理的報酬。」

公司使命決定後,必須透過經營環境分析(SWOT 分析)以構建公司願景、策略及目標,並付諸行動,才能使公司經營管理有效的運作,達成永續經營的遠大目標。

願景是公司全體員工的共同夢想,表示公司未來達成的境界和期望,期望能美夢成真。例如加拿大國家鐵路局係以依據下列原則達成永續經營: ①接近顧客、②服務第一、③品質第一、④安全第一、⑤善盡環保責任、⑥具競爭的成本和健全的財務、⑦具挑戰性的工作環境,作為其公司的願景。

又如美國佛羅里達電力公司的願景:「我們是安全、可靠且成本效益最佳的產品和服務供應商,俾滿足顧客有關電力及其相關需求。」

又如美國電話電報公司的願景:「為我們公司全球顧客公認為電力產品的卓越標準。」

又如我國光陽工業股份有限公司的願景:「2010 年成為全球最大機車製造廠商。」

在此願景下,公司必須透過明確的品質政策以規範其品質作業,如美國全錄公司的品質政策:「全錄為一有品質的公司,品質為全錄公司立業的基本原則,品質的意義在於提供內外顧客以創新的產品和服務,俾達成顧客的完全滿意。同時,品質係人人有責。」

又如美國電話電報公司的品質政策:「卓越品質為我們企業管理的基石,也是達成顧客滿意目標的磐石,因此我們的品質政策如下:①持續提供符合顧客期望的產品和服務,②透過全員第一次就做對以積極追求不斷改善的品質。」

在品質目標決定之後,必須透過行動承諾的層級以建立公司目標(Goal)、目的(Objective)、標靶(Target)及規範,以便有效地管理營運。

目標係由願景展開而來的行動導向宗旨,通常願景稍具模糊性,目標則是較為具體的屬性表達。例如一家食品公司的願景:「成為頂級的食品服務公司」,而其目標則為:「盡可能提供最佳的食品服務給予顧客。」

目的則為更狹窄且明確的目標,例如上例食品公司的目的為「取悅每一顧客且尊重對待」。目標必須遵循願景,且能發展成公司的重要作業,並能付諸實施,而目的則為作業執行的規範。例如美國摩托羅拉公司的品質目標及目的如下:

公司目標

(1)改善產品與服務品質,於 1989 年達 10 倍,1991 年至少 100 倍。

(2)於 1992 年達成 6σ 的能力。

(3)全面顧客滿意,所有產品與服務均為每一顧客認為是最好的。

目標的實踐

公司中每一事業單位 (BU) 與部門、小組及幕僚人員均必須在事業的每一層級發展其支撐的政策及詳細實施計畫。同時針對產品品質、可靠度及服務提供改善計畫以於 1992 年達成 6σ 的能力。

由公司政策展開的做法原則如下：

⑴公司組織中與事業單位內的每一部門、小組或幕僚人員需建立品質系統以執行其品質目標，同時必須執行定期審查以確保持續的效果。

⑵上列人員必須建立達成持續改善品質與可靠度的正式機制和計畫，其流程必須確保不再發生品質問題。

⑶各品質保證單位以代表顧客的立場來執行品管的作業。

⑷摩托羅拉公司將建置「公司品質委員會」(Corporate Quality Council) 以執行全公司品質系統及計畫的協調、提升及審查等作業，促成品質政策之實現。

如前所述，我們推動全面品質管理的宗旨在於展望願景、追求目標、達成目的、命中標靶及符合規範，而策略的發展在於提供我們努力的方向和定位以達成公司永續經營的宗旨，良好的策略只提供企業經營的方向，但保留彈性以便重新定位並展開實施計畫。

計畫則為一步步的推動行動作業，吾人可採用 5W2H (What, Who, When, Where, Why, How, How much) 推展之，不必具有如策略般的彈性，因我們追求策略，實施計畫。

3-1-2　品質系統

品質系統係構築公司文化以使其員工依其機能別執行產品發展、定位、設計、製造、運交、銷售、服務、使用及處置的作業，俾滿足顧客的需求和期望，而所謂公司文化係指公司成員的理念、信念、知識、思想、技術及實務，用以推展公司的整體經營管理。每一公司均有其品質系統,但需因顧客需求和期望、科技及競爭情勢之改變而時時加以檢討

和改變。

　　品質系統的構建必須考量行業的品質典範,即隨著對品質的想法和做法而規範其系統或制度,目前眾所公認的品質典範可分為五大類,茲分述如下:

1.量身訂製技藝類型

　　本類型的核心強調產品及其績效依隨顧客需求,換言之,由技術人員與顧客直接溝通以使產品完全為顧客量身訂做,其基本要求:技藝優良的工人、基本手工具、唯一產品。而其產品核心以績效為主,成本和及時性不甚重要。生產的核心要件在於強化生產流程而生產力則不重要。

2.大量生產類型

　　本類型的核心強調大量生產而以百分之百檢驗以篩選產品的良窳。係依據我們心目中認為的顧客需求來設計和製造,因此,經營重點在於廣大市場、機械化生產和自動化檢測。其基本要求:互換性零組件、動力工廠、無技術工人及廣大的顧客群。其產品核心則以及時性為重,績效和成本則為中等重視程度。生產的要件則以生產力為重,生產流程相當不重要。

3.統計品管類型

　　統計品管類型相似於上述的大量生產類型,唯一的差異在於,本類型特別強調生產流程中的品質管制。換言之,善用統計製程管制及驗收抽樣以提升生產的品質,其經營要件則與上一類型相同。其優點在於善用製程改善,致重工品及報廢品自然而然降低。因此,其產品核心則以成本和及時化為重,而生產核心則以生產力為重。

4.全面品質管理類型

　　本類型除了具有大量生產與善用統計品質技術外,特別強調顧客及供應商參與的重要性。換言之,以顧客需求和期望作為產品定位及產品

評價的基準，與供應商的關係則為夥伴及雙贏的策略，即公司以主動積極的品質策略和技術俾提供顧客需求和期望的產品和服務。其基本經營要求：互換性零組件、動力工廠、統計技術、員工權能自主、供應商夥伴關係及顧客良好關係等。其產品核心則極度重視成本和及時化，生產要件則以生產流程為核心。

5.科技導向品質類型

本類型係以社會科技為主軸，重視量身訂製技藝而以降低成本及縮短交期為依歸。社會科技係透過人員、機械及自動化的適當整合以提供滿足顧客需求的產品和服務，彈性也成為各級作業的核心，而以 CAD、CAM、自動化及電腦整合的生產系統和量測系統來提升產品和服務的品質。其經營基本要件：互換性零組件、動力工廠、統計技術、員工權能自主、良好的供應商和顧客關係、CAD、CAM、CIMS 等。產品則極重視績效、成本和及時性，而生產則以生產流程為重心，但也相當重視生產力。

品質系統的構建，因公司而異，目前常用者有下列三種方式：

1.利用品質經營理念，透過品質策略導引

係利用品質大師的品質理念，如戴明博士的品質管理 14 點、裘蘭博士的三部曲、石川馨博士的 6 大原則以及克勞斯比的 4 大絕對等作為建構原則，並利用品質策略展開其品質系統。

2.利用國際標準或國家品質獎的準則

利用國際性標準如 ISO 9000 系列、QS 9000 以建構品質系統，係基本要求。也可用國家品質獎的評審準則作為構建的基礎，有關 ISO 9000 系列品質標準及其相關標準以及品質獎等內容，請參閱本書「第 13、14 章品質標準與品質獎」。

3.透過界面理論以構建通用的品質系統

以三個界面（產品界面、服務界面和科技界面）為金三角所形成的

品質系統，其特點如下：

(1)產品界面

產品界面係由產品特質、成本和及時化的單元所組成，產品特質係由產品的性能、形式、外觀和適用性所形成，其表現不僅購用當時，也包含使用過程的績效，其好壞係由顧客來判斷，吾人必須透過顧客需求和期望的了解轉換成品質代用特性，又稱為工程品質特性，以作為產品發展、製造和服務時規劃和控制之基準。

至於成本係於產品壽命週期中所發生的直接和間接成本，直接成本可分成內部成本和外部成本，內部成本又可分為預防成本、評鑑成本和報廢、重工成本，外部成本則包含退回、保證索賠、產品責任訴賠等等。

間接成本則包含績效不良所帶來的成本及商譽損失等。

至於及時化的元素則與顧客滿意息息相關，與時效有關的指標相當多，如研發設計週期時間、生產週期時間、交貨時間、服務維修時間等等。

同時，在產品特質、成本及時效因素存在著相當多的交互和依存關係。

(2)科技界面

科技界面包含產品和生產流程的可行方案與其抉擇以及機械化、自動化的可能性。產品因素取決於性能，例如汽車體可考量採用金屬材料或塑膠材料，其特性上有所差異。生產流程則涵蓋產品定位、發展、設計、生產、送交、銷售、服務及產品的處置等等，也有許多可以選擇的方案，有通用者如會計、採購與出貨等，也有產品專屬的唯一生產流程。

至於機械化、自動化或電腦化適用於產品及生產流程，其抉擇因素必須考量手工與機械間的平衡和配合，機械化與自動化需配合產品及流程的特質，同時必須考量其間的辨識、控制、溝通及決策的功能或系統。隨著科技的發展，其選擇方案越來越多。

⑶服務界面

服務界面包含個人、組織、組織功能，甚至社會間的關係和互動，個人提供需求、期望、創新及領導的潛能，成為品質系統推動的驅動力。

至於顧客的服務面，在競爭的產品環境中購買產品，對產品的性能、品質及價格具有相當高的敏感度。同時顧客的觀念已包含內外顧客，針對內部顧客，我們服務的精神和態度往往未如人意。

組織中的服務界面係在共同目標下集合眾人之力以完成組織的目標，因此人人必須奉獻公司以能力，具有溝通和協調的能力，同時建立良好的領導和管理環境，以使人人發揮所長，貢獻公司。

至於社會界面，必須透過個人和公司以善盡社會責任，如遵守勞基法、稅法、環保法及消基法等，同時社會也會影響組織個人的信念、價值觀、態度及行為。因此，個人、組織與社會相互串聯，相互影響。

因此，於建立有效的品質系統之前，必須考量品質系統的目標和策略，可從下列兩個層面來考慮：

⑴達成瞭解品質績效的目標

其策略因素有人性因素及其成效；產品與製程績效，通用與防誤的績效。

⑵強化品質創新的能力

其策略因素包含領導程序、創新流程、產品與製程的定位、設計及改善等的努力、程序和績效。

依據上述的原理，美國國家標準係採用下列九大項以構建公司品質系統：

美國國家標準 ANSI/ASQC Z1.15 係提供公司構建品質系統的規範，其內容有下列九大項：

1.政策、計畫、組織及行政管理

(1)品質政策、目標及方針。

(2)品質計畫、改善及控制。

(3)品質組織。

(4)品質手冊。

(5)品質保證及制度稽核、監視及審核。

(6)品質績效報告。

(7)品質成本分析與管理。

(8)行政管理、責任及聯繫。

2.產品設計保證、規格發展與控制

(1)設計確認。

(2)設計審查。

(3)設計條件測試。

(4)檢驗基準。

(5)上市文件備齊審核。

(6)安全及法規要求保證。

(7)設計及製程變更管制。

(8)文件核准。

3.外購原料及零組件管制

(1)品質要件或規範的溝通。

(2)供應商的管理。

(3)供應商能力與績效的評價。

(4)建立合適的供應商關係。

4.製程品質管制

(1)製程的計畫、設計及管制。

(2)人員的選擇、訓練及激勵。

⑶產品測試。

⑷搬運、包裝、儲存及運輸。

⑸品質資訊。

5.使用績效

⑴行銷、廣告及促銷活動。

⑵銷售、安裝、服務、使用及置換。

⑶消費者回饋。

⑷其他回饋。

6.改正對策

⑴問題的偵測。

⑵品質報告。

⑶改正行動之評估。

⑷改正行動的責任。

⑸改正行動的產生、追蹤及管制。

⑹原因確定。

⑺採取改正行動。

⑻不合格品的審核及處理。

⑼製品的撤換及回收。

7.人員甄選、訓練及激勵

⑴人員品質績效的政策。

⑵公司管理規章與制度。

⑶甄選法則。

⑷工作標準。

⑸工作環境。

⑹工作訓練。

⑺薪資管理。

(8)人員激勵制度。

(9)工會政策。

(10)人員及工作場所的稽核。

8.產品責任及使用者安全

(1)國家標準及法規。

(2)安全及環境管制。

(3)保險。

(4)證照計畫。

(5)公司政策。

(6)設計審查。

(7)測試結果的文件化。

(8)使用者手冊之審核。

(9)使用績效報告系統。

(10)危險警示。

(11)記錄保存。

(12)產品責任資訊。

(13)產品驗證系統。

(14)潛在責任的評價。

9.抽樣及其他統計技術

(1)驗收抽樣制度。

(2)製程管制技術。

(3)特殊研究及實驗計畫。

(4)環境、壽命及可靠度分析。

3-2　全面品質管理系統

　　全面品質管理係人類在追求高品質的歷程中逐漸累積和遞變而形

成的；是消費者逐漸遞增中的強烈需求和全球劇烈競爭所激發，也是品質大師如戴明、裘蘭、費根堡、石川馨、田口玄一和克勞斯比等的哲理和智慧以及許多品質實務專家的追求、實驗、運用和驗證所塑造完成的一套完整的品質管理制度。本人擬採用下列模式作為全面品質管理規劃的架構。

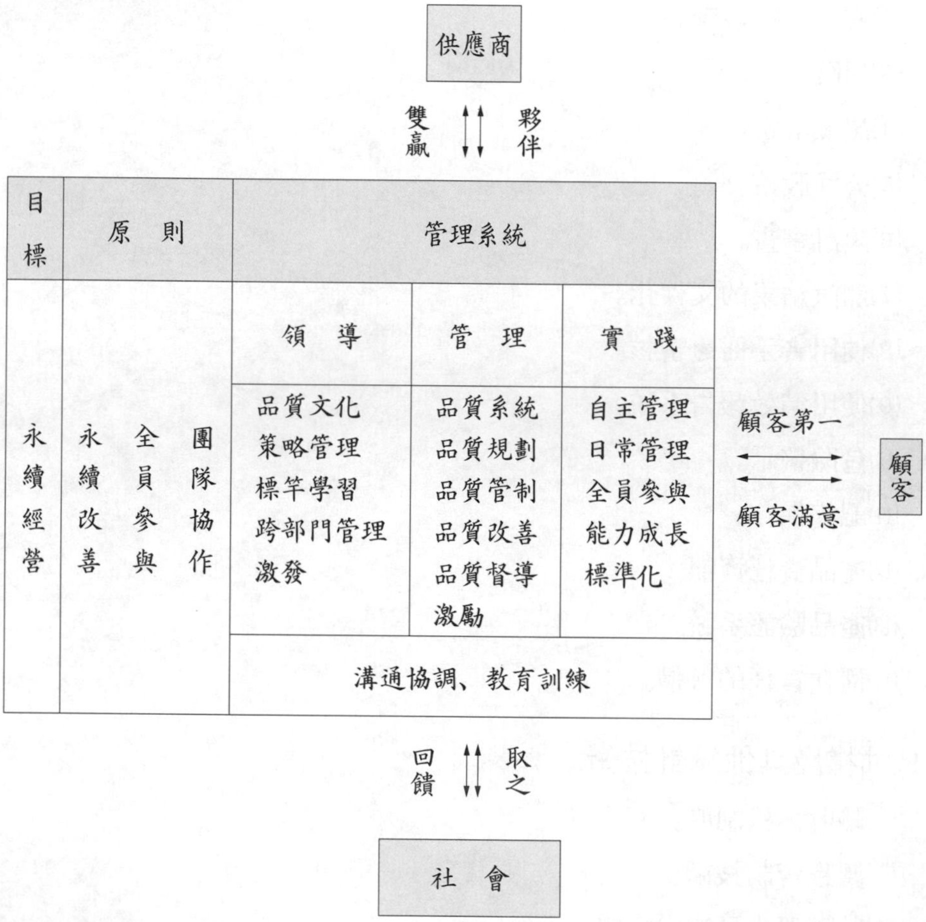

目標	原　則	管理系統		
		領　導	管　理	實　踐
永續經營	永續改善　全員參與　團隊協作	品質文化 策略管理 標竿學習 跨部門管理 激發	品質系統 品質規劃 品質管制 品質改善 品質督導 激勵	自主管理 日常管理 全員參與 能力成長 標準化
		溝通協調、教育訓練		

供應商

雙贏 ↕ 夥伴

顧客第一
顧客滿意
顧客

回饋 ↕ 取之

社　會

圖 3-1

3-3　全面品質管理之推行

依據上節的全面品質管理計畫架構，其推動流程如下：

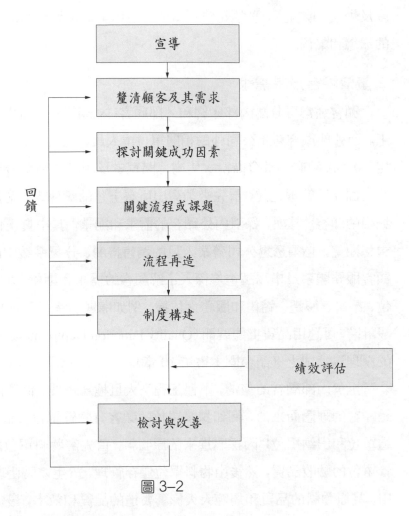

圖 3-2

依據圖 3-2 上述全面品質管理推動流程圖，概述如下：

1.宣　導

任一制度或計畫推行成功的關鍵因素在於全體員工的了解和共識。首先經營者必須了解公司目前的地位，然後針對未來擬定明確的願景和策略，而全體員工必須依據公司的願景、目標和策略發展其執行計畫與作業，並承諾盡心盡力做好一切事務。因此，於全面品質管理推動之前，必須透過宣導及教育訓練讓全體員工了解什麼是全面品質管理，為什麼要推動全面品質管理，推動之後，對公司和個人有什麼好處等等，同時必須透過教育訓練讓全體員工了解全面品質管理的原理原則、技術、制

度及做法。換言之，必須花費相當的心血以塑造良好全面品質管理推行的環境和氣候。

2.釐清顧客及其需求

顧客通常可分為內部顧客和外部顧客；內部顧客係指公司內部的員工。而外部顧客係指公司外的相關單位或人員，包含股東、鄰居（社區居民）、經銷商、批發商、零售商、購買者及產品的使用者等等。在推行全面品質管理之前，首先必須列出所有上述的關係人，尤其是分配系統中的顧客。其次，探討內外顧客的需求和期望。其中真正使用者的需求和期望，必須透過公司營業人員的銷售接觸、分配系統中的關係人、顧客服務體系及市場調查等深入了解顧客的需求和期望，以作為產品定位、設計、製造、銷售和服務之依據。例如將顧客需求和期望導入產品設計時，可運用品質機能展開（Quality Function Deployment，簡稱 QFD）的原理以達成之（請參閱本書第 10 章）。

至於內部顧客的釐清，不僅工程浩大且極為重要，係源自下工程即是顧客的理念而來的，例如採購單位的顧客有物管單位、品管單位、製造單位和出納單位；因採購進來的原物料，首先經物料單位的點量，品管單位的驗收品質，然後由物料單位儲存管理，於生產時由製造單位領用，其原物料的品質和規範大大影響製造的品質和效率，最後公司必須正確的付款予供應商。至於內部顧客的需求和期望的釐清，必須了解下工程的營運模式及作業規定，例如以採購的顧客物料單位為例，首先要有明確的原物料規範，包含品名、編號、規格與藍圖、訂購數量及交貨日期等等，更重要者要有定量包裝，便於儲存和管理。至於其他的顧客，讀者可以自行類推之。

3.探討關鍵成功因素

利用顧客需求和期望的資料，探討公司中那些作業與顧客需求和期望有關，而這些作業的因素為何？流程為何？例如顧客對產品性能或品質的需求和期望，如採用品質機能展開技術，可將顧客需求品質轉換成

工程品質要素，擬定產品定位，並依次展成產品製造規範和品質規範及其控制系統，如公司上下全員均遵守其流程和規定作業，必能達成顧客之滿意。

4. 關鍵流程或課題

如前項所述，利用顧客需求與期望的資訊即可探討其影響的關鍵因素和流程，或者由公司策略展開亦可獲得應改善的關鍵流程和課題，然後組成改善小組，進行改善以解決問題或提升公司管理水準。

5. 流程再造

許多企業的流程或制度都是逐漸形成，有些公司成效良好，有些公司則較差，因此，吾人可利用標竿學習的原則，找到一家頂級公司，透過學習他們成功和失敗的經驗，進行流程再造，以便迎頭趕上，甚或超越之。

6. 制度構建

有關制度之構建，許多公司都是逐漸形成的，如是，則透過上述二項的改善，可使制度更為完備、更為合理。如果是一家新設立的公司，則可利用上述二項工作，釐清公司的關鍵流程及其作業，即可構建良好的管理制度。

7. 績效評估

任何制度均有其宗旨和目標，也必須付諸實施，因此，制度的實施必須評估其達成公司目標的程度，此即所謂的績效評估，評估結果如果達成目標，則必須想辦法繼續維持，如果未達成公司目標，則必須進行檢討和改善作業。

8. 檢討與改善

如前所述，如果制度的實施未達成公司目標，縱使已達成公司目標，必須定期作檢討，因為隨著經營環境的快速變遷，制度常有落伍的時候。

定期檢討除以績效為判斷依歸外，也必須考慮其營運過程的種種因果關係，才能針對問題找到解決的對策，如流程圖所示，端視問題癥結發生在那裡，就回到流程的那一階段進行檢討和改善工作，同時，一旦改善完成且成效良好時，也必須修正制度的內容或規範，以便全員遵循實施。

3–4　全面品質管理推行績效之評估

全面品質管理系統之實踐以國家品質獎或戴明獎為標竿，換言之，即以國家品質獎之架構或評審準則作為推行全面品質管理之依據，因此，其稽核可以國家品質獎的評審準則來進行，當然，以獲得國家品質獎為達成全面品質管理的最高境界和成就。

習 題

1 試述全面品質管理的意義，其與上一階段的全面品質管制有何不同？

2 實施全面品質管理，對公司有何益處？

3 何謂品質政策？試舉我國數家公司為例，說明其意涵和功能。

4 全面品質管理的系統架構為何？請列出其管理重點。

5 全面品質管理如何推行？試以一家公司為例，說明其全面品質管理制度及其推行辦法與狀況。

6 試述全面品質管理的績效評估系統或方法。

7 試述全面品質管理的績效指標及其評估方法。

第4章

數據與機率分配

◆ 4–1　數據的意義　　　　◆ 4–3　機率分配
◆ 4–2　數據的分類

4–1　數據的意義

　　宇宙間的事物、現象及人類的行為都存在著變異，為探討此變異的規律性，以便預測未來變化進行的軌跡，我們必須針對此一事物、現象或行為加以觀察，從中摘取一些特性來衡量其現象並加以分析，此種現象的特性衡量值即稱之為數據，例如為探討生產力的情況而搜集的生產量，或為探討一罐頭中的容量而搜集的重量，或為探討一商品品質好壞的不良率或為了解一公司營業狀況好壞的營業額等均稱之為數據。

4–2　數據的分類

　　吾人所搜集的數據通常可分為二類，即計量值與計數值，所謂計量值乃是可以無限分割之數據，如尺寸、重量、強度、硬度、溫度、壽命……等等，吾人利用量具測定所得的數據事實上只是個近似值而已。所謂計數值則為可以計數之數據，通常在品質管制上常用的只有二種，其一為不良數，另一為缺點數，當然依此可展開成不良率及百件缺點數或單位缺點數。

　　由於數據種類之不同，其所依據之統計分配各異，其分析方法及運用領域亦有所不同。

4-3　機率分配

　　吾人常用機率分配為描繪宇宙現象的行為，但截至目前為止的科技，其所能描繪的宇宙現象仍相當有限。吾人將之界定於隨機試驗上，所謂隨機試驗係指符合下列三項條件之試驗，即於相同條件下可無限次的重複試驗，試驗之所有可能結果已知且具有規律性。

　　在說明機率分配之前宜先了解機率的意義，所謂機率係在一隨機試驗的樣本空間 S 下，對於每一與 S 有關之事件 A，存在有且僅有一實數值 $P(A)$ 與之對應，若 $P(A)$ 具有下列性質時，則稱 $P(A)$ 為事件 A 之機率。

⑴ $0 \leq P(A) \leq 1$

⑵ $P(S) = 1$

⑶若 A 與 B 為互斥事件，則 $P(A \cup B) = P(A) + P(B)$

⑷設 $A_1, A_2, \cdots, A_n, \cdots$ 為成對互斥事件，即 $A_i \cap A_j = \varnothing, i \neq j$ 則

$$P(\overset{\infty}{\underset{i=1}{\cup}} A_i) = P(A_1) + P(A_2) + \cdots + P(A_n) + \cdots$$

　　在此定義下，有下列諸項定理可資應用，於此只加以列述而不加證明。

⑴ $P(\varnothing) = 0$，$\varnothing$ 表示空集合

⑵設 $\overline{A}$ 為 A 集合之補集，則

$$P(A) = 1 - P(\overline{A})$$

⑶設 A, B 為任意兩事件，則

$$P(A \cup B) = P(A) + P(B) - P(A \cap B)$$

⑷設 A, B, C 為任意三事件，則

$$P(A \cup B \cup C) = P(A) + P(B) + P(C) -$$
$$P(A \cap B) - P(B \cap C) - P(A \cap C) + P(A \cap B \cap C)$$

⑸設 $A_1, A_2, \cdots, A_n$ 為任意 n 事件，則

$$P(\bigcup_{i=1}^{n} A_i) = \sum_{i=1}^{n} P(A_i) - \sum_{i<j=2}^{n} P(A_i \cap A_j) + \sum_{i<j<k=3}^{n} P(A_i \cap A_j \cap A_k) + \cdots +$$

$$(-1)^{n-1} P(A_1 \cap A_2 \cap \cdots \cap A_n)$$

⑹設 $A \leq B$，則

$$P(A) \leq P(B)$$

又為了計算各事件之機率值，必須假設機會均等，即在一有限樣本空間中之每一樣本點，其發生之機率相等稱之。

設有一隨機試驗係投擲兩枚均勻之硬幣，則其樣本空間 $S = \{ HH,$ $HT, TH, TT \}$，H 表正面，T 表反面，現令出現正面個數為隨機變數 x，則 HH 表示 $x = 2$，HT 或 TH 則表示 $x = 1$，TT 則表示 $x = 0$，故得 R_x $= \{0, 1, 2\}$。又依據機會均等的原理，S 中之每一樣本點如 HH, HT 等所發生之機率均相等，即

$$P(HH) = P(HT) = P(TH) = P(TT) = \frac{1}{4}，故得$$

$$P(x) = \begin{cases} \dfrac{1}{4}, x = 0 \\[2mm] \dfrac{2}{4}, x = 1 \\[2mm] \dfrac{1}{4}, x = 2 \\[2mm] 0, \ 其\ 他 \end{cases}$$

上式 $P(x)$ 稱之為機率分配，用以表示投擲兩枚均勻硬幣之機率行為。

依據上節數據之分類，吾人界定隨機變數為不連續隨機變數及連續隨機變數兩類，其中不連續隨機變數代表計數值，而連續隨機變數則代表計量值。不連續隨機變數之機率分配，吾人稱之為機率質量函數，而連續隨機變數之機率分配則稱為機率密度函數，其意義如下：

1. 機率質量函數

設 x 為一計數值或不連續隨機變數，其值域空間 R_x，則對於 R_x 中之每一 x 而言，存在有且只有一實數 $f(x)$ 與之對應，且 $f(x)$ 具有下列性質時，則稱 $f(x)$ 為 x 之機率質量函數，

$$f(x) \geq 0, \quad \text{且} \sum_{R_x} f(x) = 1$$

2.機率密度函數

對於一連續隨機變數或計量值 x，若存在有一函數 $f(x)$，且能滿足下列條件時，則稱 $f(x)$ 為 x 之機率密度函數，

$$f(x) \geq 0, \int_{-\infty}^{\infty} f(x)dx = 1$$

若 $-\infty < a < b < \infty$，則 $P(a \leq x \leq b) = \int_{a}^{b} f(x)dx$

茲將常用的機率分配分為計數值分配及計量值分配列述如下：

4-3-1 計數值分配

1.二項分配

設一計數值或不連續隨機變數 x，其機率分配為

$$P(x) = \binom{n}{x} p^x (1-p)^{n-x}, x = 0, 1, 2, \cdots, n$$

$$= 0 \qquad \text{其他}$$

則稱為二項分配，常簡記為 $b(n, p)$。二項分配適用於一試驗其結果可分成二類者，如一事情之成功與失敗，擲一銅板之正面或反面，小孩出生之為男或女等等現象均歸依二項分配。

其均數和變異數分別為

$$\mu = np$$

$$\sigma^2 = np(1-p)$$

範例 4-1

設 x 具有二項分配 $b(7, \frac{1}{2})$，則其機率函數為何？

解 $p(x) = \binom{7}{x}(\frac{1}{2})^x(1 - \frac{1}{2})^{7-x} = \binom{7}{x}(\frac{1}{2})^7$，故得其

均數 $\mu = np = 7(\frac{1}{2}) = 3.5$

變異數 $\sigma^2 = np(1-p) = 7(\frac{1}{2})(1-\frac{1}{2}) = \frac{7}{4} = 1.75$

 範例 4-2

設有一批產品 100 件,每一件產品經檢驗為不良品之機率 1%,
則其中有 5 件不良品之機率為何?

解
$$P(x=5) = (\begin{smallmatrix}100\\5\end{smallmatrix})(0.01)^5(0.99)^{95} = 0.29\%$$

設吾人界定不良率為 $\frac{x}{n}$,則其均數

$$\mu = E(\frac{x}{n}) = \frac{E(x)}{n} = \frac{np}{n} = p, \quad \text{其變異數}$$

$$\sigma^2 = V(\frac{x}{n}) = \frac{V(x)}{n^2} = \frac{np(1-p)}{n^2} = \frac{p(1-p)}{n}$$

2.超幾何分配

設一批產品共有 N 件,其中 r 件不良,其餘 $N-r$ 件為良品,現自該
批產品中隨機抽取 $n\,(n \leq N)$ 件產品,則其中含有 x 件不良品之機率為

$$P(x) = \frac{(\begin{smallmatrix}r\\x\end{smallmatrix})(\begin{smallmatrix}N-r\\n-x\end{smallmatrix})}{(\begin{smallmatrix}N\\n\end{smallmatrix})}, x = 0, 1, 2, \cdots$$

$$= 0 \qquad \qquad \text{其他}$$

則稱 $P(x)$ 為具有計數值的超幾何分配。

 範例 4-3

有一工廠生產機電零件外銷,每批 50 件,運送前檢驗員自該批
中隨機抽取 5 件檢驗之,若無任何不良品時,則允收之,否則
進行全數檢驗,假設於某一批產品中有 3 件不良品,試求該批

產品需進行全數檢驗之機率。

 設 x 表示檢驗後所發現的不良品數,則由題意知只有在 $x \geq 1$ 時才須做全數檢驗,故其機率為

$$P(x \geq 1) = 1 - P(x = 0) = 1 - \frac{\binom{3}{0}\binom{47}{5}}{\binom{50}{5}} = 0.28$$

超幾何分配之均數及變異數分別為

$$\mu = E(x) = \frac{nr}{N}$$

$$\sigma^2 = V(x) = \frac{nr(N-n)(N-r)}{N^2(N-1)}$$

由於超幾何分配之計算相當繁雜,常應用近似分配或極限分配來估計,其定理如下:

當 $N \to \infty$, $\frac{r}{N} \to p$ 且 $\frac{N-r}{N} \to 1-p$ 時,則超幾何分配趨近於二項分配

換言之,超幾何分配係以二項分配為其極限分配。

範例 4-4

設有產品一批,其 $N = 1{,}000$ 件,已知其不良品 $r = 10$ 件,現自其中隨機抽取 $n = 100$ 件來檢驗,則其中有 1 件不良品之機率為何?

$$P(1) = \frac{\binom{10}{1}\binom{990}{99}}{\binom{1{,}000}{100}}$$

上式的計算相當繁冗,但若採用二項分配以計算其近似值,則容易得多。

由定理知

$$P = \frac{r}{N} = \frac{10}{1{,}000} = 1\%, \, n = 100, \, x = 1 \text{ 則}$$

$$P(1) = \binom{100}{1}(0.01)^1(0.99)^{99} = 0.3697 = 36.97\%$$

3. 卜氏分配

設計數值 x 具有機率分配

$$P(x) = \frac{e^{-c}c^x}{x!}, \, x = 0, 1, 2, \cdots, \quad 式中 \, c > 0$$

$$= 0 \quad 其他$$

則稱 x 具有卜氏分配。

範例 4–5

設一產品之缺點數具有卜氏分配，依過去經驗知平均數 $c = 2$，依公司規定，產品缺點數在 3 或 3 以上者為不合格，試求該公司所生產的產品中有多少為不合格。

解 由題意知，缺點數具有卜氏分配

$$P(x) = \frac{2^x e^{-2}}{x!}$$

當 $x \geq 3$ 時為不合格，故得不合格機率為

$$P(x \geq 3) = 1 - P(x = 0) - P(x = 1) - P(x = 2)$$

$$= 1 - (e^{-2} + 2e^{-2} + 2e^{-2}) = 0.325$$

卜氏分配之平均數和變異數分別為

$$\mu = E(x) = c$$

$$\sigma^2 = V(x) = c$$

同樣地，二項分配的計算仍嫌繁冗，常採用其近似分配卜氏分配來計算。其定理如下：

當 $n \to \infty, \, p \to 0, \, np \to c$ 時，則二項分配以卜氏分配為其極限分配。

範例 4–6

一工廠以高速成型機製造螺帽，其不良率極低，$p = 0.01\%$，每部機器的生產量極大，每天約為 $n = 20,000$ 件，試求該機器每

天生產 3 件或以上不良品之機率為何。

解 由題意知，其不良數具有二項分配，故得其機率為

$$P(x \geq 3) = 1 - P(0) - P(1) - P(2)$$
$$= 1 - (0.9999)^{20,000} - 20,000(0.01\%)(99.99\%)^{19,999}$$
$$- \binom{20,000}{2}(0.01\%)^2(99.99\%)^{19,998}$$

上式的計算除非採用電腦，否則就是以對數方法來計算亦嫌繁冗。

故吾人採用卜氏分配以求其近似機率值：

$$c = np = 20,000 \times 0.01\% = 2$$
$$P(x \geq 3) = 1 - P(x \leq 2) = 1 - 0.677 = 0.323$$

範例 4-7

最早發現適用卜氏分配的實例為普魯士騎兵之訓練記錄，依其記錄，每年每一馬隊中被馬踢死的人數為 c，刪除 4 隊具有異常值的外，其中 10 個馬隊 20 年中的資料如下表所示：

c	實際死亡人數	死亡人數合計	依卜氏分配之機率	理論死亡人數
0	109	0	0.544	109
1	65	65	0.331	66
2	22	44	0.101	20
3	$\left.\begin{array}{c}3\\1\end{array}\right\}4$	9	0.022	$\left.\begin{array}{c}4\\1\end{array}\right\}5$
4		4	0.002	
合計	200	122	1.000	

$$\overline{C} = \frac{122}{200} = 0.61$$

利用 χ^2 檢定，得

$$\chi_0^2(3) = \frac{(109 - 109)^2}{109} + \frac{(66 - 65)^2}{65} + \frac{(20 - 22)^2}{20} + \frac{(5 - 4)^2}{5}$$
$$= 0 + 0.0154 + 0.2 + 0.2 = 0.4154$$

$$\chi_{1\%}(3) = 11.34$$

$$\chi_{5\%}(3) = 7.81$$

因 $\chi_0^2(3) < \chi_{5\%}^2(3)$，　故判定普魯士騎兵隊被馬踢死的人數符合卜氏分配。

4-3-2　計量值分配

1.常態分配

設連續隨機變數或計量值 x 具有機率密度函數

$$f(x) = \frac{1}{\sqrt{2\pi}\sigma}\exp[-\frac{1}{2}(\frac{x-\mu}{\sigma})^2], \; -\infty < x < \infty \; 且 \; \sigma > 0, \; -\infty < \mu < \infty$$

$$= 0 \qquad\qquad\qquad 其他$$

時，則稱 x 具有常態分配，簡記為 $N(\mu, \sigma^2)$。

常態分配乃為最重要分配之一，因宇宙間許多現象之行為均歸依常態分配，如初生嬰兒之體重，許多製品之尺寸規格等等。

又依據統計學的中央極限定理知，從任一群體抽取樣本，只要樣本夠大時，則其均數之抽樣分配近似於常態分配。根據實驗的結果，只要樣本大小大於或等於 4 時即相當可靠的，因此，常態分配在品質管理的應用中極廣泛且重要。

常態分配的特性如下：

⑴常態分配為一對稱分配，　以 $x = \mu$ 為其對稱軸且以 x 軸為其漸近線。

⑵常態分配的曲線於 $x = \mu \pm \sigma$ 時為其反曲點。

⑶其平均數及變異數分別為 μ 和 σ^2。

由常態分配的機率密度函數可知其相當複雜，為了應用上的方便，吾人必須將之轉換成標準常態分配。

設 x 具有常態分配 $N(\mu, \sigma^2)$，則變數

$$y = \frac{x - \mu}{\sigma} \text{ 之分配為 } N(0, 1)$$

即標準常態分配之機率密度函數為

$$g(y) = \frac{1}{\sqrt{2\pi}}\exp[-\frac{1}{2}y^2], \; -\infty < y < \infty$$

利用此標準常態分配，吾人可編製常態分配機率數值表，即

$$\Phi(z) = \int_{-\infty}^{z} g(y)dy = \int_{-\infty}^{z} \frac{1}{\sqrt{2\pi}}\exp(-\frac{1}{2}y^2)dy$$

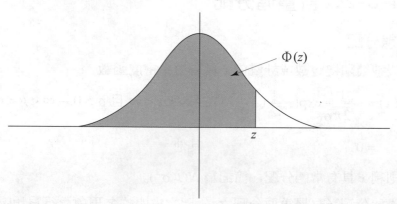

其值如附表 1–2 所示。

範例 4–8

設 x 具有常態分配 $N(2, 25)$ 時，則由附表 1–2 可查得

$$P(0 \le x \le 10) = \Phi(\frac{10 - 2}{5}) - \Phi(\frac{0 - 2}{5}) = \Phi(1.6) - \Phi(-0.4)$$

$$= 0.9452 - 0.3446 = 0.6006$$

$$P(-8 \le x \le 1) = \Phi(\frac{1 - 2}{5}) - \Phi(\frac{-8 - 2}{5}) = \Phi(-0.2) - \Phi(-2)$$

$$= 0.4207 - 0.0228 = 0.3979$$

範例 4-9

設 x 為具有常態分配 $N(\mu, \sigma^2)$ 且已知 $x \le 60$ 之機率為 0.1，而 $x \ge 90$ 之機率為 0.05，試求 μ 及 σ 值。

解 由題意知

$$P(x \le 60) = (\frac{60-\mu}{\sigma}) = 0.1$$

$$P(x \ge 90) = 1 - P(x \le 90) = 1 - \Phi(\frac{90-\mu}{\sigma}) = 0.05$$

即 $\Phi(\frac{90-\mu}{\sigma}) = 0.95$

由表查得

$$\begin{cases} \dfrac{60-\mu}{\sigma} = -1.282 \\ \dfrac{90-\mu}{\sigma} = 1.645 \end{cases}$$

由上列聯立方程式解得 $\mu = 73.1, \sigma = 10.2$

前面曾提及，二項分配之計算相當麻煩，於合適的條件下，可利用卜氏分配以求其近似值，若條件不符時，則可採用常態分配計算之。但若利用常態分配以求二項分配之近似機率時，因係以連續變數以估計不連續變數，必須採用下列之校正，以提高其近似值之準確性。

$$P(x = k) \doteq P(k - \frac{1}{2} \le x \le k + \frac{1}{2})$$

$$P(a \le x \le b) \doteq P(a - \frac{1}{2} \le x \le b + \frac{1}{2})$$

範例 4-10

設一電子系統係由 100 個零件所組成，每一零件之可靠度均為 0.95，這些零件在系統中的運作係獨立的，設整體系統至少需有 80 個零件完好時，系統才能有效地運作，試求該系統之可靠

度為多少。

解 設 x 表示零件完好的個數，而每一零件之良否乃二項分配，故其均數

$$\mu = np = 100(0.95) = 95$$

變異數

$$\sigma^2 = np(1-p) = 100(0.95)(1-0.95) = 4.75$$

故得 $\sigma = 2.18$

可題意可知，系統之可靠度為

$$P(80 \leq x \leq 100) \doteq P(79.5 \leq x \leq 100.5)$$

$$= P(\frac{79.5-95}{2.18} \leq z \leq \frac{100.5-95}{2.18})$$

$$= \Phi(2.52) - \Phi(-7.1) = 0.994$$

範例 4–11

一桿子長具有常態分配 $N(4, 0.01)$，將此桿子兩根連接一起而塞入一槽中，其槽長之內徑為 8，公差為 ± 0.1，試求連接兩根桿子能插入槽中之機率為多少。

解 設以 x_1 及 x_2 分別表示桿子 1 及桿子 2 之長度，則二桿子之總長為 $y = x_1 + x_2$，y 為常態分配 $N(8, 0.02)$，若 y 能插入槽中，則

$$P(7.9 \leq y \leq 8.1) = P(\frac{7.9-8}{0.14} \leq z \leq \frac{8.1-8}{0.14})$$

$$= \Phi(0.714) - \Phi(-0.714) = 0.526$$

上列各種分配，其間關係及其相互替代性，茲列表如下，以便應用。

2.各項分配之比較和應用

原分配	適用條件	代用分配
超幾何分配	$N \leq 10n$	超幾何分配
超幾何分配	$N \geq 10n$	二項分配
二項分配	$p \leq 0.10$ $np \leq 5$	卜氏分配
二項分配	$p \leq 0.50$ $np > 5$	常態分配
卜氏分配	$c > 10$	常態分配

習 題

1 試述數據的意義、重要性及其分類。

2 何謂機率分配? 機率分配有幾類? 其差異為何?

3 設 X 具有卜瓦松分配, 其參數為 c, 且已知 $P(X=0)=0.2$, 試求機率 $P(X>2)$。

4 設 X 具有卜瓦松分配且 $P(X=2)=\dfrac{2}{3}P(X=1)$, 試求 $P(X=0)$ 及 $P(X=3)$。

5 設 X 具有 mgf 為 $(\dfrac{1}{3}+\dfrac{2}{3}e^t)^5$, 求 P ($X=2$ 或 3)。

6 設 X 具有分配 $N(75,100)$ 時, 求 $P(X<60)$ 及 $P(70<X<100)$。

7 一管制良好的製程含有 0.2% 之不良率, 試求於 100 件中含有 2 件或 2 件以上不良品之機率? 若採用卜瓦松分配, 試求其近似機率?

8 設一批產品共 3000 件, 依據抽樣計畫, 自其中抽取 115 件樣本, 若有 6 件或 6 件以下的產品為不良, 則允收之, 否則拒收之, 現有含不良率 5% 之送驗批, 試求其拒收機率? 用卜瓦松分配求其近似值。

9 一連續生產線所製造之產品, 每一件發生不良之機率為 0.015, 試求在 200 件的樣本中有 0, 1, 2, 3, 4, 5 件不良品之機率?以卜瓦松分配求之。

第 5 章

抽樣計畫與抽樣

5–1　抽樣計畫

1.意　義

　　每家公司為了生產產品必須購入大量的原料、物料及零組件，其金額往往高達生產成本的 30 ～ 70%，因此，如果沒有品質優良的原物料，無法生產出品質優良的產品。為了確保進料品質，必須對進料加以抽樣檢驗，通常稱之為驗收抽樣，根據美國國家標準 (ANSI/ ASQC A$_2$)：「驗收抽樣係以抽樣檢驗作為判定產品或服務允收或拒收的決策，同時包含抽樣、檢驗及判定等決策過程中的技術。」

　　驗收抽樣的首要在於抽樣，自二次世界大戰以來，許多學者專家和專業機構利用統計及機率的原理，發展出各種抽樣計畫以供驗收抽樣之用。

2.分　類

　　抽樣計畫依其特性不同，常用者有下列兩種分類：

⑴依品質特性而分類

　　①計量值抽樣計畫。

　②計數值抽樣計畫。

⑵依制度而分類

　①規準型抽樣計畫。

　②選別型抽樣計畫。

　③調整型抽樣計畫。

　④連續生產型抽樣計畫。

3.計數值抽樣計畫與計量值抽樣計畫之比較

　茲將計數值抽樣計畫與計量值抽樣計畫之異同列如下表 5-1 所示。

表 5-1　計數值抽樣計畫與計量值抽樣計畫比較

		計數值抽樣計畫	計量值抽樣計畫
相同	1.	其功用在於判定進料批之合格與否	其功用在於判定進料批之合格與否
	2.	採用以樣本推定群體品質的抽樣理論	採用以樣本品質推定群體品質的抽樣理論
	3.	採用隨機抽樣方法且需檢驗其品質特性	採用隨機抽樣方法且需檢驗其品質特性
	4.	所依據者係為統計檢定的理論	同左
	5.	需冒允收壞批（第 II 型誤差）及拒收好批（第 I 型誤差）之風險	同左
相異	1.	適用於計數值品質特性	適用於計量值品質特性
	2.	抽樣計畫不同：以樣本大小 n 及允收數 c 表現	以樣本大小 n 及判定指標 k 及 M 表現
	3.	判定準則不同：以允收數（不合格個數）為判定基準	以均數或不合格率為判定基準，必須計算其均數或標準差
	4.	抽樣計畫可分為單次、雙次及多次抽樣三類	抽樣計畫可分為保證均數及保證不合格率二類
	5.	品質保證與品質成本較高（樣本較大）	品質保證與品質成本較低（樣本較小）
	6.	品質特性需歸依常態分配	抽樣時需隨機化
	7.	每一品質特性需制定一抽樣計畫	每一產品只需制定一抽樣計畫

📺5-2　抽樣計畫相關術語

為了解抽樣計畫，首先必須針對其使用的術語加以說明。

1. 允收機率 (Acceptance Probability)

一送驗批產品在一抽樣計畫執行下而被允收的機率稱之。

2. 作業特性曲線 (Operating Characteristic Curve)

各不同送驗批（即含有不同的不良率）經抽樣計畫執行後而允數之機率，以 x 軸為不良率，y 軸為允收機率而繪製成的曲線換之，簡稱 OC 曲線，其功能在於判定一抽樣計畫之良窳。下圖（圖 5-1）所示乃抽樣計畫 $n = 100, c = 2$ 之 OC 曲線。

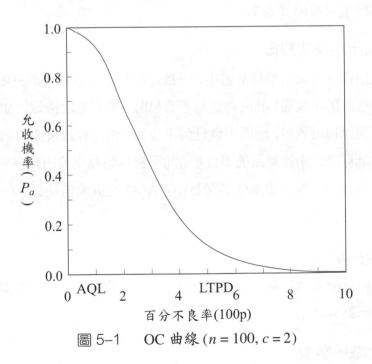

圖 5-1　　OC 曲線 $(n = 100, c = 2)$

在上圖中可顯示下列特性：

(1) 允收水準 AQL

允收水準乃消費者或顧客願意接受的最大不良率，換言之，當不良率不大於 AQL 時，我們希望儘量判定其為合格。

(2)拒收水準 LTPD

拒收水準乃消費者或顧客不願意接受的最小不良率，此時，其允收機率通常只有 5% 或 10%。

(3)生產者冒險率 (PR)

生產者的產品品質相當良好，已達允收水準 AQL，理應判定為合格，但因抽樣的結果而誤判為不合格之機率稱之，因而造成生產者的損失，其機率通常以 α 表之。

(4)消費者冒險率 (CR)

生產者的產品品質相當惡劣，理應判定為不合格，但因抽樣的結果而誤判為合格的機率稱之，因而造成消費者接受較多不良的產品，其機率通常以 β 表之。

3.平均出廠品質界限

在道奇－雷敏的抽樣計畫中，一批產品判定為合格時而允收之，其中含有些許的不良品；然而判定為不合格時，需經全數檢驗以剔除所有不良品而以良品置換，因而不含任何不良品，如此經過長期間的進料驗收即可計算平均出廠產品的不良率，此不良率稱為平均出廠品質，簡稱 AOQ。而在各不同不良率的送驗批中，AOQ 之最大值稱為 AOQL，即平均出廠品質界限。

4.平均抽驗件數

於抽樣計畫執行時，在判定允收或拒收前所需抽取的平均樣本數稱之，簡稱為 ASN。

5.平均總檢驗數

在選別型抽樣計畫（如道奇－雷敏表）下，一批產品的平均檢驗件數稱之，簡稱為 ATI。

5-3　計數值抽樣計畫

5-3-1　規準型抽樣計畫

兼顧買方（消費者）與賣方（生產者）雙方之要求與利益之抽樣計畫稱為規準型抽樣計畫，茲以保證不合格率為例，更深入說明其意義。即當送驗批不合格率 p 低於允收不合格率 p_0 時，允收之，而當不合格率 p 大於拒收不合格率 p_1 時，拒收之。

規準型抽樣計畫最具代表性的有日本工業規格：

JIS Z 9002 計數規準型一次抽樣計畫

JIS Z 9009 計數規準型逐次抽樣計畫

茲分別敘述其制度於後：

1. 日本規準型一次抽樣表 (JIS Z 9002)

日本規準型一次抽樣計畫 (JISZ 9002) 係指定生產者冒險率 α（通常指定 $\alpha = 5\%$）及消費者冒險率 β（通常指定 $\beta = 10\%$）而制定之單次抽樣計畫，其抽驗程序如下：

(1)決定品質基準。

必須明訂良品與不良品的判定準則。

(2)指定 p_0 及 p_1 之值

生產者與消費者協議以決定其允收品質水準 p_0 及拒收品質水準 p_1。

(3)決定批量 N

在同一生產條件所產出的產品構成一送驗批，其批量為 N 件。

(4)決定抽樣計畫 (n, c) 之值

由附表 2-1-1 中 p_0 列與 p_1 行相交處查得樣本數 n 及合格判定數 c。

若 p_0 列與 p_1 行相交欄中沒有數字時，依下列方式處理：

①依箭頭方向，由第一個數字之欄查得 (n, c) 之值。

②欄中有＊號時，則利用抽樣檢驗設計輔助表（附表 2-1-2）以計算其 n 及 c 之值。

③欄中空白時，顯示其抽樣計畫不存在（因 $p_0 > p_1$）。

④若所查得之 n 值較批量 N 為大時，則採用全數檢驗。

⑸實地抽取樣本。

⑹測定樣本之值以判定該批產品為允收或拒收。

⑺允收則接收該批產品，拒收則將該批產品退回給供應商（或協力廠商）。

範例 5-1

設指定 $p_0 = 0.65\%$, $\alpha = 5\%$, $p_1 = 3\%$, $\beta = 10\%$，則由 JISZ 9002 表（附表 2-1-1）查得一次抽樣計畫 $n = 200, c = 3$。

範例 5-2

設指定 $p_0 = 0.4\%$, $\alpha = 5\%$, $p_1 = 1\%$, $\beta = 10\%$，則由 JISZ 9002 表（附表 2-1-1）無法查得其單次抽樣計畫，此時可由 JISZ 9002 抽樣計畫輔助表（附表 2-1-2）計算而來，即

$$\frac{p_1}{p_0} = \frac{1\%}{0.4\%} = 2.5，介於表中值 2.3 與 2.7 之間，故知其 c = 10$$

$$n = \frac{308}{p_0} + \frac{770}{p_1} = \frac{308}{0.4} + \frac{770}{1} = 1,540$$

2. 日本規準型逐次抽樣表 (JIS Z 9009)

逐次抽樣計畫係假設群體為二項分配，於抽取一件樣品後，即判定該批為允收或拒收或必須繼續抽樣。即將抽驗結果劃分成三區：允收區、拒收區及繼續抽驗區，其間以兩條直線 $d_0 = sn + h_0, d_1 = sn + h_1$ 來區隔，

如下圖所示。

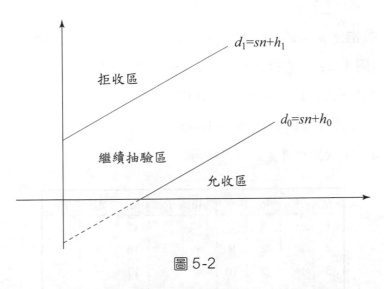

圖 5-2

日本規準型逐次抽樣計畫於 1962 年頒行，其抽驗程序如下：

⑴決定品質基準

明訂合格品與不合格品的判定基準。

⑵指定不合格率 p_0 及 p_1

由買賣雙方協議以決定允收不合格率 p_0 及拒收不合格率 p_1，並規定其生產者冒險率 $\alpha = 5\%$ 及消費者冒險率 $\beta = 10\%$。

⑶送驗批之組成

在相同生產條件下所產出的產品組成其送驗批，其批量為 N。

⑷決定抽樣計畫

由 JISZ 9009 表（附表 2–2）中，p_0 列與 p_1 行相交欄中查得 h_0, h_1 及 s 之值，即得

$$允收線\ d_0 = sn - h_0$$
$$拒收線\ d_1 = sn + h_1$$

⑸實地抽測樣本。

⑹判定之。

範例 5-3

設指定 $p_0 = 2\%, \alpha = 5\%, p_1 = 12\%, \beta = 10\%$，則由 JISZ 9009 表
（附表 2-2）查得 $h_0 = 1.157, h_1 = 1.485, s = 0.058$

故得允收線 $d_0 = 0.058n - 1.157$

拒收線 $d_1 = 0.058n + 1.485$

其 21 次抽樣計畫如下表所示：

n	Ac	Re	n	Ac	Re	n	Ac	Re
1	*	8	8	*	2	15	*	3
2	*	2	9	*	3	16	*	3
3	*	2	10	*	3	17	*	3
4	*	2	11	*	3	18	*	3
5	*	2	12	*	3	19	*	3
6	*	2	13	*	3	20	*	3
7	*	2	14	*	3	21	*	3

5-3-2　調整型抽樣計畫

　　調整型抽樣計畫係依據供應商歷史品質資訊以調整其檢驗的鬆緊
程度。即當供應商的歷史品質良好時採用減量檢驗，以節省驗收成本；
而當供應商的歷史品質不佳時採用嚴格檢驗以強化其檢驗能力,逼迫生
產者改善其製程品質，以達消費者要求。調整型抽樣計畫以美軍 105 表
為代表，美軍自 1950 年頒佈 MIL-STD-105A 以來，歷經四次修正，而
於 1981 年頒佈其 MIL-STD-105E，現將其抽驗程序介紹如下：

　⑴決定品質基準

　　明訂合格品與不合格品的判定基準。

　⑵決定允收水準 AQL

　　由買賣雙方協議而決定其品質允收水準 AQL。AQL 在 10% 以下時

可應用於不合格率或百件缺點數，但 AQL 在 10% 以上時只能應
用於百件缺點數上。同時，產品的品質特性有二種以上時，可採行
不同的 AQL 值來處理。

(3)決定檢驗水準

美軍 105 表共採用 7 級的檢驗水準，即一般檢驗水準 I , II , III及特
殊檢驗水準 S-1, S-2, S-3 與 S-4。

(4)決定抽樣計畫

美軍 105 表係以批量及檢驗水準來決定樣本代字，再以樣本代字與
AQL 決定其抽樣計畫 (n, Ac, Re)。

(5)決定抽樣方法

抽樣方法有單次、雙次及多次抽樣等三種，可任選一種實施。

(6)決定檢驗程度

美軍 105 表的轉換法則之規定如下圖 5–3 所示：

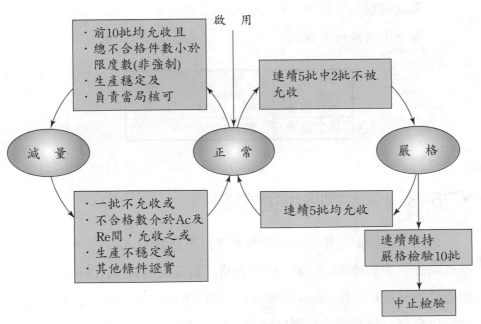

圖 5–3　美軍 105 表標準轉換法則流程圖

(7)查表

由上列條件選取適當的表，從批量與檢驗水準以查樣本代字，再由 AQL 中查得抽樣計畫 (n, Ac, Re)。

(8)實地抽驗。

(9)判定驗收結果。

範例 5–4

設有一抽樣計畫，其批量為 1,500, AQL = 1.5%，採用一般檢驗水準 II，則由附表 2–3–1 查得樣本代字 K，並由各表（附表 2–3–2，2–3–3，2–3–4，2–3–5）中 AQL = 1.5% 處查得各抽樣計畫如下：

單次正常抽樣計畫：$n = 125, Ac = 5, Re = 6$

單次嚴格抽樣計畫：$n = 125, Ac = 3, Re = 4$

單次減量抽樣計畫：$n = 50, Ac = 2, Re = 5$

雙次正常抽樣計畫：

	n	Ac	Re
第一樣本	80	2	5
第二樣本	80	6	7

5-3-3 選別型抽樣計畫

選別型抽樣計畫係指經抽驗後判定為不合格的產品批，不退回給供應商而進行全數檢驗，剔除全部不合格品而以良品替換，以使購買者獲得更佳的品質，因此，此種驗收抽樣不適用於破壞性檢驗。此種抽樣計畫係以道奇—雷敏驗收抽樣為代表,道奇—雷敏抽樣計畫之目的在於使平均總檢驗件數 (ATI) 為最少而達檢驗成本最低，同時，提供二種不同的品質保證，其一為 LTPD，另一為 AOQL，係由道奇、雷敏兩位學者

於 1941 年發表，共有四種表：

Ⅰ.單次抽樣 LTPD 表

Ⅱ.雙次抽樣 LTPD 表

Ⅲ.單次抽樣 AOQL 表

Ⅳ.雙次抽樣 AOQL 表

表Ⅰ及Ⅱ所指定之 LTPD 值（設 $\beta = 10\%$）有：0.5%, 1.0%, 2.0%, 3.0%, 4.0%, 5.0%, 7.0% 及 10.0%。

表Ⅲ及Ⅳ所指定之 AOQL 值有 0.1%, 0.25%, 0.5%, 0.75%, 1.0%, 1.5%, 2%, 2.5%, 3%, 4%, 5%, 7% 及 10%。

道奇－雷敏表之使用程序如下：

⑴指定 LTPD 或 AOQL 值

由買賣雙方協議，選擇適宜的 LTPD 或 AOQL 值。

⑵推定過程平均不合格率 $\overline{P}$ 值。

⑶決定批量 N。

⑷決定抽樣方法

單次、雙次抽樣擇一實施。

⑸決定抽樣計畫

①選取合乎指定 LTPD 或 AOQL 值的表。

②由表中批量 N 列與 $\overline{P}$ 值行相交處查得抽樣計畫 (n, c)。

⑹實地抽驗樣本。

⑺判定送驗批為允收或拒收。

⑻送驗批之處置

①合格批中樣本之不合格品，得以合格品替換之。

②不合格批經全數檢驗，剔除所有不合格品而以合格品替換之。

範例 5-5

設 $N = 1,500$, $\overline{P} = 1.5\%$, LTPD $= 5.0\%$，採用單次抽樣計畫時，由

道奇－雷敏表（附表 2–4–1）查得 $n = 180, c = 5$, AOQL $= 1.6\%$。

範例 5–6

設 $N = 2,050, \overline{P} = 0.45\%$, AOQL $= 2\%$ 時，若採用單次抽樣計畫，則由道奇－雷敏附表 2–4–2 查得 $n = 65, c = 2$, LTPD $= 8.2\%$。

　　日本工業規格計數值選別型一次抽樣檢驗 (JISZ 9006) 乃依據道奇－雷敏之單次抽樣表加以檢討，重新作成而於 1956 年頒佈實施。指定 LTPD 值的單次抽樣表稱 SL 表，其 LTPD 值有 1%, 2%, 3%, 5%, 7% 及 10% 等 6 個抽檢表。指定 AOQL 值的一次抽樣檢驗則稱為 SA 表，其 AOQL 值有 0.5%, 0.7%, 1%, 2%, 3% 及 5% 等 6 個抽驗表。其使用程序與道奇－雷敏表完全相同，於此不再贅述，僅舉二例說明之：

範例 5–7

設 $N = 1,500, \overline{P} = 1.5\%$, LTPD $= 5\%$，則其單次抽樣計畫由 JIS Z 9006 附表 2–5–1 查得 $n = 280, c = 9$, AOQL $= 2.1\%$。

範例 5–8

設 $N = 2,050, \overline{P} = 0.45\%$, AOQL $= 2\%$ 時，其單次抽樣計畫由 JIS Z 9006 附表 2–5–2 查得 $n = 70, c = 2$, LTPD $= 7.4\%$。

5-3-4　連續生產型抽樣計畫

　　連續生產型抽樣計畫係應用於連續生產的過程，用以管制生產過程的半成品，其典型的抽樣計畫為美軍 MIL-STD-1235 (ORD) 表，其抽驗

程序如下：

　⑴指定 AQL 或 AOQL 值。

　⑵選定檢驗水準

　　CSP-1 及 CSP-2 均各有三個檢驗水準，即檢驗水準Ⅰ, Ⅱ及Ⅲ。

　　CSP-A 只有檢驗水準Ⅱ。

　　CSP-M 不採用檢驗水準。

　⑶估計生產週期之平均產量 N。

　⑷決定樣本代字

　　由平均產量 N 與檢驗水準決定樣本代字。

　⑸決定抽樣計畫

　　首先決定採用那一型抽樣計畫，即 CSP-1, CSP-2, CSP-A 及 CSP-M 擇一，其次由個別表中可查得 f, i 及 L（或 a）值。

　⑹實地抽驗且判定之。

範例 5-9

設每一生產週期之平均產量 $N = 1,000$，採用檢驗水準Ⅱ，其 AQL $= 0.25\%$，則由 $N = 1,000$ 及檢驗水準Ⅱ，由 CSP-1 於其附表 2–6–2 及 2–6–3 中查得抽樣計畫：

$$CSP\text{-}1 : f = \frac{1}{10}, i = 190, L = 250$$

　　日本計數值連續生產型抽樣計畫 JISZ 9008 乃根據道奇的 CSP-1 而制定，於 1957 年頒佈實施。其實施步驟如下：

　⑴指定 AOQL。

　⑵檢驗發生之不合格品，剔除或良品替換擇一實施。

　⑶推定製程平均不合格率 $\overline{P}$。

$$\overline{P} = \frac{\text{不合格品數}}{\text{總檢驗件數}} \times 100\%$$

(4)決定 $\dfrac{1}{f}$

先決定品質改善指標 b

$$b = \dfrac{\overline{P}}{\text{AOQL}}$$

利用 b 以求其 $\dfrac{1}{f}$ 之值。

(5)決定 i 值

由指定 AOQL 及 $\dfrac{1}{f}$ 相交處以求其 i 值。

(6)實地抽驗並判定之。

範例 5-10

設 AOQL = 0.59%，製程平均不合格率 1.5% 時，則品質改善指標

$$b = \dfrac{\overline{P}}{\text{AOQL}} = \dfrac{1.5\%}{0.59\%} = 2.54$$

由附表 2-7-1 中查得 $\dfrac{1}{f} = 4$

再由附表 2-7-2 中查得 $i = 155$。

5-4　計量值抽樣計畫

5-4-1　規準型抽樣計畫

如前所述，規準型抽樣計畫係兼顧買賣雙方要求和利益的抽樣計畫，其代表抽樣計畫有日本計量規準型單次抽驗表 JISZ 9003（標準差已知）及日本計量規準型單次抽驗表 JISZ 9004（標準差未知）等二種，茲分別介紹如下：

1. 日本計量規準型單次抽驗表 JISZ 9003

日本計量規準型抽驗表 JISZ 9003 係於 1957 年制定，適用於標準差已知的狀況。其抽樣計畫之設計係假設送驗批的品質特性歸依常態分配，第 I 型誤差 $\alpha = 5\%$，第 II 型誤差 $\beta = 10\%$，同時將抽樣計畫分成 ⑴保証送驗批均數，⑵保證送驗批不良率兩大類，茲分別說明其抽驗程度如下：

⑴保證送驗批均數

①決定品質基準及測定方法。

②指定均數 m_0, m_1

　　m_0 表示期望合格的送驗批均數

　　m_1 表示期望不合格的送驗批均數

③指定送驗批標準差 σ。

④決定抽樣計畫

利用附表 2-8-1，以決定其樣本大小 n 及係數 G_0

a. 當 $m_0 < m_1$（上規格界限）時

　　(a)計算 $\dfrac{m_1 - m_0}{\sigma}$ 之值。

　　(b)由附表 2-8-1 查得 n, G_0 之值。

　　(c)判定基準 $\overline{X}_U = m_0 + G_0\sigma$。

　　(d)根據 n 及 $\overline{X}_U$ 值以檢討其檢驗成本，合適則用之，不合適則修正其 m_0 及 m_1 之值，然後重新計畫其 n 及 $\overline{X}_U$ 之值，繼續檢討，直到一切合適為止。

b. 當 $m_1 < m_0$（即下規界限）時

　　(a)計算 $\dfrac{m_0 - m_1}{\sigma}$ 之值。

　　(b)由附表 2-8-1 查得 n, G_0 之值。

　　(c)判定基準 $\overline{X}_L = m_0 - G_0\sigma$。

　　(d)根據 n 及 $\overline{X}_L$ 值以檢討其檢驗成本，合適則用之，不合適則修正其 m_0 及 m_1 之值，然後重新計算其 n 及 $\overline{X}_L$ 之值，繼

續檢討，直到一切合適為止。

⑤自送驗批抽取樣本。

⑥測定樣本特性值 x，計算其均數 $\bar{X}$。

⑦判定送驗批品質

　　a. 當 $m_0 < m_1$ 時，則

　　　$\bar{X} \leq \bar{X}_U$，判定該批為合格。

　　　$\bar{X} > \bar{X}_U$，判定該批為不合格。

　　b. 當 $m_1 < m_0$ 時，則

　　　$\bar{X} \geq \bar{X}_L$，判定該批為合格。

　　　$\bar{X} < \bar{X}_L$，判定該批為不合格。

⑧送驗批之處理

　　依事先約定的辦法以處理送驗批，但任何情況下均不得將不合格批再送請檢驗。

範例 5-11

一產品之抗壓強度愈大愈佳，期望其均數在 21,000 psi 以上為合格，而在 20,000 psi 以下為不合格，已知標準差 $\sigma = 1,000$ psi，試求其抽樣計畫（$\alpha = 5\%$, $\beta = 10\%$）。

解 已知 $m_0 = 21,000$ psi, $m_1 = 20,000$ psi, $\sigma = 1,000$ psi

故 $\dfrac{m_0 - m_1}{\sigma} = \dfrac{21,000 - 20,000}{1,000} = 1.00$

由附表 2-8-1 查得 $n = 9$, $G_0 = 0.548$

故得 $\bar{X}_L = m_0 - G_0\sigma = 21,000 - 0.548 \times 1,000 = 20,452$ psi

現自送驗批中抽取產品 9 件，測定其抗壓強度如下：

21080, 21120, 20870, 22120, 22785, 21820, 21900, 22350, 21750

得其均數 $\bar{X} = 21,755$

因 $\bar{X} = 21,755 > \bar{X}_L = 20,452$，故該送驗批為合格。

⑵保證送驗批不良率

　①決定品質基準及測定方法。

　②指定 p_0, p_1。

　③指定送驗批標準差 σ。

　④求抽樣計畫

　　$a.$ 指定上規格界限 U 時

　　　⒜由 p_0 及 p_1 相交處查得 n, k 值。

　　　⒝計算合格判定基準

$$\overline{X}_U = U - k\sigma$$

　　　⒞由 n 及 $\overline{X}_U$ 值檢討檢驗費用，合適則用之，否則修正 p_0, p_1

　　　　值，再計算其 $n, \overline{X}_U$ 之值，直到合適為止。

　　$b.$ 指定下規格界限 L 時

　　　⒜由 p_0 及 p_1 相交處查得 n, k 值。

　　　⒝計算合格判定基準

$$\overline{X}_L = L + k\sigma$$

　　　⒞由 n 及 $\overline{X}_L$ 之值檢討其檢驗成本，合適則用之，否則修正

　　　　p_0, p_1 值，再計算其 $n, \overline{X}_L$ 之值，直到合適為止。

　⑤抽取樣本。

　⑥測定樣本之品質特性值，並求其均數 $\overline{X}$ 值。

　⑦判定送驗批之品質

　　$a.$ 指定上規格界限 U 時

　　　$\overline{X} \leq \overline{X}_U$ 時，判定送驗批為合格。

　　　$\overline{X} > \overline{X}_U$ 時，判定送驗批為不合格。

　　$b.$ 指定下規格界限 L 時

　　　$\overline{X} \geq \overline{X}_L$ 時，判定送驗批為合格。

　　　$\overline{X} < \overline{X}_L$ 時，判定送驗批為不合格。

　　$c.$ 同時指定上規格界限 U 及下規格界限 L 時

同時指定雙邊規格界限之抽驗程序與前述單邊規格者相同，但需分別求得其 $\overline{X}_U$ 及 $\overline{X}_L$ 之值，同時必須滿足較附表 $\dfrac{U-L}{\sigma}$ 之值為大之條件，否則無法採用雙邊規格與指定兩定點 p_0 及 p_1 之值，其判定準則如下：

$\overline{X}_L \le \overline{X} \le \overline{X}_U$ 時，判定送驗批為合格。

$\overline{X}_L > \overline{X}$ 或 $\overline{X} > \overline{X}_U$ 時，判定送驗批為不合格。

⑧送驗批的處理

依事先約定的條件處理送驗批，但對不合格送驗批，不得以任何理由呈請再檢驗。

範例 5–12

設一產品之抗壓強度之下規格界限為 21,000 psi，若其強度在 21,000 psi 以下產品佔 0.5% 以時，判定送驗批為合格，但若佔 3% 以上時，則判定為不合格，已知 $\sigma = 1,050$ psi, $\alpha = 5\%$, $\beta = 10\%$，試求其抽樣計畫。

解 已知 $L = 21,000$ psi, $\sigma = 1,050$ psi, $p_0 = 0.5\%$, $p_1 = 3\%$

則由附表 2–8–2 中查得 $n = 17$, $k = 2.17$，故其下規格判定基準值

$$\overline{X}_L = L + k\sigma = 21,000 + 2.17 \times 1,050 = 23,278.5 \text{ psi}$$

現自送驗批中抽取 17 件產品，測定其抗壓強度，並求得其均數 $\overline{X} = 22,500$ psi，則因

$$\overline{X} = 22,500 \text{ psi} < \overline{X}_L = 23,278.5 \text{ psi}$$

故判定該送驗批為不合格。

範例 5–13

設一公司以機器填裝 1 磅重的咖啡，已知其標準差為 0.015，若該公司規定該產品重量之上下規格界限分別為 $U = 1.06$, $L = $

0.94, $p_0 = 0.7\%$, $p_1 = 5\%$, $\alpha = 5\%$, $\beta = 10\%$，試求其抽樣計畫。

解 因 $\dfrac{U - L}{\sigma} = \dfrac{1.06 - 0.94}{0.015} = 8$，較附表 2–8–4 所查得之值 6.6 為大，故

由附表 2–8–2 中查得 $n = 12, k = 2.02$，　故

$$\overline{X}_U = U - k\sigma = 1.06 - 2.02(0.015) = 1.0297$$

$$\overline{X}_L = L + k\sigma = 0.94 + 2.02(0.015) = 0.9703$$

現自已裝罐好的產品批中抽取 12 罐，秤量其咖啡淨重，求得其均

數 $\overline{X} = 1.0183$ 磅時，則因 $\overline{X}_L = 0.9703 < \overline{X} = 1.0183 < \overline{X}_U = 1.0297$，

故判定該批產品為合格。

2.日本計量規準型單次抽驗表 JISZ 9004

日本計量規準型單次抽驗表 JISZ 9004 係於 1955 年制定，　專用於
標準差未知、單邊規格，以不良率來判定送驗批的品質。

其抽驗程序如下：

(1)決定品質基準及其測定方法。

(2)決定 p_0, p_1。

(3)決定抽樣計畫

由附表中 p_0 與 p_1 相交處，查得樣本大小 n 及係數 k。

(4)抽取樣本。

(5)測定樣本品質特性值，計算樣本均數 $\overline{X}$ 及樣本之不偏變異數 S^2

$$S^2 = \frac{1}{n-1}\sum(x_i - \overline{X})^2$$

(6)決定判定基準。

(7)送驗批的品質判定

　①指定上規格界 U 時

　　$\overline{X} + kS \le U$ 時，判定送驗批為合格。

　　$\overline{X} + kS > U$ 時，判定送驗批為不合格。

②指定下規格界限 L 時

$\overline{X} - kS \geq L$ 時，判定送驗批為合格。

$\overline{X} - kS < L$ 時，判定送驗批為不合格。

 範例 5-14

設金屬板厚度之下規格界限 $L = 2.5$ mm，若厚度未達 2.5 mm 之產品在 0.2% 以下時為合格，但厚度未達 2.5 mm 之產品在 8% 以上時為不合格，設已知金屬板厚度歸依常態分配，$\alpha = 5$ %, $\beta = 10\%$，試求其抽樣計畫。

解 由題意知 $p_0 = 0.2\%$, $p_1 = 8\%$, $\alpha = 5\%$, $\beta = 10\%$

由附表 2-9 中，查得 $n = 13$, $k = 2.08$，故得判定準則

$\overline{X} - 2.08S \geq 2.5$ 時，判定送驗批為合格

$\overline{X} - 2.08S < 2.5$ 時，判定送驗批為不合格

現自送驗批中抽取 13 件為樣本，測定其厚度資料如下：2.57, 2.81, 2.47, 2.58, 2.67, 2.88, 2.76, 2.66, 2.79, 2.85, 2.91, 2.73, 2.62，計算其樣本均數及標準差

$$\overline{X} = 2.7154, S = 0.1335$$

$$\overline{X} - 2.08S = 2.7154 - 2.08(0.1335) = 2.4377$$

因 $\overline{X} - 2.08S = 2.4377 < L = 2.5$

判定該送驗批的金屬板厚度為不合格。

5-4-2　調整型抽樣計畫

如前所述，調整型抽樣計畫係依據供應商品質歷史的良窳以調整其檢驗程度，即決定供應商於何時採用正常檢驗、嚴格檢驗或減量檢驗。計量值調整型抽樣計畫以美軍 414 表為代表，美軍於 1957 年制訂而頒佈 MIL-STD-414 表以來，曾於 1980 年大幅度修訂，一方面配合美軍

MIL-STD-105E 表相容性佳，另一方面列入美國國家標準，編號為
ANSI/ASQC Z1.9-1980。雖又曾於 1993 年做了一次檢討，但未有任何
修正，茲將 MIL-STD-414 表的特性及其使用方法說明如下。

美軍標準 MIL-STD-414 表係假設送驗批產品的品質特性值歸依常
態分配之 AQL 系統抽樣計畫。

首先將品質變異分成二大類，其一為標準差 σ 已知，另一為標準差
未知而可以樣本標準差 S 或樣本平均全距 $\bar{R}$ 推定之。因此，其抽樣計畫
有三種：變異性未知標準差 (S) 法、變異性未知全距 (R) 法及變異性已
知標準差 (σ) 法。同時提供兩種不同的允收準則，其一為使用允收常數
k，另一為推定批內不良率作為判定基準，前者稱為形式 1，後者則稱為
形式 2，而本抽樣計畫亦適用於單邊規格（指定上規格與指定下規格）
及雙邊規格（指定相同的 AQL 與指定不同的 AQL），其結構如圖 5–4
所示。至於其正常、嚴格及減量檢驗的轉換法則與美軍 MIL-STD-105 抽
驗表完全相同，於此不再贅述。

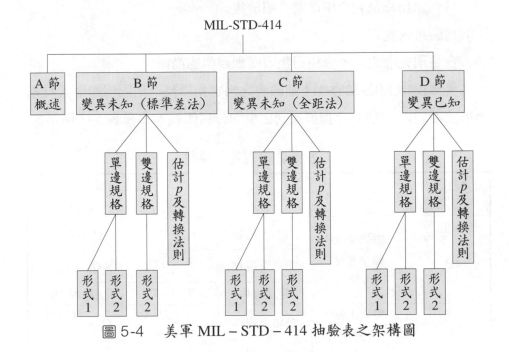

圖 5-4　美軍 MIL–STD–414 抽驗表之架構圖

　　茲將美軍 MIL-STD-414 抽驗表的使用程序說明如下：

(1)決定品質基準及其規格。

(2)決定測定方法。

(3)指定允收水準 AQL 值。

(4)求 AQL 代表值。

(5)決定檢驗水準。

(6)利用批量 N 及檢驗水準以求樣本代字

　　檢驗水準共分五級，即一般水準 I , II, III及特殊水準的 S_4, S_5。

(7)求抽樣計畫

　　由各表中查出 (n, k) 或 (n, m) 及其相關係數。

(8)抽取樣本。

(9)測定樣本品質特性值

　　由測定值以求樣本標準差 S 或平均樣本全距 $\bar{R}$ 值。

(10)判定送驗批品質

　　其判定指標及判定準則將介紹於後。

(11)送驗批的處理

　　合格則允收之，不合格則拒收而退回供應商。

　　美軍標準 MIL-STD-414 抽驗表之判定指標及準則因保證形式及規格形式而異，茲將判定指標及判定準則分列如表 5–2 及表 5–3 所示。

表 5-2　判定指標

節	方　案	規　格	判定指標	
			形式 1	形式 2
B	變異未知標準差法（S 法）	指定上規格	$T_U = \dfrac{U-\bar{X}}{S}$	$Q_U = \dfrac{U-\bar{X}}{S}$
		指定下規格	$T_L = \dfrac{\bar{X}-L}{S}$	$Q_L = \dfrac{\bar{X}-L}{S}$
		雙邊規格	T_U 及 T_L	Q_U 及 Q_L
C	變異未知全距法（R 法）	指定上規格	$T_U = \dfrac{U-\bar{X}}{\bar{R}}$	$Q_U = \dfrac{(U-\bar{X})c}{\bar{R}}$
		指定下規格		

			$T_L = \dfrac{\overline{X}-L}{\overline{R}}$	$Q_L = \dfrac{(\overline{X}-L)c}{\overline{R}}$
		雙邊規格	T_U 及 T_L	Q_U 及 Q_L
D	變異已知 標準差法 (σ 法)	指定上規格	$T_U = \dfrac{U-\overline{X}}{\sigma}$	$Q_U = \dfrac{(U-\overline{X})v}{\sigma}$
		指定下規格	$T_L = \dfrac{\overline{X}-L}{\sigma}$	$Q_L = \dfrac{(\overline{X}-L)v}{\sigma}$
		雙邊規格	T_U 及 T_L	$Q_U Q_L$

表 5-3　判定準則

規格		判定準則	
		形式 1	形式 2
估計不良率 P			利用 n 及 Q_U 或 Q_L 由適當表中查 P_U, P_L 值
單邊規格	指定上規格	$T_U \geq K$ 允收 $T_U < K$ 拒收	$P_U \leq M$ 允收 $P_U > M$ 拒收
	指定下規格	$T_L \geq K$ 允收 $T_L < K$ 拒收	$P_L \leq M$ 允收 $P_L > M$ 拒收
雙邊規格	上下規格指定相同的 AQL 值		$P = P_U + P_L$ $P \leq M$ 允收 $P > M$ 拒收
	上下規格指定不同的 AQL 值		$P = P_U + P_L$ 若 $P_U \leq M_U$，且 $P_L \leq M_L$，且 $P \leq \max(M_U, M_L)$，則允收之，否則拒收

由上表可知，美軍標準 MIL-STD-414 表 (2–10) 相當複雜，只舉 2 例說明如下：

情況 1：變異性未知，單邊規格，標準差 (S) 法

範例 5–15

一產品抗牽強度之下規格界限 $L = 300$ psi，有一送驗批 $N = 150$ 件送請驗收，採用正常檢驗，一般檢驗水準 II，AQL = 1.5%，

現自一送驗批抽取 10 件樣本，測定其抗牽強度，其資料如下：

320, 318, 312, 308, 315, 313, 305, 298, 322, 325

試判定該送驗批是否合格。

本範例解答仍採用美軍標準格式為之，先以形式 1，再以形式 2 計算之，先由附表 2–10–1 查得樣本代字 F，再附表 2–10–2 查 $n = 10$，$k = 1.58$，又由附表 2–10–3 查得 $n = 10$，$M = 4.77$，其計算如下表 5–4 及表 5–5 所示：

表 5–4　形式 1 計算表

行碼	計算式	計算值	說明
1.	樣本大小：n	10	
2.	測定值之和：$\sum x$	3,136	
3.	測定值平方和：$\sum x^2$	984,064	
4.	修正項 (CF)：$\dfrac{(\sum X)^2}{n}$	983,449.6	$\dfrac{(3,136)^2}{10}$
5.	平方和 (SS)：$\sum x^2 - CF$	614.40	$984,064 - 983,449.6$
6.	變異數 (V)：$\dfrac{SS}{n-1}$	68.267	$\dfrac{614.40}{9}$
7.	不偏標準差 (S)：$\sqrt{V}$	8.262	$\sqrt{68.267}$
8.	樣本均數 $(\overline{X})$：$\dfrac{\sum x}{n}$	313.6	$\dfrac{3,136}{10}$
9.	下規格界限：L	300	
10.	$T_L = \dfrac{\overline{X} - L}{S}$	1.65	$\dfrac{313.6 - 300}{8.262}$
11.	判定基準：K	1.58	
12.	判定： 因 $T_L = 1.65 > K = 1.58$ 故判定該送驗批為合格		

表 5–5　形式 2 計算表

行碼	計算式	計算值	說明
1.	樣本大小：n	10	
2.	測定值之和：$\sum x$	3,136	

3.	測定值平方和：$\sum x^2$	984,064	
4.	修正項 (CF)：$\dfrac{(\sum x)^2}{n}$	983,449.6	$\dfrac{(3,136)^2}{10}$
5.	平方和 (SS)：$\sum x^2 - CF$	614.40	$984,064 - 983,449.6$
6.	變異數 (V)：$\dfrac{SS}{n-1}$	68.267	$\dfrac{614.40}{9}$
7.	不偏標準差 (S)：$\sqrt{V}$	8.262	$\sqrt{68.267}$
8.	樣本均數 $(\overline{X})$：$\dfrac{\sum x}{n}$	313.6	$\dfrac{313.6}{10}$
9.	下規格界限：300	300	
10.	品質指標：$Q_L = \dfrac{(\overline{X}-L)}{S}$	1.65	$\dfrac{313.6-300}{8.262}$
11.	判定基準：M	4.77%	
12.	批不良率推定值：P_L	3.95%	
13.	判定： 因 $P_L = 3.95 < M = 4.77$ 故判定該送驗批為合格		

情況 2：變異性未知，單邊規格，全距法

範例 5-16

一產品之抗牽強度之下規格界限 $L = 300$ psi，有一送驗批 $N = 150$ 件送請檢驗，採用嚴格檢驗，一般檢驗水準 II，AQL= 1.5%。現自一送驗批抽取 10 件樣本，測定其抗牽強度，其資料如下：

　　　320, 318, 312, 308, 315, 313, 305, 298, 322, 325

試判定該送驗批是否合格。

解 由附表 2–10–1 查得樣本代字 F，再由附表 2–10–5 查得 $n = 10$，$k = 0.703$，再由附表 2–10–6 查得 $n = 10$，$M = 3.23$，以形式 1 解如表 5–6 所示，再以形式 2 解如表 5–7 所示。

表 5-6　形式 1 解

行碼	計算式	計算值	說明
1.	樣本大小: n	10	
2.	測定值之和: $\sum x$	3,136	
3.	樣本均數 $(\overline{X})$: $\dfrac{\sum x}{n}$	313.6	$\dfrac{3,136}{10}$
4.	全距均數 $\overline{R} = \dfrac{\sum R}{\text{組數}}$	19.5	
5.	下規格界限 L	300	
6.	$T_L = \dfrac{\overline{X}-L}{\overline{R}}$	0.697	
7.	判定基準: K	0.703	
8.	判定: 因 $T_L = 0.697 < K = 0.703$ 故判定該送驗批為不合格		

表 5-7　形式 2 解

行碼	計算式	計算值	說明
1.	樣本大小: n	10	
2.	測定值之和: $\sum x$	3,136	
3.	樣本均數 $\overline{x} = \dfrac{\sum x}{n}$	313.6	$\dfrac{3,136}{10}$
4.	樣本全距均數 $\overline{R} = \dfrac{\sum R}{\text{組數}}$	19.5	
5.	下規格界限 L	300	
6.	品質指標: $Q_L = \dfrac{(\overline{X}-L)C}{\overline{R}}$	1.68	
7.	判定基準: M	3.23%	
8.	批不良率推定值 P_L	3.34%	
9.	判定: 因 $P_L = 3.34\% > M = 3.23\%$ 故判定該送驗批為不合格		

5-5　隨機抽樣

　　抽樣係在考量效益、成本、時效等因素下獲取資訊的最佳方法,而資訊的獲取是統計分析或品質管理的基礎。抽樣方法雖有立意抽樣法、隨機抽樣法及混合抽樣法三大類,　其中以隨機抽樣法最適合於品質管理,品管上涉及的群體,往往包含現有產品及未來將生產的產品,根本不可得,因此必須以樣本的結果去推定群體的特質,因此只有隨機抽樣才能正確地推定之,也才能估計推定結果的可靠度或精確度。

　　隨機抽樣係應用機遇方法選取樣本的一種抽樣程序,其基本原則,在抽樣之前不對群體作任意有意地安排,在抽樣時,需使群體中每一個體有完全同等被選中的機會,其使用的方法如擲硬幣、抽籤、摸彩或採用亂數表等。隨機抽樣可分為簡單隨機抽樣、系統抽樣、分層抽樣及分組抽樣等四種,茲分別說明如下:

5-5-1　簡單隨機抽樣

　　簡單隨機抽樣為各種抽樣法之基礎,係使群體中每一個體被抽出的機會均等,且每一個體在遞次抽樣時皆具獨立性。即從群體 N 中抽出樣本大小 n 個隨機樣本,每一個被抽出的機會均相等。其常用的方法係以亂數表為之,其使用方式舉例說明如下:

範例 5-17

　　設有一群體 $N = 200$,由其中抽取 $n = 20$ 個樣本,首先將群體編號,由 000,編至 199;然後閉上眼睛以鉛筆在亂數表隨機一指,其數字可向左、向右、向上或向下開始列出其數字 20 個,超過 199 以上刪去不用,由附表 1–1 隨機一點落在第 5 列第 12 行,向右列出如下:

(015), 736, (147), 640, 323, 665, 398, 951, (168), 771, 217, (176),

833, 660, 657, 471, 734, (072), 768, 503, 669, 736, (170), 653,

(133), 968, 511, (199), 291, 703, (106), (010), 805, 455, 718, 240,

635, 303, 426, (148), (079), 907, 439, 234, (030), 973, 285, 269, 776

(020), 205, (165), 692, 686, 657, 481, 873, (053), 852, 471, 862,

388, 579, 535, 733, 213, 505, 325, 470, 489, (055), 357, 548, 284,

632, 870, 983, 491, 256, 247, 379, 645, 753, 035, 296, 477, 835,

508, 342, 826, (093), 520, 344, 352, 738, 843, 508, 520, (177), 671,

490, 568, 607, 221, (094)

刪去 200 以上及重複者，抽取 20 個亂數，其結果如下：

015, 147, 168, 176, 072, 170, 133, 199, 106, 010, 148, 079, 030,
020, 165, 053, 055, 093, 177, 094

由上述情形可知，抽取上百個亂數，才取足我們所要的 20 個亂數，此種情形可採用下列兩種方法處理

⑴除以 200 得整數後之剩餘數（通常簡稱除商餘數法）

依此，由上列亂數之前 20 個可得餘數為 015, 136, 147, 040, 123, 065, 198, 151, 168, 171, 017, 176, 033, 060, 057, 071, 134, 072, 168, 103，此即為我們所選取的 20 個亂數。

⑵由 000 到 999 共有 1,000 個數字，而我們的群體為 200 個，故每一群體可分配到 5 個數字，即

亂　　數	群體編號
000 ～ 004	000
005 ～ 009	001
010 ～ 014	002

⋮	⋮
995 ~ 999	199

運用此方法所抽得的 20 個亂數，得 003, 147, 029, 128, 064, 133, 079, 190, 033, 154, 043, 035, 166, 132, 131, 094, 146, 014, 153, 100

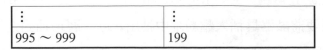 5-5-2　系統抽樣

系統抽樣之功能在於達成抽樣作業的隨機化及簡便化,並解決亂數表不敷運用之缺點。當群體具有隨機性時,系統抽樣與簡單隨機抽樣具有相同的統計效率;但當群體呈現直線趨勢時,系統抽樣的統計效率大於簡單隨機抽樣者;又當群體呈現週期性變化時,採用系統抽樣可使樣本均數的變異數為零。

系統抽樣係將群體 N 分成 k 單位,假設由第一 k 單位中隨機抽取第 j 號,然後由第 j 號開始,每隔 k 個單位抽取一個單位,直到取遍了整個群體為止。例如於製程管制中,若每 2 小時隨機抽取一次樣本,可將 2 小時切成每 5 分鐘一格,即 24 格,即 8 點到 10 點分成 24 格,10 點到 12 點分成 24 格,13 點到 15 點分成 24 格,15 點到 17 點分成 24 格,若第一段（8 點到 10 點）抽取到第 5 格 (8:20 ~ 8:25),則第二段（10 點 ~ 12 點）為第 29 格 (10:20 ~ 10:25),第三段（13 點 ~ 15 點）為第 53 格 (13:20 ~ 13:25),第四段（15 點 ~ 17 點）則為第 77 格 (15:20 ~ 15:25)。

5-5-3　分層抽樣

所謂分層抽樣,係將群體依某種標準分為若干次群體,這些次群體即稱為層,各層中所包含的單位互不重疊,而各層中所包含的單位個數總和等於群體總單位數,每一層中則採用簡單的隨機抽樣,分層的先決

條件需彼此獨立無關。例如於麵粉、咖啡的抽樣，通常採用倒鈎式的抽樣器具，只要將該器具插入麵粉堆中抽出，每一層均抽到定量的樣本，即代表不同深度麵粉層的樣本。

5-5-4　分組抽樣

分組抽樣（Cluster Sampling）係將群體依某種標準分成若干組或類，然後由這些組中採用簡單隨機抽樣抽出若干組為一樣本，再把樣本中所包含的單位全面普查稱之，特別適用於沒有抽樣架構或抽樣底冊之群體或經費短絀的情況。前面所敘述的簡單隨機抽樣、系統抽樣或分層抽樣等都必須要有抽樣架構或抽樣底冊才能執行，例如中華民族係由漢、滿、蒙、回、藏、苗等六大族群所組成，又如美國由 50 州所構成，其組成自然構成分組，即可採行分組抽樣。

5-6　檢驗概念

每件產品必須經過檢驗才能判定其為良品或不良品，抽樣計畫則以一樣本所含不良品的多少來判定一批產品之合格與否，因此在進料驗收過程中檢驗是必要的。檢驗方法則因產品品質特性而異，通常係量測產品品質特性值，如尺寸、性能等，或僅判定其良窳而已，如外觀、通過或不通過等。

檢驗可分為不檢驗、抽樣檢驗及全數檢驗等三類，前者係因產品品質不重要或品質太好或屬於生產者導向的時代，進料不經檢驗即加以允收。抽樣檢驗係一送驗批中隨機抽取一樣本加以檢驗，以其結果來判定該批產品之良窳，作為允收或拒收之依據。全數檢驗則將進料批中的每一件產品均加以檢驗，允收良品、退回不良品，此種選剔作業稱為全數檢驗。

5–7　抽樣檢驗概念

為保證品質且降低驗收成本，以抽樣檢驗最為優良。抽樣檢驗可分為逐批抽樣檢驗、跳批抽樣檢驗及免檢三類，逐批抽樣檢驗係利用抽樣計畫每批均加以抽樣檢驗，獨立地判定每批產品的允收與否。然而由於生產者的品質改善，使得其產品品質良好且相當穩定，此時就不必每批抽檢，而可以隔幾批才作一次抽樣檢驗，其檢核的功能多於保證的作用，即稱為跳批抽樣檢驗。如果品質繼續改善，繼續維持穩定，為節省成本即可採行免檢制度，即由生產者隨貨附送檢驗報告而以免檢通關稱之。

抽樣檢驗的時機如下：

⑴破壞性試驗

此類產品一經試驗即告損壞，無法再用，如燈泡之壽命試驗、混凝土試體之抗壓強度試驗、鉚釘之接合強度等，則非實施抽樣檢驗不可。

⑵試驗成本太高

此類產品數量相當多，檢驗成本又高，品質並非特別重要時，則可採用抽樣檢驗，如有一桶小鐵釘數以萬計，其不良率只有 2 ～ 3% 時，即可採行抽樣檢驗。

⑶時間不允許

由於生產量太大或生產過程中每一工程的緊湊生產計畫，時間上不允許全檢，非採用抽樣檢驗不可。

⑷其他

近代由於統計學的發展及抽樣計畫制度的良好，只要抽樣檢驗就能確保進料品質時，即可適用於大多數產品的驗收作業。

雖然如此，相對於全數檢驗，抽樣檢驗具有如下之優缺點：

優　點

⑴成本較低。

⑵減少檢驗及其搬運過程的損失。

⑶檢驗負荷減少，減少人員的聘僱和訓練費用。

⑷因工作負荷的減輕，檢驗人員有更多時間和精力以開發新工作方法，也減少其單調的重複性工作。

⑸整批的允收或拒收，對生產者品質的改善具有鼓舞作用，也給予生產者改善的資訊。

缺　點

⑴抽樣檢驗必須冒允收壞批和拒收好批之風險，即統計學上所謂的第Ⅰ型誤差和第Ⅱ型誤差。

⑵事先需有計畫性作業。

⑶樣本所提供的品質資訊沒有全數檢驗來得多。

習　題

1 試解釋下列名詞

　⑴抽樣計畫。

　⑵作業特性曲線（OC 曲線）。

　⑶平均出廠品質界限。

　⑷平均抽驗件數 (ASN)。

　⑸平均總檢驗件數 (ATI)。

2 設 $P_0 = 1\%$，$\alpha = 5\%$，$P_1 = 3\%$，$\beta = 10\%$，試以 JIS Z 9009 表求得其逐次抽樣計畫。

3 設 AOQL = 0.18%，　製程平均不良率為 0.8%，　試由日本標準 JISZ 9008，求其連續生產型抽樣計畫，並說明其實施流程。

4 設一產品之抗牽強度愈大愈佳，期望其均數 30,000 psi 以上時儘量合格，　而在 25,000 psi 以下儘量不合格，已知其標準差 $\sigma = 1,000$ psi，$\alpha = 5\%$，$\beta = 10\%$，試由 JIS Z 9003 求其抽樣計畫。

5 設一產品抗牽強度下規格界限為 25,000 psi，　若強度在 25,000 psi 以下的產品占 0.3% 以下時允收之，但在 2% 以上時則拒收之，已知 $\sigma = 1,000$ psi，$\alpha = 5\%$，$\beta = 10\%$，試由日本標準 JIS Z 9003 求其抽樣計畫。

6 設以機器裝罐之一磅咖啡，其標準差 $\sigma = 0.01$ 磅，若公司標準規定之上下規格界限分別為 $U = 1.05$ 磅，$L = 0.95$ 磅，$P_0 = 0.8\%$，$P_1 = 3\%$，$\alpha = 5\%$，$\beta = 10\%$，試由 JIS Z 9003 求其抽樣計畫。

7 設 $N = 2500$，AQL = 4% 且採用檢驗水準 II，試由 *ABC* 表中求⑴正常及⑵嚴格檢驗之單次抽樣計畫？

8 上題，利用卜瓦松分配數值表以求 $P = 4\%$ 之允收機率？

9 試求上題之減量檢驗之單次抽樣計畫？設 $P = 8\%$ 時，試求其⑴允收

　　且繼續減量檢驗(b)允收但改行正常檢驗及(c)拒收等的機率?

10 設 $N = 750$，AQL $= 1.0\%$，檢驗水準Ⅱ，利用 ABC 標準表以求(a)正常檢驗及(b)嚴格檢驗之雙次抽樣計畫。

11 於上題，試求 $P = 1.5\%$ 時之允收機率?

12 試求上題之減量檢驗雙次抽樣計畫?

13 於上題，若 $P = 2\%$ 時，試求(a)允收(b)未定區及(c)拒收時之機率。

14 設有一正常雙次抽樣計畫，其 $N = 40,000$，AQL $= 6.5\%$，檢驗水準Ⅰ，假設不採用截略檢驗，試求 $P = 2.0\%$，6.5% 及 10.0% 時之 ASN 值。

15 設有一正常單次抽樣計畫，樣本代字為 L，AQL $= 0.65\%$，最近 5 批全部允收。製程均數變成 3%，試求在次 3 批內改成嚴格檢驗之機率。若已實施嚴格檢驗且最近一批被拒收，製程均數變成 0.5%，試求在次 5 批後改成正常檢驗之機率?

16 採用單次抽樣計畫 $n = 200$，$c = 5$，其樣本代字為 L，AQL $= 1\%$，最近 10 批檢驗結果，其不良品數分別為 3, 0, 2, 0, 1, 1, 4, 1, 2，及 3，生產率相當穩定，問是否構成改用減量檢驗之條件?

17 某種電線之抗牽強度下規格界限 $L = 62$ 磅，採用 414 標準表之正常檢驗，樣本代字 H，AQL $= 1.0\%$，變異性未知，全距法，其 25 個樣本之測定值如下：

第一樣組： 63, 69, 69, 67, 64

第二樣組： 64, 65, 67, 68, 67

第三樣組： 64, 70, 75, 66, 70

第四樣組： 66, 68, 65, 66, 67

第五樣組： 64, 64, 69, 72, 72

試問該批產品是否允收?

18 上題若採變異性未知，標準差法，其所需之樣本為第一樣組至第四樣組之 20 個，用形式 2 以決定該批產品是否允收?

19 設採用 414 標準之正常檢驗，變異性已知，樣本代字 H，AQL $= 1.5\%$，

單邊規格 $L = 60,000$ psi, $\sigma = 2,000$ psi, 若自一送驗批抽取 8 個樣本,

其抗牽強度分別為: 65060, 66260, 65240, 61550, 65760, 64850, 63880,

60830: 採用形式 2 以決定該送驗批是否允收?

20 某尼龍絲之伸長上規格界限為 $U = 0.270$ 吋, 採用 MIL – STD – 414

之正常檢驗, $N = 1800$, AQL = 2.5%, 變異性未知, 標準差法。自該

送驗批抽取 20 根, 其結果如下: 0.265, 0.285, 0.240, 0.238, 0.252,

0.249, 0.252, 0.271, 0.229, 0.251, 0.272, 0.265, 0.249, 0.251, 0.272,

0.261, 0.272, 0.268, 0.249, 0.254

試用形式 2 決定其是否允收?

21 設採用 MIL – STD – 414 之正常檢驗, 變異性未知, 標準差法, $N = $

3500, AQL = 10%, 下規格界限 $L = 10.0$, 利用下列 20 個樣本資料,

用形式 1 以決定其是否允收? 10.0, 10.4, 9.8, 10.8, 11.4, 11.9, 11.1,

11.6, 10.2, 9.9, 10.6, 11.4, 11.1, 10.8, 10.6, 10.9, 11.1, 10.9, 10.3, 10.7。

第**6**章

管制圖

6–1　管制圖概論

　　任何產品或事物均有變異存在，即沒有任何兩件產品是完全相同的，因此，如何控制變異使之在我們可以接受的範圍之內，乃是產品生產過程中的重要品管工作。蕭華特博士潛心研究變異的行為及其控制方法，乃於 1924 年發展出管制圖而達控制製程的目標。

　　管制圖係極具功效的品質管制工具之一，用以偵測品質變異的原因，然後採取對策以消除其原因，使生產過程恢復正常。

　　管制圖係由三條管制界限，即中心線、上管制界限及下管制界限所組成的圖形，並將生產過程中所獲得的統計量值繪入圖中，以判定其為管制中抑管制外，如果其狀況係屬管制中時，顯示生產過程的變異行為掌握在我們的預知中，繼續生產。但若其狀況係屬管制外，則顯示其變異情況已超出我們的控制之外，必須探討其發生的原因，採取對策以矯正之。

　　為了探討管制圖，有三項主要因素必須加以討論，其如下：

1.變異的原因

　　管制圖的目的在於探討變異的行為及原因，以便消除之，其原因通常可分為機遇原因及非機遇原因。

2.管制圖的設計

　　即決定管制界限的寬度以繪製其上管制界限、中心線及下管制界限。此外尚須決定樣本大小及抽樣間距。

3.管制圖的信號

　　管制圖係透過變異行為來判定其為管制中或管制外,其發生的原因為何，如何採取對策，也是管制圖的核心。

　　分別說明於後:

📺6-1-1　品質變異的原因

　　管制圖的功能在於偵測品質變異的行為軌跡,以判定其為管制中或管制外，便於採取必要的對策，因此，原因的探討極為重要，如果管制圖顯示管制中時，其變異的原因來自機遇原因，但若顯示管制外時，則其原因來自非機遇原因。

1.機遇原因

　　所謂機遇原因 (Chance Causes)，又稱為共同原因 (Common Causes)，係指在生產過程中會影響所有的機器設備、作業人員及全部部門的因素，例如光線不良、震動、原料不合格、管理錯誤、機器狀況不佳、溫濕度不合、監督不良、伙食不佳等等。此項原因的責任係屬高階管理層者，例如光線不良，必須更換或強化照明設備，絕不在基層人員的權限之內。此類原因一旦發生時，在管制圖上所顯示的行為係管制中。

2.非機遇原因

　　非機遇原因 (Assignable Causes)， 又稱為特殊原因 (Special Causes)，係指生產條件之局部原因，即一臺機器、一位作業員或一部份原料

的異常所造成的品質不良，其原因大多數係人為因素所形成的，例如因為作業人員沒有做好機器設備的日常保養工作，以致造成機器設備運轉出了狀況，更進而導致品質不良。一旦非機遇原因發生時，則在管制圖上所顯示的行為係管制外。因此，我們必須儘快找出其原因，以便採取矯正措施。

6-1-2　管制圖的設計

　　管制圖設計時必須決定三項參數，即樣本大小、抽樣間距及管制界限寬度，但因樣本大小及抽樣間距係隨管制圖種類及生產過程狀態而異，將於介紹個別管制圖時再行詳細說明，現僅討論管制界限寬度的決定。

　　管制圖的功能在於判別生產過程的變異係來自機遇原因抑非機遇原因所致，　但任何統計上的檢定均冒著第 I 型誤差及第 II 型誤差的風險。所謂第 I 型誤差係指生產過程中的產品品質並未發生變化，即仍維持良好的品質，換言之，其品質變異係來自機遇原因，但管制圖上所顯現的品質已亮起紅燈，顯示其變異為非機遇原因，此種錯誤的推斷，其發生之機率在統計學上稱為第 I 型誤差。反之，若生產過程品質已確實發生變化，但管制圖上仍然亮綠燈，判定品質未變化，此種錯誤的機率稱為第 II 型誤差。

　　當第 I 型誤差發生時，顯示生產過程的品質已亮起了紅燈，依據管制的原則，必須尋找原因，採取矯正措施，但事實上，品質並未發生變化，因而浪費了不少的時間、人力及金錢，仍一無所獲，此一損失係因第 I 型誤差所帶來的成本，可稱之為第 I 型誤差之成本，其數額應為前述損失成本乘上第 I 型誤差所得的期望成本。反之，如果第 II 型誤差發生，管制圖所顯示的製程品質係正常的，基於管制圖的原理，不必理它而繼續生產，但事實上，生產過程的品質已發生變化，其不良率將逐漸增高，隨時間而累積更多的不良品，其失敗成本隨之增加，此為第 II 型誤差所發生的成本，　乘上第 II 型誤差後即得第 II 型誤差的期望成本。

設計管制圖時必須同時兼顧第Ⅰ型誤差期望成本及第Ⅱ型誤差期望成本。但宇宙間的現象往往魚與熊掌不可兼得，當管制界限寬度縮小時，其第Ⅰ型誤差增加，但第Ⅱ型誤則減少；反之，當管制界限寬度增大時，其第Ⅰ型誤差縮小，但第Ⅱ型誤差則增加。因此，管制界限寬度的決定係取第Ⅰ型誤差期望成本及第Ⅱ型誤差期望成本間的經濟平衡，基於此，蕭華特博士的管制圖係採用三個標準差準則，即以統計量的均數為其中心線，均數加三個標準差為上管制界限，而以均數減三個標準差為下管制界限。

📺 6–1–3　管制圖的信號

吾人期望透過管制圖的信號給予我們生產過程的徵兆，以判定其變異原因係來自機遇原因或非機遇原因。基於管制圖的原則，當管制圖顯示製程逸出管制（或管制外）時即為非機遇原因發生，吾人必須透過科學及工程知識和經驗，加上統計技術以探求其根本原因及其解決之道；反之，若管制圖顯示管制中時，則不必理會而繼續生產，至於何種情況發生而吾人可判定製程為管制外或管制中，將於第本章中第 6–5 節詳加闡述。

📺 6–1–4　管制圖的種類

管制圖所管制者為產品或製程的品質特性，而品質特性所形成的數據資料可分成二類，其一為計數值，另一則為計量值；所謂計數值係由計數而得的數據，例如對一件事情或物品的滿意或不滿意，經過 n 件事情之後，其不滿意件數為 m，又如產品經檢驗後可判定為良品或不良品，或經點檢後可得其缺點數或瑕疵數等均屬計數值的品質特性。而計量值則係實際量測產品或過程產品所得的量值，其為連續而不可分割的量值，例如尺寸、壓力、強度、溫度及成份等等。

管制圖依其品質特性可分成計量值管制圖及計數值管制圖，其分類如下：

1. 計量質管制圖

(1) 平均數全距管制圖。

(2) 平均數標準差管制圖。

(3) 中位數全距管制圖。

(4) 個別值移動全距管制圖。

(5) 最大最小管制圖。

2. 計數值管制圖

(1) 不良率管制圖。

(2) 不良數管制圖。

(3) 缺點數管制圖。

(4) 單位缺點數管制圖。

6-2　建立管制圖的步驟

管制圖之構建可依據下列步驟來進行：

步驟 1：準備工作

管制圖構建的準備工作包括目的，管制項目之決定、取樣、查檢表（記錄表）之設計及量測，分別簡述如下：

(1) 目的

管制圖應用之目的在於及時獲取生產過程的品質資訊，用以判定製程管制狀態之良窳，提供製程決策及分析之用。

(2) 管制項目之決定

管制項目係指管制圖所管制的品質指標，例如某一金屬棒之長度及直徑等，其選取之原則在於其對產品品質的影響，吾人只取影響大者而管制之，有時無法找到合理的管制項目時，可採用代用特性，例如古時候男女授受不親，因此男醫生診斷女病人時以線代替手指量測脈搏即是。

(3)取樣

管制圖之取樣係採隨機的瞬間抽樣，其頻率依製程的穩定度而定，而其樣本大小則隨管制圖而異。一般而言，$\bar{X}$ 管制圖在 4 或 4 以上，而不良數或缺點數則在 50 以上。

(4)查檢表

任何資料的搜集必須設計查檢表以記錄品質測定值及其他相關資料。

(5)量測

量測品質資料必須採用儀器設備及其量測方法。

步驟 2: 管制圖之啟用

(1)利用查檢表以記錄品質資訊。

(2)計算統計量，如 $\bar{X}$ 管制圖之 $\bar{X}$ 值，R 管制圖之 R 值，不良率管制之 P 值等等。

(3)將統計量繪於圖上

將上項所得的統計量繪於直角坐標圖上，其橫軸代表時間，而其縱軸即為該品質特性之統計量。

步驟 3: 決定試用管制界限

決定管制界限時必先決定其樣組大小，通常最好能在 25 組以上。

其試用管制界限之決定即採用其管制圖之計算公式，即在 $\bar{X}$ 管制圖時，其上下管制界限為 $\bar{\bar{X}} \pm A_2\bar{R}$，$P$ 管制圖時 $\bar{P} \pm 3\sqrt{\dfrac{\bar{P}(1-\bar{P})}{n}}$ 等。俟管制界限計算出，將之繪於上一步驟的圖上，中心線宜用實線，而上下管制界限則以虛線表之。

步驟 4: 繼續使用管制圖

利用試用管制圖以檢視製程是否在管制狀態下，若否，則就逸出管制之點檢視是否因非機遇原因而發生，如更換刀具、模具等，若是則剔

除該異常點，然後重新修正或計算其管制界限，直至沒有非機遇原因之異常點為止，即成為正式管制界限，並將之延長以管制未來的生產過程。

　　管制圖應用之目的在於偵測製程中的品質變異，一旦有非機遇原因發生時，則管制圖會亮起紅燈，即有點逸出管制之外，此時必須採取行動以消除其原因，使其恢復正常。

步驟 5：製程能力分析

　　利用上述的管制圖來控制生產過程的品質，管制狀態良好時，必須分析其製程能力，即探討製程品質達成其規格之狀況或程度，通常利用製程能力指標來判定更為便捷，即以準確度 C_a、精密度 C_p 及不良率 P 來衡量，其計算公式及判定基準如下：

表 6-1　製程能力指標

指　標	雙邊規格	單邊規格
C_a 準確度	$C_a = \dfrac{\overline{X}-\mu}{(\dfrac{\text{USL}-\text{LSL}}{2})}$	無
C_p 精密度	$C_p = \dfrac{\text{USL}-\text{LSL}}{6\sigma}$	$C_p = \dfrac{\text{USL}-\overline{X}}{3\sigma}$ 或 $C_p = \dfrac{\overline{X}-\text{LSL}}{3\sigma}$
P 總評 (不良率)	$Z_1 = 3C_p(1+C_a)$ $Z_2 = 3C_p(1-C_a)$ 由 Z_1、Z_2 查常態分配值表，得不良率 $P_1 P_2$，則 $P = P_1 + P_2$	$Z = 3C_p$ 由 Z 查常態分配值表，即得 P 值

表中 USL＝規格上限，LSL＝規格下限

$\sigma =$ 群體標準差推定值 $= \dfrac{\overline{R}}{d_2}$ 或 $\dfrac{\overline{S}}{c_2}$

$\overline{X} =$ 製程均數

製程能力之判定基準如下：

表 6-2　製程能力判定基準

指　標	等　級	判定基準	矯正措施
C_a	A	$|C_a| \leq 12.5\%$	良好，維持之
	B	$12.5\% < |C_a| \leq 25\%$	最好能改善達 A 級
	C	$25\% < |C_a| \leq 50\%$	能力不足，宜改善之
	D	$50\% < |C_a|$	能力太差，宜採較重大的革新措施
C_p	A	$1.33 \leq C_p$	良好，維持之
	B	$1.00 \leq C_p < 1.33$	能力尚可，如能改善更佳
	C	$0.67 \leq C_p < 1.00$	能力不足，宜改善之
	D	$C_p < 0.67$	能力極差，非大力改善不可
P	A	$P \leq 0.44\%$	良好，維持之
	B	$0.44\% < P \leq 1.22\%$	宜稍作改善
	C	$1.22\% < P \leq 6.68\%$	有必要改善
	D	$6.68\% < P$	非改善不可

6-3　計量值管制圖

1.平均數全距管制圖

⑴平均數 $\overline{X}$ 管制圖

①群體已知

$$UCL = \mu + A\sigma$$

UCL 表示管制上限

$$CL = \mu$$

CL 表示中心線

$$LCL = \mu - A\sigma$$

LCL 表示管制下限

②群體未知

$$UCL = \overline{\overline{x}} + A_2\overline{R}$$

$$CL = \overline{\overline{x}}$$

$$LCL = \overline{\overline{x}} - A_2\overline{R}$$

(2)全距 R 管制圖

①群體已知

$$\text{UCL} = D_2\sigma$$

$$\text{CL} = d_2\sigma$$

$$\text{LCL} = D_1\sigma$$

②群體未知

$$\text{UCL} = D_4\overline{R}$$

$$\text{CL} = \overline{R}$$

$$\text{LCL} = D_3\overline{R}$$

式中 $A, A_2, D_2, d_2, D_1, D_3, D_4$ 等均為管制圖之係數，可由附表 1–3 中查得。又上述 $\overline{X}$ 及 R 管制圖必須併用。

 範例 6–1

常態缽 (Normal Bowl) 中裝有大小相同的 998 個籌碼，每一籌碼上均標有正整數，其數值從 0 到 60，其每一數字的次數由 0 到 60 之順序而呈現常態分配，其均數為 30，標準差約為 10。設每次自常態缽中隨機抽取 5 個籌碼為一樣組，以繪製其 $\overline{X}$–R 管制圖。

解 由題意知，本群體為常態分配，其均數 $\mu = 30$，標準差 $\sigma = 10$，由

附表 1–3 查得

$A = 1.342, D_1 = 0, D_2 = 4.918, d_2 = 2.326$，故得

(1) $\overline{X}$ 管制圖

$$\text{UCL} = \mu + A\sigma = 30 + (1.342)(10) = 43.42$$

$$\text{CL} = \mu = 30$$

$$\text{LCL} = \mu - A\sigma = 30 - (1.342)(10) = 16.58$$

(2) R 管制圖

$$UCL = D_2\sigma = 4.918(10) = 49.18$$
$$CL = d_2\sigma = (2.326)(10) = 23.26$$
$$LCL = D_1\sigma = 0$$

 範例 6–2

現自範例 6–1 的常態缽中隨機抽取 5 個籌碼為一樣組，記錄其數字，共抽取 20 組，以求其 $\overline{X}$–R 管制圖。

表 6–3　常態缽資料

樣組	x_1	x_2	x_3	x_4	x_5	$\overline{X}$	R	S
1	25	28	30	32	29	28.8	7	2.59
2	16	32	51	20	33	30.4	35	13.69
3	21	25	32	41	29	29.6	20	7.60
4	11	32	30	55	38	33.2	44	15.83
5	35	21	28	32	31	29.4	14	5.32
6	30	32	33	28	29	30.4	5	2.07
7	28	30	31	27	33	29.8	6	2.39
8	19	32	40	25	20	27.2	21	8.81
9	26	50	46	18	30	34	28	13.56
10	42	36	28	52	20	35.6	32	12.36
11	37	60	21	41	25	36.8	39	15.37
12	22	30	49	31	28	32	27	10.12
13	34	14	52	54	20	34.8	40	18.14
14	18	55	32	41	29	35	37	13.87
15	9	46	53	18	33	31.8	44	18.46
16	23	36	29	42	51	36.2	28	10.94
17	38	19	31	40	29	31.4	21	8.32
18	42	31	52	27	18	34	34	13.25
19	24	40	37	30	52	36.6	28	10.62
20	33	29	42	57	36	39.4	28	10.92
						656.4	538	214.23

$$\overline{\overline{X}} = \frac{656.4}{20} = 32.82$$

$$\overline{R} = \frac{538}{20} = 26.9$$

⑴平均數管制圖 $(\overline{X})$

$$UCL = \overline{\overline{X}} + A_2\overline{R} = 32.82 + (0.577)(26.9) = 48.34$$

$$CL = \overline{\overline{X}} = 32.82$$

$$LCL = \overline{\overline{X}} - A_2\overline{R} = 32.82 - (0.577)(26.9) = 17.30$$

⑵全距管制圖 (R)

$$UCL = D_4\overline{R} = (2.114)(26.9) = 56.87$$

$$CL = \overline{R} = 26.9$$

$$LCL = D_3\overline{R} = 0$$

2.平均數標準差管制圖

⑴平均數 $\overline{X}$ 管制圖

　①群體已知

　　當群體已知時，其公式與平均數全距管制圖中之 $\overline{X}$ 管制圖公式完全相同，不再贅述。

　②群體未知

$$UCL = \overline{\overline{X}} + A_1\overline{S}$$

$$CL = \overline{\overline{X}}$$

$$LCL = \overline{\overline{X}} - A_1\overline{S}$$

⑵標準差 σ 管制圖

　①群體已知

$$UCL = B_2\sigma$$

$$CL = C_2\sigma$$

$$LCL = B_1\sigma$$

②群體未知

$$UCL = B_4 \bar{S}$$

$$CL = \bar{S}$$

$$LCL = B_3 \bar{S}$$

 範例 6-3

仍以範例 6-1 的常態缽實驗，求 $n = 5$ 之 $\bar{X}$-σ 管制圖。

因其為群體已知，$\mu = 30, \sigma = 10$，故得

(1) $\bar{X}$ 管制圖

$$UCL = \mu + A\sigma = 30 + (1.342)(10) = 43.42$$

$$CL = \mu = 30$$

$$LCL = \mu - A\sigma = 30 - (1.342)(10) = 16.58$$

(2) σ 管制圖

$$UCL = B_4 \sigma = (2.089)(10) = 20.89$$

$$CL = c_2 \sigma = (0.713)(10) = 7.13$$

$$LCL = B_3 \sigma = (0)(10) = 0$$

 範例 6-4

試以範例 6-2 的資料求其 $\bar{X}$-σ 管制圖。

由表中求得

$$\bar{S} = \frac{214.23}{20} = 10.71$$

故得平均數 $\bar{X}$ 管制圖

$$UCL = \bar{\bar{X}} + A_1 \bar{S} = 32.82 + (1.596)(10.71) = 49.91$$

$$CL = \bar{\bar{X}} = 32.82$$

$$LCL = C - A_1 \bar{S} = 32.82 - (1.596)(10.71) = 15.73$$

標準差 (σ) 管制圖

$$UCL = B_4\overline{S} = (2.089)(10.71) = 22.37$$

$$CL = \overline{S} = 10.71$$

$$LCL = B_3\overline{S} = 0$$

3.中位數全距管制圖

中位數管制圖係以樣組中的中位數 $\tilde{X}$ 代替樣本平均數 $\overline{X}$，具有消除樣本中極值影響的優點，由於中位數計算方式不同，中位數管制圖有三類公式可用，其公式分別如下：

⑴ $\tilde{X}$–R 管制圖（以 $\overline{\tilde{X}}$ 及 $\overline{R}$ 為中心線）

$\tilde{X}$ 表樣組中位數

$\overline{\tilde{X}}$ 表樣組中位數的平均數

$\overline{R}$ 表全距 R 的平均數

$\tilde{X}$ 管制圖

$$UCL = \overline{\tilde{X}} + m_3A_2\overline{R}$$

$$CL = \overline{\tilde{X}}$$

$$LCL = \overline{\tilde{X}} - m_3A_2\overline{R}$$

R 管制圖

$$UCL = D_4\overline{R}$$

$$CL = \overline{R}$$

$$LCL = D_3\overline{R}$$

⑵ $\tilde{X}$–R 管制圖（以 $\tilde{\tilde{X}}$ 及 $\tilde{R}$ 為中心線）

$\tilde{\tilde{X}}$ 表樣組中位數的中位數

$\tilde{R}$ 表樣組全距的中位數

$\tilde{X}$ 管制圖

$$UCL = \widetilde{\overline{X}} + m_3 A_3 \widetilde{R}$$

$$CL = \widetilde{\overline{X}}$$

$$LCL = \widetilde{\overline{X}} - m_3 A_3 \widetilde{R}$$

R 管制圖

$$UCL = D_6 \widetilde{R}$$

$$CL = \widetilde{R}$$

$$LCL = D_5 \widetilde{R}$$

⑶ $\widetilde{X}$–R 管制圖（以 $\overline{X}$ 及 $\widetilde{R}$ 為中心線）

$\overline{X}$ 表樣組的平均數

$\widetilde{\overline{X}}$ 表樣組平均數的中位數

$\widetilde{R}$ 表樣組全距的中位數

$\widetilde{X}$ 管制圖

$$UCL = \widetilde{\overline{X}} + A_3 \widetilde{R}$$

$$CL = \widetilde{\overline{X}}$$

$$LCL = \widetilde{\overline{X}} - A_3 \widetilde{R}$$

R 管制圖

$$UCL = D_6 \widetilde{R}$$

$$CL = \widetilde{R}$$

$$LCL = D_5 \widetilde{R}$$

範例 6–5

茲以範例 6–2 的資料為例，說明⑶公式的應用。首先需將 $\overline{X}$ 及 R 從小到大排序，得

$\overline{X}$ 之排序為 27.2, 28.8, 29.4, 29.6, 29.8, 30.4, 30.4, 31.4, 31.8, 32, 33.2, 34, 34, 34.8, 35, 35.6, 36.2, 36.6, 36.8, 39.4

R 之排序為 5, 6, 7, 14, 20, 21, 21, 27, 28, 28, 28, 28, 32, 34, 35, 37, 39, 40, 44, 44

故得

$$\tilde{\tilde{X}} = \frac{32 + 33.2}{2} = 32.6$$

$$\tilde{R} = \frac{28 + 28}{2} = 28$$

$\tilde{X}$ 管制圖

$$UCL = \tilde{\tilde{X}} + A_3\tilde{R} = 32.6 + (1.427)(28) = 72.56$$

$$CL = \tilde{\tilde{X}} = 32.6$$

$$LCL = \tilde{\tilde{X}} - A_3\tilde{R} = 32.6 - (1.427)(28) = -7.36$$

4.個別值移動全距管制圖

個別值 (x) 及移動全距 (R_m) 管制圖之優點在於其方法簡單、樣本少且成本低，但因個別值的判斷準確度低，因此必須配合移動全距管制圖來使用，以增強其判斷力。由於個別值及移動全距管制圖的判斷能力較差，因此，在高科技且品質要求精密的產品，儘量少用。下列幾種情況適用於個別值及移動全距管制圖：

⑴產品為液態或氣態時。

⑵生產速度緩慢，不易也不能經濟去取得大量品質資訊時。

⑶支援性機能如會計、財務及行政事務等資料，不易重複取得時。

為獲得其簡易應用的優點，移動全距之週期數通常取 2，僅以此情況，說明其管制圖之應用。

設其個別值資料為 $x_1, x_2, \cdots, x_m$，則其均數 $\overline{X}$ 及第 i 個移動全距 R_{mi} 為

$$\overline{X} = \frac{\sum\limits_{i=1}^{m} x_i}{m}$$

$$R_{mi} = |x_i - x_{i+1}|, \, i = 1, 2, \cdots, m-1$$

$$\overline{R}_m = \frac{\sum\limits_{i=1}^{m-1} R_{mi}}{m-1}$$

(1) X 管制圖

$$UCL = \overline{X} + 3\sigma_x = \overline{X} + 3\frac{\overline{R}_m}{d_2} = \overline{X} + E_2\overline{R}_m$$

$$CL = \overline{X}$$

$$LCL = \overline{X} - 3\sigma_x = \overline{X} - E_2\overline{R}_m$$

式中 $E_2 = \dfrac{3}{d_2}$, 當 $n = 2$ 時 $E_2 = 2.660$

(2) R_m 管制圖

$$UCL = D_4\overline{R}_m$$

$$CL = \overline{R}_m$$

$$LCL = D_3\overline{R}_m$$

範例 6–6

下列資料係一化學反應過程中每小時所取得的品質特性值，共計 25 個，試求其個別值及移動全距管制圖。

表 6-4　化學反應資料

樣組	個別值	R_{mi}	樣組	個別值	R_{mi}
1	3.5		14	3.9	0.8
2	3.7	0.2	15	4.2	0.3
3	4.1	0.4	16	4.4	0.2
4	3.4	0.7	17	4.8	0.4
5	3.9	0.5	18	3.8	1.0
6	3.6	0.3	19	4.6	0.8
7	4.2	0.6	20	3.9	0.7

8	4.5	0.3	21	4.5	0.6
9	3.8	0.7	22	4.9	0.4
10	4.0	0.2	23	5.0	0.1
11	4.3	0.3	24	3.7	1.3
12	5.0	0.7	25	4.3	0.6
13	4.7	0.3	合計	104.7	12.4

$$\overline{X} = \frac{104.7}{25} = 4.20 \qquad \overline{R}_m = \frac{12.4}{25-1} = 0.52$$

(1) X 管制圖

$$\text{UCL} = \overline{X} + E_2\overline{R}_m = 4.20 + (2.660)(0.52) = 5.58$$

$$\text{CL} = \overline{X} = 4.20$$

$$\text{LCL} = \overline{X} - E_2\overline{R}_m = 4.20 - 2.660(0.52) = 2.82$$

(2) R_m 管制圖

$$UCL = D_4\overline{R}_m = (3.27)(0.52) = 1.70$$

$$CL = \overline{R}_m = 0.52$$

$$LCL = D_3\overline{R}_m = 0$$

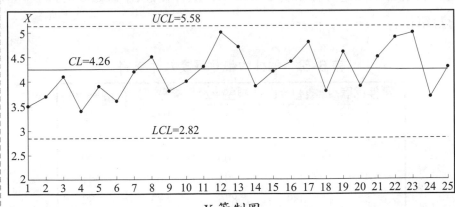

X 管制圖

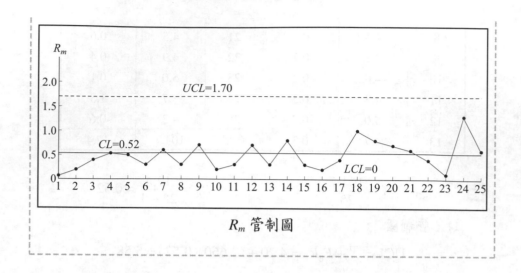

R_m 管制圖

5.最大最小管制圖

　　最大最小管制圖又稱之為群管制圖,係英國人發展的一種巧妙的方法, 係將幾種不同來源的資料繪製成一張簡單的管制圖。

　　下表 6-5 所示為一零件四個襯墊厚度的尺寸資料, 此四個襯墊乃於同一時間一次機製而成, 故可採用最大最小管制圖, 以四個零件為一組, 其群管制圖之計算如表 6-6 所示, 其厚度超出 1.5000 时以 0.0001 时為單位。

表 6-5　零件四襯墊厚度尺寸資料

零件編號	襯墊 #1	襯墊 #2	襯墊 #3	襯墊 #4
1	933	937	938	935
2	897	898	915	913
3	890	900	900	930
4	900	905	902	901
5	889	876	873	882
6	903	891	892	908
7	930	938	932	928
8	897	895	898	896
9	890	901	876	900
10	902	915	900	905

11	901	916	902	904
12	917	895	902	899
13	920	896	903	887
14	929	921	924	926
15	927	914	925	928
16	907	898	899	904
17	902	900	903	905
18	903	900	914	902
19	970	935	928	926
20	925	930	928	922
21	890	895	908	885
22	892	900	897	895
23	941	935	938	942
24	932	935	938	936
25	918	921	916	922
26	895	925	921	920
27	910	908	907	912
28	925	930	915	927
29	905	916	902	920
30	924	921	893	908
31	925	930	928	927
32	906	905	921	920
33	910	910	915	910
34	900	905	902	910
35	903	940	931	920
36	940	938	927	935
37	925	930	917	902
38	902	905	908	913
39	897	903	905	900
40	889	903	895	899
41	902	905	910	901
42	925	928	902	931
43	932	928	927	908
44	891	897	903	921
45	904	915	928	926
46	934	935	921	905

47	908	923	924	931
48	897	902	940	921

表 6-6　群管制圖之計算表

組號	零件編號	襯墊號	襯墊厚度				$\overline{X}$	R
			a	b	c	d		
1	1~4	1	933	897	890	900	905 L	43 H
1	1~4	2	937	898	900	905	910	39
1	1~4	3	938	915	900	902	914	38
1	1~4	4	935	913	930	901	920 H	34 L
2	5~8	1	889	903	930	897	905 H	41 L
2	5~8	2	876	891	938	895	900	62 H
2	5~8	3	873	892	932	898	899 L	59
2	5~8	4	882	908	928	896	904	46
3	9~12	1	890	902	901	917	903	27 H
3	9~12	2	901	915	916	895	907 H	21
3	9~12	3	876	900	902	902	895 L	26
3	9~12	4	900	905	904	899	902	6 L
4	13~16	1	920	929	927	907	921 H	22 L
4	13~16	2	896	921	914	898	907 L	25
4	13~16	3	903	924	925	899	913	26
4	13~16	4	887	926	928	904	911	41 H
5	17~20	1	902	903	970	925	925 H	68 H
5	17~20	2	900	900	935	930	916	35
5	17~20	3	903	914	928	928	918	25
5	17~20	4	905	902	926	922	914 L	24 L
6	21~24	1	890	892	941	932	914 L	51
6	21~24	2	895	900	935	935	916	40 L
6	21~24	3	908	897	938	938	920 H	41
6	21~24	4	885	895	942	936	915	57 H
7	25~28	1	918	895	910	925	912 L	30 H
7	25~28	2	921	925	908	930	921 H	22
7	25~28	3	916	921	907	915	915	14 L
7	25~28	4	922	920	912	927	920	15
8	29~32	1	905	924	925	906	915	20

8	29~32	2	916	921	930	905	918	25
8	29~32	3	902	893	928	921	911 L	35 H
8	29~32	4	920	908	927	920	919 H	19 L
9	33~36	1	910	900	903	940	913 L	40 H
9	33~36	2	910	905	940	938	923 H	35
9	33~36	3	915	902	931	927	919	29
9	33~36	4	910	910	920	935	919	25 L
10	37~40	1	925	902	897	889	903 L	36 H
10	37~40	2	930	905	903	903	910 H	27
10	37~40	3	917	908	905	895	906	22
10	37~40	4	902	913	900	899	904	14 L
11	41~44	1	902	925	932	891	913	41 H
11	41~44	2	905	928	928	897	915 H	31
11	41~44	3	910	902	927	903	911 L	25 L
11	41~44	4	901	931	908	921	915 H	30
12	45~48	1	904	934	908	897	911 L	37 H
12	45~48	2	915	935	923	902	919	33
12	45~48	3	928	921	924	940	928 H	19 L
12	45~48	4	926	905	931	921	921	26
合計							42,987	1,547

　　群管制圖係將均數及全距之最大與最小值繪於圖上而成，將最大值連成一條折線，最小值亦然。其餘之均數及全距值必然介於最大及最小兩折線之間，因此，群管制圖顯示均數及全距之變動狀況，表中 H 表示最大值，L 表示最小值。

　　由表 6–6 中可得

$$\overline{\overline{X}} = \frac{42,987}{48} = 896$$

$$\overline{R} = \frac{1,547}{48} = 32.2$$

$\overline{X}$ 管制圖

$$\text{UCL} = \overline{\overline{X}} + A_2\overline{R} = 896 + 0.729(32.2) = 919$$

$$\text{CL} = \overline{\overline{X}} = 896$$

$$\text{LCL} = \overline{\overline{X}} - A_2\overline{R} = 873$$

R 管制圖

$$\text{UCL} = D_4\overline{R} = 2.282(32.2) = 73.5$$

$$\text{CL} = \overline{R} = 32.2$$

$$\text{LCL} = D_3\overline{R} = 0$$

繪如圖 6–1 所示。

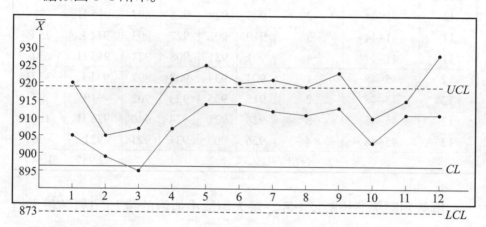

(a)　$\overline{X}$ 管制圖

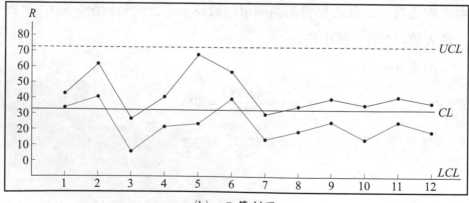

(b)　R 管制圖

圖 6–1

6-4　計數值管制圖

計量值管制圖固然是診斷製程品質及管制製程品質的極佳工具,但其應用範圍僅限於計量值品質特性,但有些品質特性本質上就屬於計數值,如銅板上的裂痕、抽線上的裂縫,而計數值卻無法改變為計量值,因此必須採用計數值管制圖來控制。同時,採用計量值管制圖,其成本既高又花費時間,而計量值特性可依其規格而轉換成計數值,即可以較低成本的計數值管制圖來處理。總之,吾人可將計數值管制圖的優點列如下:

⑴計數值的品質資料往往都是現成的,節省了搜集資料的成本。

⑵計數值的檢驗通常可採用通過及不通過量規、塞規或以配合治具來處理,其檢驗成本較低。

⑶同一產品可能有數項品質特性,採用計量值管制圖時,每一品質特性必須有一組管制圖如 $\bar{X}$–R 來管制,但採用計數值管制圖,可將該產品的所有品質特性合併在一張管制圖上,因此,其管制成本也降低。

計數值管制圖雖有如上的優點,但亦有其缺點存在,其主要者有下列二項:

⑴計數值管制圖對製程品質的檢定力較低,即其判斷錯誤較大。

⑵有些計數值品質特性如顏色、缺點、裂痕等的判定較困難,例如顏色上可能存有色差,色差究竟在何種範圍內才算合格呢? 又如裂縫到多長多寬才算不合格等等。因此,有關計數值的量測必須訂定較具體可行的標準,例如顏色採用色板來判定,污點以面積來衡量,裂痕則以其長度、寬度或深度來衡量,而產品如有多項缺點時,則常以限度樣品比對之。

計數值品質特性大體上可分為兩大類,其一為不良數,亦可化為不良率;另一為缺點數,亦可化成單位缺點數。因此,計數值管制圖共有

下列四種:

⑴不良數管制圖。

⑵不良率管制圖。

⑶缺點數管制圖。

⑷單位缺點數管制圖。

茲分別介紹其理論和應用如下:

1.不良數管制圖

設自一生產過程抽取 n 個樣本, 檢驗結果發現其中有 x 件不良品, 依據統計原理, x 係歸依二項分配, 其均數為 np, 變異數為 $np(1-p)$, 其中 p 表示一件產品檢驗結果為不良時發生之機率。 依據蕭華特博士的三個標準差準則, 可得不良數管制圖之管制界限如下:

⑴群體已知

$$UCL = np + 3\sqrt{np(1-p)}$$
$$CL = np$$
$$LCL = np - 3\sqrt{np(1-p)}$$

⑵群體未知

群體未知時, 則 $n\bar{p}$ 為 np 之不偏推定值, 故

$$UCL = n\bar{p} + 3\sqrt{n\bar{p}(1-\bar{p})}$$
$$CL = n\bar{p}$$
$$LCL = n\bar{p} - 3\sqrt{n\bar{p}(1-\bar{p})}$$

不良數管制圖之優缺點如下:

⑴優點

①計算簡易。

②易於了解。

⑵缺點

必須在樣本大小 n 相同時才能使用, 否則必須採用不良率管制圖。

範例 6–7

設有一塑膠射出成型製品，每天抽驗 200 件，共 25 天，其不良數如下表所示：

樣組	不良數	樣組	不良數	樣組	不良數
1	4	10	6	19	4
2	6	11	3	20	3
3	8	12	5	21	6
4	3	13	6	22	7
5	1	14	4	23	3
6	2	15	8	24	1
7	5	16	3	25	5
8	4	17	9	合計	114
9	7	18	1		

由上表資料得

$$n\overline{p} = \frac{114}{25} = 4.56, \overline{p} = 0.0228$$

故得不良數管制界限

$$UCL = n\overline{p} + 3\sqrt{n\overline{p}(1-\overline{p})} = 4.56 + 3\sqrt{(4.56)(1-0.0228)} = 10.89$$

$$CL = n\overline{p} = 4.56$$

$$LCL = n\overline{p} - 3\sqrt{n\overline{p}(1-\overline{p})} = 4.56 - 3\sqrt{(4.56)(1-0.0228)}$$
$$= 0（設定）$$

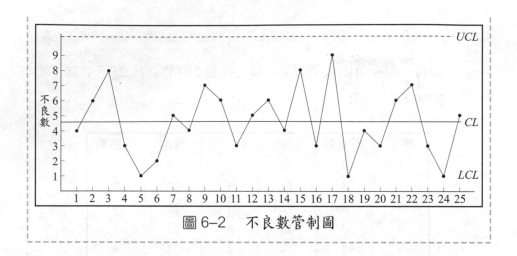

圖 6-2　不良數管制圖

2.不良率管制圖

　　設一生產過程製造任一件產品發生不良的機率為 p，現自該製程隨機抽取 n 件產品來檢驗，其中有 x 件發生不良，依據統計學原理，x 具有二項分配，現設 $p = \dfrac{x}{n}$，則 p 亦為二項分配，其均數為 p，標準差為 $\sqrt{\dfrac{p(1-p)}{n}}$，依據蕭華特博士三個標準差準則，得不良率管制圖之公式如下：

　　⑴群體已知

$$\mathrm{UCL} = p + 3\sqrt{\frac{p(1-p)}{n}}$$

$$\mathrm{CL} = p$$

$$\mathrm{LCL} = p - 3\sqrt{\frac{p(1-p)}{n}}$$

　　⑵群體未知

　　群體未知時，則以其不偏推定值 $\bar{p}$ 代替，

$$UCL = \overline{p} + 3\sqrt{\frac{\overline{p}(1-\overline{p})}{3}}$$

$$CL = \overline{p}$$

$$LCL = \overline{p} - 3\sqrt{\frac{\overline{p}(1-\overline{p})}{n}}$$

$\overline{p}$ 之計算最好以總不良數除以總檢驗數，即

$$\overline{p} = \frac{總不良數}{總檢驗數}$$

不良率管制圖之優缺點：

⑴優點

　①應用範圍廣泛，不限於樣本大小 n 相同。

　②不良率易於了解，易為人所接受。

⑵缺點

　①計算較不良數管制圖為繁。

　②當 n 大小不相同時，其處理較冗繁。

當不良率管制圖樣本大小 n 不相等時，其處理方式有三：

⑴構建變動管制界限

　即隨每一樣組樣本大小 n 之不同，建立不同的上下管制界限。

⑵構建一致的管制界限

　如前述各種管制圖，其上下管制界限均為一水平線，即以平均樣本
　大小 $\overline{n}$ 代入上述公式中而得。

⑶構建三組管制界限

　即依樣本大小之不同，求得其最大 n、最小 n 及平均 n，作為計算
　管制界限之依據，即可求得三組管制界限。

在實用上通常以第⑵方式最適宜，故本書僅以第⑵方式來說明不良
率管制圖之計算及應用，其餘請讀者參閱作者另一本書（《品質管理》，
2002 年版）。

範例 6-8

設有一電子元件，其重要品質特性採用全數檢驗，其三月份每
日產量及不良數如下表所示：

表 6-7

日期	樣本大小	不良數	不良率 (%)
1	3,152	10	0.317
2	3,026	12	0.397
4	2,875	8	0.278
5	3,212	7	0.218
6	3,076	8	0.260
7	2,979	6	0.201
8	3,111	8	0.257
9	3,280	10	0.305
11	3,052	17	0.557
12	2,988	10	0.335
13	3,510	8	0.228
14	3,327	9	0.271
15	3,222	10	0.310
16	3,177	12	0.378
18	2,888	14	0.485
19	3,219	11	0.342
20	3,355	9	0.268
21	3,425	8	0.234
22	3,277	9	0.275
23	3,066	10	0.326
25	3,075	11	0.358
26	3,135	10	0.319
27	3,211	9	0.280
28	3,333	8	0.240
29	3,434	9	0.262
30	3,232	10	0.309
合計	82637	253	

$$\bar{n} = \frac{82,637}{30} = 2,755$$

$$\bar{P} = \frac{253}{82,637} = 0.306\%$$

$$\text{UCL} = \bar{P} + 3\sqrt{\frac{\bar{P}(1-\bar{P})}{\bar{n}}}$$

$$= 0.306\% + 3\sqrt{\frac{(0.00306)(1-0.00306)}{2,755}} = 0.622\%$$

$$\text{CL} = \bar{P} = 0.306\%$$

$$\text{LCL} = \bar{P} - 3\sqrt{\frac{\bar{P}(1-\bar{P})}{\bar{n}}}$$

$$= 0.306\% - 3\sqrt{\frac{(0.00306)(1-0.00306)}{2,755}} = 0 \text{（負值，故定為 0）}$$

由圖 6–3 可知，管制良好。

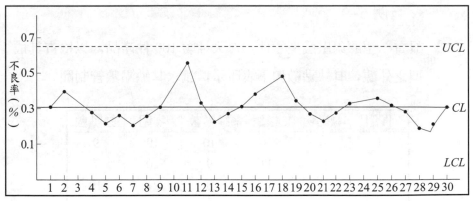

圖 6–3　不良率管制圖

3.缺點數管制圖

　　工業產品發生缺點的機率，依據統計原理歸依卜氏分配，換言之，自生產過程抽取 n 件產品加以檢驗，發現其缺點數為 c 時，則 c 為卜氏分配。

　　依據卜氏分配的理論知其平均數為 c，其變異數亦為 c，再依據蕭

華特博士的三個標準差準則，其缺點數管制圖之管制界限為

(1)群體已知

$$UCL = c + 3\sqrt{c}$$
$$CL = c$$
$$LCL = c - 3\sqrt{c}$$

(2)群體未知

群體未知時，則以其不偏推定值 $\bar{c}$ 代替，即

$$UCL = \bar{C} + 3\sqrt{\bar{c}}$$
$$CL = \bar{C}$$
$$LCL = \bar{C} - 3\sqrt{\bar{c}}$$

由於卜氏分配並非對稱的，故在管制界限上方及管制界限下方所發生之機率並不相等，與前述各管制圖的情形不同，若為使其機率相同，可採用機率管制界限，請參作者另一本書。(《品質管理》，2002 年版)

範例 6-9

設有一塑膠射出成型零件，每天抽驗 100 件產品，以檢查其成型之外觀，其缺點數如下表所示，試求其缺點數管制圖。

樣組	缺點數	樣組	缺點數	樣組	缺點數
1	6	10	10	19	9
2	11	11	9	20	7
3	5	12	8	21	10
4	10	13	5	22	12
5	7	14	4	23	8
6	9	15	7	24	6
7	6	16	4	25	7
8	8	17	6		
9	6	18	9	合計	189

解 由表中求得

$$\bar{c} = \frac{189}{25} = 7.56$$

故得缺點數管制界限

$$\text{UCL} = \bar{c} + 3\sqrt{\bar{c}} = 7.56 + 3\sqrt{7.56} = 7.56 + 8.25 = 15.81$$

$$\text{CL} = \bar{c} = 7.56$$

$$\text{LCL} = \bar{c} - 3\sqrt{\bar{c}} = 7.56 - 3\sqrt{7.56} = 7.56 - 8.25 = 0$$

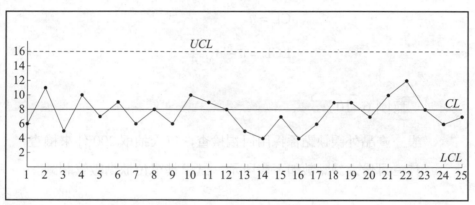

圖 6–4　缺點數管制圖

4.單位缺點數管制圖

前述缺點數 c 可以化成單位缺點數，即

$$u = \frac{c}{n}$$

因 c 歸依卜氏分配，故 u 亦歸依卜氏分配，故得其分配之平均數及標準差如下：

$$E(u) = E(\frac{c}{n}) = \frac{1}{n}E(c) = \frac{c}{n} = u$$

$$V(u) = V(\frac{c}{n}) = \frac{1}{n^2}V(c) = \frac{c}{n^2} = \frac{u}{n}$$

∴標準差為 $\sqrt{\dfrac{u}{n}}$

故得單位缺點數管制圖之界限如下：

⑴群體已知

$$UCL = u + 3\sqrt{\frac{u}{n}}$$

$$CL = u$$

$$LCL = u - 3\sqrt{\frac{u}{n}}$$

⑵群體未知

當群體未知時，則以其不偏推定值 $\hat{u} = \bar{u}$ 代替，故得

$$UCL = \bar{u} + 3\sqrt{\frac{\bar{u}}{n}}$$

$$CL = \bar{u}$$

$$LCL = \bar{u} - 3\sqrt{\frac{\bar{u}}{n}}$$

 範例 6–10

設一產品外觀缺點係採用目視檢查，每天抽取 200 件來檢查，其三月份之缺點數如下表所示，試求其單位缺點數管制圖。

表 6–8　單位缺點數

日期	缺點數	單位缺點數	日期	缺點數	單位缺點數
1	10	0.050	16	15	0.075
2	12	0.060	18	10	0.050
4	13	0.065	19	12	0.060
5	11	0.055	20	13	0.065
6	9	0.045	21	12	0.060
7	7	0.035	22	9	0.045
8	6	0.030	23	11	0.055
9	12	0.060	25	19	0.095
11	5	0.025	26	14	0.070
12	7	0.035	27	16	0.080
13	9	0.045	28	17	0.085
14	11	0.055	29	18	0.090
15	9	0.045	30	14	0.070
			合計	301	

解
$$\bar{u} = \frac{301}{26 \times 200} = 0.0579$$

$$\text{UCL} = \bar{u} + 3\sqrt{\frac{\bar{u}}{n}} = 0.0579 + 3\sqrt{\frac{0.0579}{200}} = 0.1089$$

$$\text{CL} = \bar{u} = 0.0579$$

$$\text{LCL} = \bar{u} - 3\sqrt{\frac{\bar{u}}{n}} = 0.0069$$

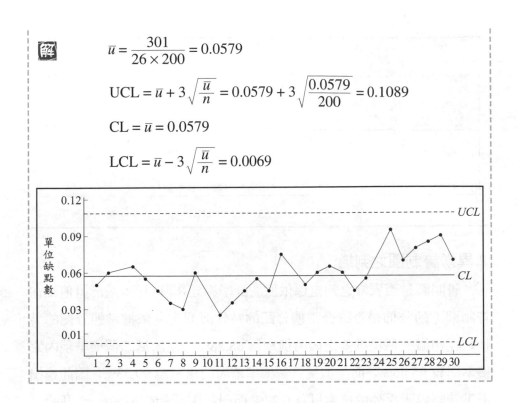

6–5　管制圖之研判

1. 正常管制圖之判識

⑴ 當管制圖呈現正常狀況（即管制中）的綠燈時，則其大多數的統計量值點均集中在中心線的附近，且向上下管制的分佈遞減，即愈接近管制界限之點愈少，同時，點的分佈係隨機性的。

⑵ 在實用上，25 點中 0 點，35 點中 1 點或以下，100 點中 2 點或以下逸出管制界限時，均屬管制狀態良好的管制圖，其正常情況大致如下圖所示：

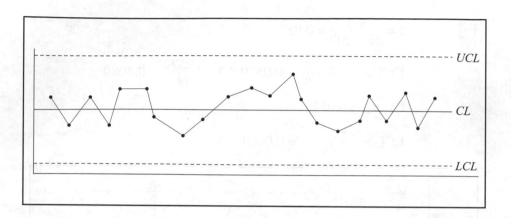

2.異常管制圖之判識

　　管制圖是否異常之判定係依據統計學原理,即以樣本統計量值點在管制圖上的分佈是否符合常態分配的特性而認定。依據常態分配的特性, 在加減一個標準差之內的機率為 68.28%, 在加減二個標準差內之機率則為 95.45%, 而在加減三個標準差內的機率為 99.73%, 因此逸出上下管制界限之外的機率只有 0.27% 而已, 其圖形如下圖所示。因此, 一旦有點逸出管制界限或其點的分佈不呈現常態分佈時,則判定其有非機遇原因發生。傳統判定管制圖異常者有下列幾種類型。

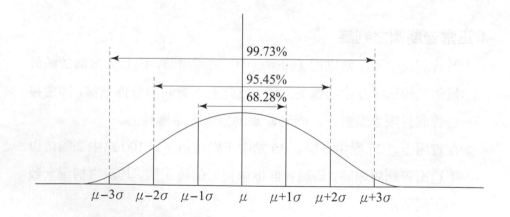

　　⑴有任何點逸出管制界限之外, 即判定為異常現象, 必有非機遇原因發生, 宜探究其原因。

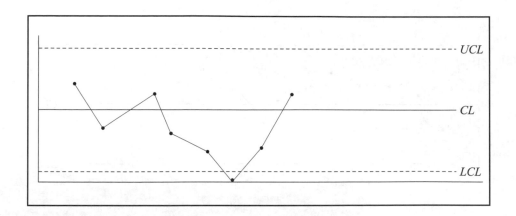

⑵點在中心線的任何一方連續出現 7 點時，必有非機遇原因發生。

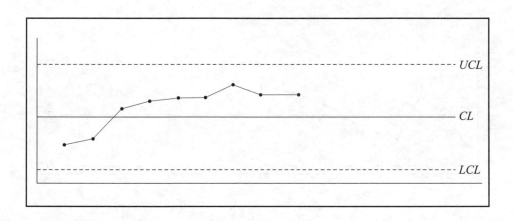

⑶雖然沒有連續出現 7 點，但在任何一方出現的點特多時，必有非機遇原因發生，即

連續 11 點中有 10 點在中心線同一方時

連續 14 點中有 12 點在中心線同一方時

連續 17 點中有 14 點在中心線同一方時

連續 20 點中有 16 點在中心線同一方時。

以連續 11 點中 10 點為例，其圖如下：

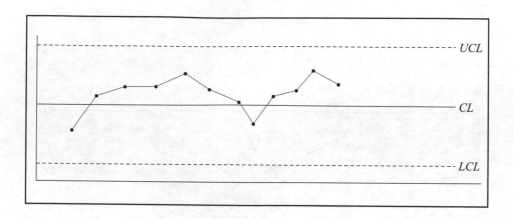

(4)連續 7 點不斷遞升或遞降。

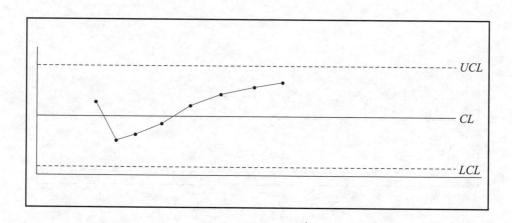

(5)管制圖中的點落在二個標準差與三個標準差間特多時,必有非機遇
　　原因發生,即

　　連續 3 點中有 2 點介於 2σ 與 3σ 間

　　連續 7 點中有 3 點介於 2σ 與 3σ 間

　　連續 10 點中有 4 點介於 2σ 與 3σ 間。

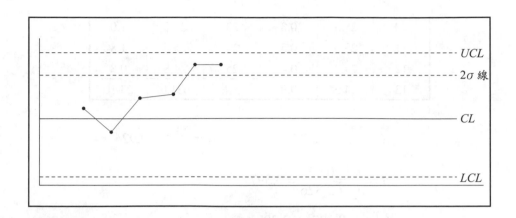

6–6　製程能力分析

製程能力分析係在生產過程處於統計管制狀態下,製程品質符合工程規格的能力或程度。符合規格係就產品群體而言,因此,其特性值係歸依個別值之分配而非統計量之分配。

製程能力分析已於 6–2 中說明,茲舉例以說明其應用。

範例 6–11

設有一機器加工零件,其尺寸規格為 25 ± 1.5 mm,現自生產過程中每小時抽取樣本 5 件來檢查,其 25 組之均數及全距資料如下:

樣組	均數	全距	樣組	均數	全距
1	25.6	0.8	14	24.1	1.1
2	24.7	1.1	15	24.3	1.5
3	26.3	0.6	16	23.9	0.4
4	25.8	1.2	17	25.2	1.2
5	24.9	1.5	18	26.1	0.9
6	25.1	0.7	19	24.8	1.0
7	26.0	0.9	20	25.1	0.7
8	26.5	1.0	21	24.6	0.7
9	25.4	1.8	22	25.8	0.3

10	25.5	0.3	23	26.2	1.0
11	25.6	0.5	24	25.5	1.8
12	24.7	0.4	25	24.8	0.8
13	24.5	0.9	合計	631.0	23.10

$$\overline{\overline{X}} = \frac{631}{25} = 25.24 \qquad\qquad \overline{R} = \frac{23.1}{25} = 0.924$$

$$\hat{\sigma} = \frac{\overline{R}}{d_2} = \frac{0.924}{2.326} = 0.397$$

$$6\hat{\sigma} = 6(0.397) = 2.382$$

$$\text{USL} - \text{LSL} = 26.5 - 23.5 = 3.0$$

$6\hat{\sigma} < (\text{USL} - \text{LSL})$，故製程能力還不錯

產品不合格率

$$P = P(\overline{X} \leq \text{LSL}, \overline{X} \geq \text{USL}) = 1 - P(\text{LSL} \leq \overline{X} \leq \text{USL})$$

$$= 1 - P(\frac{23.50 - 25.24}{0.397} \leq \frac{\overline{X} - \hat{\mu}}{\hat{\sigma}} \leq \frac{26.5 - 25.24}{0.397})$$

$$= 1 - P(-4.38 \leq y \leq 3.017)$$

$$= 1 - [\Phi(3.17) - \Phi(-4.38)] = 1 - (0.99924 - 0) = 0.076\%$$

製程能力

$$C_a = \frac{\overline{\overline{x}} - \mu}{\dfrac{\text{USL} - \text{LSL}}{2}} = \frac{25.24 - 25}{\dfrac{26.5 - 23.5}{2}} = 0.16$$

判定為 B 級

$$C_p = \frac{\text{USL} - \text{LSL}}{6\hat{\sigma}} = \frac{26.5 - 23.5}{2.382} = 1.26$$

判定為 B 級

$$Z_1 = 3C_p(1 + C_a) = 3(1.26)(1 + 0.16) = 4.38$$

由常態分配表查得 $P_1 = P_r(Z \geq Z_1) = 0$

$$Z_2 = 3C_p(1 - C_a) = 3(1.26)(1 - 0.16) = 3.18$$

由常態分配表查得

$$P_2 = P(Z \geq Z_2) = 0.074\%$$

由上列評價，其品質能力尚差強人意，如能稍作改善更佳。

範例 6-12

一工廠某產品之尺寸品質特性採用 $\bar{X}$–R 管制圖來管制，每小時抽取一次樣本，其大小 $n = 5$，其 25 樣組之 $\bar{X}$ 及 R 值如下：

樣組	$\bar{X}$	R	樣組	$\bar{X}$	R
1	77.6	23	14	78.2	4
2	76.6	8	15	80.2	6
3	78.4	22	16	79.7	6
4	76.5	12	17	77.8	10
5	77.0	7	18	78.9	9
6	79.4	8	19	81.6	7
7	78.6	15	20	77.5	10
8	79.6	6	21	79.2	5
9	78.8	7	22	76.8	11
10	78.2	12	23	80.8	8
11	79.8	9	24	81.2	9
12	76.4	8	25	82.1	7
13	78.5	7		1969.4	236

計算管制圖

$$\bar{\bar{X}} = \frac{1,969.4}{25} = 78.78 \qquad \bar{R} = \frac{236}{25} = 9.44$$

$\bar{X}$ 管制圖

$$\text{UCL} = \bar{\bar{X}} + A_2\bar{R} = 78.78 + (0.58)(9.44) = 84.26$$

$$\text{CL} = \bar{\bar{X}} = 78.78$$

$$\text{LCL} = \bar{\bar{X}} - A_2\bar{R} = 78.78 - (0.58)(9.44) = 73.30$$

R 管制圖

$$\text{UCL} = D_4\bar{R} = (2.11)(9.44) = 19.92$$

$$\text{CL} = \bar{R} = 9.44$$

$$\text{LCL} = D_3\bar{R} = 0$$

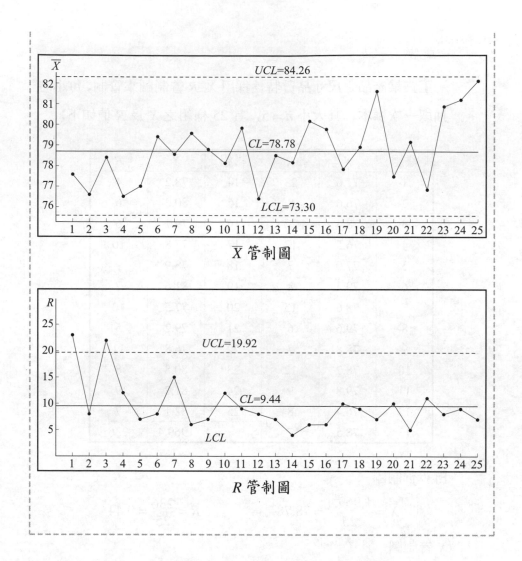

$\overline{X}$ 管制圖

R 管制圖

　　由上圖可知，$\overline{X}$ 管制圖的管制良好，而 R 管制圖則有兩點（即第一、三樣組）逸出管制，因此必須刪除，再重新計算其管制界限。即

$$\overline{\overline{X}} = \frac{1,969.4 - 77.6 - 78.4}{25 - 2} = \frac{1,813.4}{23} = 78.84$$

$$\overline{R} = \frac{236 - 23 - 22}{25 - 2} = \frac{191}{23} = 8.30$$

$\bar{X}$ 管制圖

$$\text{UCL} = \bar{\bar{X}} + A_2\bar{R} = 78.84 + (0.58)(8.30) = 83.65$$

$$\text{CL} = \bar{\bar{X}} = 78.84$$

$$\text{LCL} = \bar{\bar{X}} - A_2\bar{R} = 78.84 - (0.58)(8.30) = 74.03$$

R 管制圖

$$\text{UCL} = D_4\bar{R} = (2.11)(8.30) = 17.51$$

$$\text{CL} = \bar{R} = 8.30$$

$$\text{LCL} = D_3\bar{R} = 0$$

管制狀態良好。現進行製程能力分析，該品質特性之規格為 77 ± 9，則其不合格率

$$P = 1 - P_r(68 \le x \le 86) = 1 - P_r(\frac{68 - 78.84}{3.57} \le \frac{x - \mu}{\sigma} \le \frac{86 - 78.84}{3.57})$$

$$= 1 - \Phi(2) + \Phi(-3.04) = 1 - 0.9773 + 0.00118 = 0.02388 \doteqdot 2.4\%$$

$$\hat{\sigma} = \frac{\bar{R}}{d_2} = \frac{8.30}{2.326} = 3.57$$

$$C_a = \frac{(\bar{X} - \mu)}{\dfrac{\text{USL} - \text{LSL}}{2}} = \frac{78.84 - 77}{9} = 0.093$$

判定為 A 級

$$C_p = \frac{\text{USL} - \text{LSL}}{6\sigma} = \frac{18}{6(3.57)} = 0.84$$

判定為 C 級

$$C_{pk} = 0.84(1 - 0.093) = 0.762$$

判定為 C 級

顯示製程能力不足，必須加以改善。因此，經過深入探討之後，採行對策 A 計畫，然後再蒐集 25 組資料如下：

樣組	$\bar{X}$	R	樣組	$\bar{X}$	R
1	77.5	9	14	77.7	4
2	76.9	8	15	77.9	5

3	78.1	6	16	78.2	6
4	77.2	7	17	77.8	7
5	77.0	4	18	78.6	8
6	79.1	5	19	77.5	6
7	78.3	9	20	78.2	7
8	79.0	6	21	79.1	5
9	78.5	7	22	76.8	9
10	78.2	10	23	78.2	7
11	78.8	8	24	77.3	8
12	76.8	6	25	77.5	5
13	78.2	5			

$$\overline{\overline{X}} = \frac{1,948.4}{25} = 77.94, \quad \overline{R} = \frac{167}{25} = 6.68$$

將之繪入管制圖中如下:

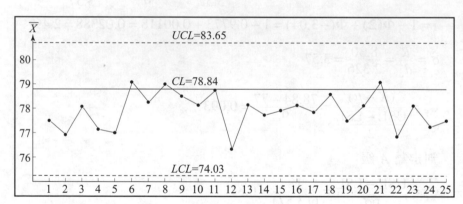

$\overline{X}$ 管制圖

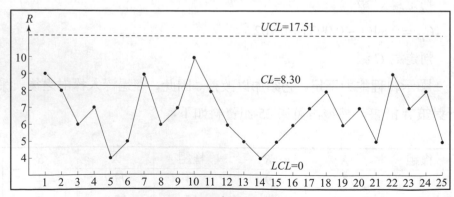

R 管制圖

　　由 $\overline{X}$ 及 R 管制圖顯示管制狀態良好，由是可知，其改善的實質功效良好。茲再分析其製程能力：

$$\hat{\sigma} = \frac{\overline{R}}{d_2} = \frac{6.68}{2.326} = 2.872$$

不合格率

$$P = 1 - P_r(68 \le x \le 86) = 1 - P_r\left(\frac{68 - 77.94}{2.872} \le Z \le \frac{86 - 77.94}{2.872}\right)$$

$$= 1 - \Phi(2.8) + \Phi(-3.46) = 1 - 0.9974 + 0.00027 = 0.287\%$$

$$C_a = \frac{\overline{X} - \mu}{\dfrac{USL - LSL}{2}} = \frac{77.94 - 77}{9} = 0.104$$

判定為 A 級

$$C_p = \frac{USL - LSL}{6\sigma} = \frac{18}{6(2.872)} = 1.04$$

判定為 B 級

$$C_{pk} = 1.04(1 - 0.104) = 0.936$$

判定為 C 級

　　由製程能力分析，顯示製程品質確有改善，但仍未達理想狀況，有待繼續努力，因此，重新修正管制界限為

$\overline{X}$ 管制圖

$$UCL = \overline{\overline{X}} + A_2\overline{R} = 77.94 + (0.58)(6.68) = 81.81$$

$$CL = \overline{\overline{X}} = 77.94$$

$$LCL = \overline{\overline{X}} - A_2\overline{R} = 77.94 - (0.58)(6.68) = 74.07$$

R 管制圖

$$UCL = D_4\overline{R} = (2.11)(6.68) = 14.09$$

$$CL = \overline{R} = 6.68$$

$$LCL = D_3\overline{R} = 0$$

其後就以此管制圖來管制製程的品質。

6-7 公差與規格

　　規格乃是設計者對產品或零件的定義，依據 ISO 8402 的定義，規格乃是「產品或服務必須符合規定要求之文件」。規格的主要內容包含材料、製程、成品等有關性能、尺寸及外觀上的判定準則，隨著產品複雜度增加及額外要求，如可靠度、維護度、環境適應度等導致規格的要求，日益明確詳實。發展良好的產品規格，下面的理念可供參考：

(1)規格及公差的合理性。

(2)索引的標準文件儘量減少。

(3)規格的扼要性與完整性。

(4)避免模糊不清的字眼。

(5)採用平實的語句。

(6)確定規格的正確性。

(7)保存規格的彈性。

　　此外，規格書最好也能包含下列各項：

(1)安裝時的限制。

(2)製造上的限制。

(3)目的。

(4)作業上的限制。

(5)與其他系統或子系統間的關係。

(6)機能上的要求。

(7)環境因素。

　　我們無法製造完全相同的產品，其間必然有變異存在，只要我們具有足夠的量測精度，因此，我們必須訂定產品的規格公差。公差的設計必須考量精密度的成本與價值間的平衡，可以考量下列因素：

(1)要有足夠的時間和人力，針對每一品質特性，逐一訂定其公差。

(2)精密度的成本，必需要有足夠的證據。

(3)精密度的價值，必需要有足夠的證據。

(4)採用同步工程的理念，結合各機能人員的智力設定公差。

(5)設計部門人員的責任感與習慣性。

　　產品往往是由二件或二件以上的零組件所組成的，因此，公差配合極為重要，茲以加法模式來說明其理念和應用。設有零件 n 類，其尺寸值分別為 $x_1, x_2, \cdots, x_n$，若將此 n 個零件裝配成一產品如下：

$\leftarrow x_1 \rightarrow$	$\leftarrow x_2 \rightarrow$		$\leftarrow x_n \rightarrow$	
零件 #1	零件 #2	...	零件 #$(n-1)$	零件 #n

$$\longleftarrow \qquad y \qquad \longrightarrow$$

則其產品尺寸

$$y = x_1 + x_2 + \cdots + x_n$$

設變數 $x_i, i = 1, 2, \cdots, n$，具有常態分配 (μ_i, σ_i^2)，則 y 亦為常態分配 $N(\mu_y, \sigma_y^2)$，其

$$\mu_y = \mu_1 + \mu_2 + \cdots + \mu_n$$

$$\sigma_y^2 = \sigma_1^2 + \sigma_2^2 + \cdots + \sigma_n^2$$

範例 6-13

設有甲、乙、丙、丁四零件，其規格與總成件之關係如下表所示：

甲	乙	丙	丁
10 mm ± 0.2	8 mm ± 0.05	15 mm ± 0.03	11 mm ± 0.08

則由前述的原理可知，其總成件之均數

$$\mu_y = \mu_甲 + \mu_乙 + \mu_丙 + \mu_丁 = 10 + 8 + 15 + 11 = 44$$

為確保產品的品質，設其規格公差具有 $\pm 4\sigma$，則

$$\sigma_{甲} = \frac{0.2}{4} = 0.05, \ \sigma_{乙} = \frac{0.05}{4} = 0.0125$$

$$\sigma_{丙} = \frac{0.03}{4} = 0.0075, \ \sigma_{丁} = \frac{0.08}{4} = 0.02$$

故得總成件之變異數

$$\sigma_y^2 = \sigma_{甲}^2 + \sigma_{乙}^2 + \sigma_{丙}^2 + \sigma_{丁}^2$$
$$= (0.05)^2 + (0.0125)^2 + (0.0075)^2 + (0.02)^2$$
$$= 0.0031125$$

即

$$\sigma_y = 0.05579$$
$$4\sigma_y = 0.2232$$

故總成件之規格為 44 ± 0.2232 mm。

1 一紡紗廠採用 $\bar{X}$ 及 R 圖以管制棉紗之強度,其樣本大小為 6, 共取 25

組, 計得 $\Sigma\bar{X} = 563.2, \Sigma R = 100$,

⑴試計算 $\bar{X}$ 及 R 之管制圖。

⑵設製程在管制狀態下, 試估計 σ 之值。

2 某廠新開發產製一種塑膠件, 擬採用 $\bar{X}$–R 管制圖以管制其管子之長

度, 每次抽取 4 件, 共抽取 25 組, 得 $\Sigma\bar{X} = 500, \Sigma R = 51.48$

⑴試求其管制界限。

⑵設管子之規格為 $20 \pm 4\sigma$, 試求其規格界限。

3 某製造廠產製一種特殊的螺絲釘, 遭遇困難, 於是採用 $\bar{X}$–R 管制圖

以管制其製程, 已知螺絲釘之規格為 0.25 ± 0.005 吋, 其樣本大小為

6, 共抽取 25 組資料, 計算得 $\Sigma\bar{X} = 6.270, \Sigma R = 0.131$

⑴試計算 $\bar{X}$–R 管制圖之管制界限。

⑵設製程在管制狀態下, 試估計 σ 值。

⑶設製程呈常態分配, 試求其不合格率。

4 下表之資料係由一製程定時抽取 5 件產品為一樣組, 共取 25 組, 實

測得之品質特性值,

⑴試求其 $\bar{X}$–R 管制界限。

⑵檢定製程是否在管制狀態中。

⑶設該產品的規格為 400 ± 30, 試分析之。

⑷試求其未來的管制界限。

樣　組	觀測值				
	x_1	x_2	x_3	x_4	x_5
1	390	393	395	405	420
2	376	381	381	383	401
3	380	387	395	397	407

4	377	383	387	390	393
5	393	395	403	405	414
6	376	388	395	397	400
7	387	400	401	403	410
8	391	392	394	397	405
9	390	391	395	401	406
10	379	391	393	394	408
11	390	397	400	406	428
12	380	382	389	391	399
13	375	383	392	395	404
14	387	390	398	400	408
15	390	395	395	397	403
16	382	399	401	406	405
17	390	395	395	400	410
18	381	390	394	397	399
19	387	389	398	401	415
20	372	378	396	400	405
21	392	378	382	385	401
22	387	379	385	401	405
23	393	387	391	398	403
24	376	392	389	395	408
25	385	393	367	403	410

5 設自一製程抽取樣本大小為 6 的樣組共 50 組，求得其 $\overline{X}$ 及 R 值之和為

$$\Sigma\overline{X} = 2,000, \Sigma R = 250$$

　已知該產品特性之規格為 41 ± 5.0

⑴試求其 $\overline{X}$–R 圖之管制界限。

⑵試求其製程能力指標 C_a, C_p, C_{pk}，並評論之。

6 設自一製程抽取樣本大小為 8 的樣組共 50 組，求得其 $\overline{X}$ 及 S 值之和為

$$\Sigma\overline{X} = 1,000, \Sigma S = 75$$

　設該產品品質特性之規格為 19 ± 4.0

⑴試求其 $\overline{X}$–R 管制圖。

⑵試求其製程能力 C_a, C_p 及 C_{pk}，並評論之。

7 設一製程採用 $\overline{X}$ 及 σ 管制圖來控制, 顯示管制良好, 其樣本大小為 6, 其管制圖如下

$\overline{X}$ 管制圖	σ 管制圖
UCL = 708.20	UCL = 3.420
CL = 706	CL = 1.738
LCL = 703.80	LCL = 0.052

(1)試推定其製程均數及標準差。

(2)試求其製程的自然公差 6σ 值。

(3)設其規格為 706 ± 3.0, 試分析其製程能力。

(4)設製程變異不變, 但製程均數偏移至 703, 試分析其製程能力。

8 一電子公司製造 25 種電阻元件, 其中 A 型產品在過去六個月來造成相當的品質問題, 因此, 擬採用 p 圖來管制, 每天均抽驗 500 件產品, 其資料如下:

日 期	不良數	日 期	不良數	日 期	不良數
1	10	8	17	15	12
2	21	9	16	16	11
3	8	10	21	17	15
4	13	11	25	18	10
5	17	12	19	19	20
6	20	13	8	20	19
7	18	14	7	21	12

9 某公司購入 20 盒螺絲 (每盒有數千粒), 自每盒中隨機抽取 400 粒來檢查, 其不良數分別為

盒 號	不良數	盒 號	不良數
1	8	11	11
2	7	12	9
3	9	13	6
4	10	14	12

5	2	15	7
6	5	16	8
7	3	17	10
8	8	18	8
9	7	19	6
10	10	20	9

試問其進料是否在管制中?

10 某產品採行全數檢查，其四月份資料如下，試求其不良率管制圖。

日　期	產　量	不良數	日　期	產　量	不良數
2	3,415	12	17	3,437	10
3	3,426	10	18	3,449	12
4	3,478	13	19	3,399	10
5	3,490	12	20	3,467	8
6	3,399	8	21	3,418	10
7	3,401	9	23	3,460	7
9	3,444	10	24	3,472	11
10	3,408	8	25	3,479	12
11	3,389	7	26	3,511	11
12	3,499	8	27	3,488	7
13	3,501	12	28	3,471	8
14	3,508	13	30	3,488	10
16	3,455	8			

11 由習題 1，試計算其不良數管制圖。

12 一飛機零件製造廠，採用缺點數管制圖，每天抽檢 400 件，共 24 組，其缺點數如下，製程是否在管制中?

日　期	缺點數	日　期	缺點數	日　期	缺點數
1	21	9	15	17	30
2	25	10	22	18	26
3	18	11	19	19	17
4	20	12	17	20	19

5	17	13	10	21	10
6	13	14	9	22	12
7	24	15	16	23	15
8	16	16	21	24	13

13 一產品之外觀擬採用 U 管制圖來管制，其 20 組樣本之資料如下：

樣　組	樣本大小	缺點數	樣　組	樣本大小	缺點數
1	488	12	11	507	16
2	501	11	12	479	9
3	493	9	13	489	7
4	480	13	14	492	11
5	475	17	15	495	13
6	520	12	16	502	20
7	497	8	17	497	17
8	486	10	18	501	10
9	499	14	19	486	9
10	506	15	20	492	15

第7章

可靠度

7-1　可靠度的定義

可靠度係一產品依時達成其期望績效的能力,換言之,係指一產品的長程品質,因此吾人可界定可靠度為「一產品、設備或一系統在既定使用條件下,經過一段時間的運作,仍能維持其既定機能的機率」。由是可知,可靠度具有下列四項因素:

⑴既定的使用條件

任一產品均有其既定的使用條件和環境,例如布質沙發不宜在室外使用;又如德州儀器公司所出品的手錶具有如下的使用環境和條件,如表 7-1 所示:

表 7-1　德儀手錶的使用環境

環　境	條　件	品質特性	時　間
典型用途	手腕	31℃	16 小時／天
運送中	包裝盒	震動和衝擊 (−20 ～ +80℃)	卡車、火車、 空運均宜
意外事件	掉落硬地板	1,200 克,2 毫秒	1 次／年
最高溫度	熱且封閉的汽車內	85℃	4 ～ 6 小時

			5 次 / 年
潮濕且有化學品	汗、鹽、肥皂	35℃且 95% pH 值下雨	500 小時 / 年
高度	頂峰	4,600 公尺	1 次

⑵既定機能

任一產品均有其使用目的或性能，如燈泡之用以照明；又如起重機有其既定的承載能力；螺絲起子係用以旋轉螺絲，而非用以開啟罐頭。

⑶一段時間使用

任何產品均有其既定的使用壽命，例如一輪胎的壽命為 36 個月或七萬公里等。

⑷可靠度係以機率值來表示

機率值介於 0 到 1，以機率值來表示可靠度，其優點在於提供產品不同設計之比較基礎。例如 100 個燈泡經過 1,000 小時之點燃後，有 3 個不亮了，則此燈泡在 1,000 小時之可靠度為 0.97。

近年來可靠度愈趨重要，尤其當產品愈來愈複雜、愈來愈精密，設備愈來愈自動化，利潤率愈來愈低以及在時間基礎上的競爭，使得可靠度成為公司生存的要件。因此，不論美國品質學會 (ASQ) 或中華民國品質學會 (CSQ) 均設有可靠度工程師的證照制度。美國品質學會界定其合格的可靠度工程師為：「能了解且具有評價能力用以改善產品或系統的安全性、可靠度及維護度的專業人才；其應用技術有：設計審查和管制；預估、評價及分配的技術；故障模式；可靠度測試的規劃、作業及分析；了解可靠度中的人為因素；可靠度資訊系統的發展和管理。」

7-2　故障曲線

　　實務上，可靠度通常以一段時間之單位故障次數來表示，通常稱為故障率 (Failure Rate)，而其倒數亦為一重要的衡量指標，運用於故障報廢後置換時稱為平均故障時間（Mean Time To Failure，簡稱 MTTF），運用於可維修之產品時則稱為平均故障間隙（Mean Time Between Failure，簡稱 MTBF）。

　　於計算一產品故障率時，通常以一大批產品作試驗，記錄每一產品之失靈時間，直到所有產品均告故障為止，然後繪製成累積故障曲線，如圖 7-1 所示，其橫軸代表時間，其縱軸為累積故障百分率。

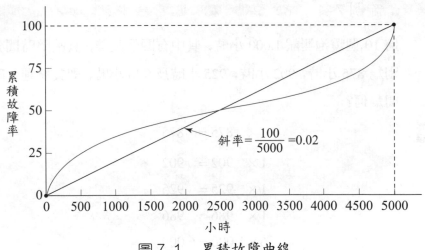

圖 7-1　累積故障曲線

其故障率 (λ) 之計算公式為

$$\lambda = \frac{故障件數}{（試驗件數）\times（試驗時數）}$$

然後可繪製成如圖 7-2 的故障率曲線。

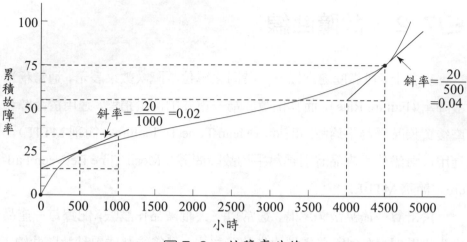

圖 7-2　故障率曲線

範例 7-1

將 10 個燈泡測試 1,000 小時，其中有四個故障，其故障時間分別為 875 小時，902 小時，925 小時及 986 小時，則其總運作時間為何？

解

$$1 \times \quad 875 = \quad 875$$

$$1 \times \quad 902 = \quad 902$$

$$1 \times \quad 925 = \quad 925$$

$$1 \times \quad 986 = \quad 986$$

$$6 \times 1,000 = \underline{6,000}$$

$$合 計 \quad 9,688$$

故得

$$\lambda = \frac{4}{9,688} = 0.04188\%$$

$$\text{MTTF} = \frac{1}{\lambda} = 2,422 \text{（小時）}$$

如果樣本夠大（如 $n \geq 30$），即可推測該公司所出產的燈泡，其平均壽命為 2,422 小時。可與其他公司出廠的燈泡壽命加以比較。

⏣7-3　壽命曲線

　　由前述的故障曲線,其斜率表示一時點的瞬間故障率,將此斜率(即瞬間故障率)繪製而成的曲線稱為壽命曲線, 如圖 7-3 所示, 係描述該產品的故障行為。

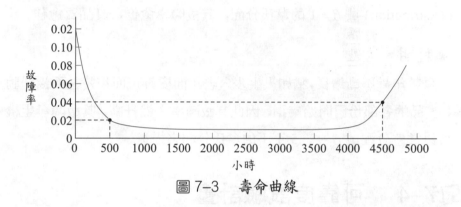

圖 7-3　壽命曲線

　　吾人可將壽命曲線 (因其形狀酷似澡盆,故又稱為澡盆曲線) 分成三個階段,即夭折期 (Infant-Mortality Phase)、黃金期 (Useful Life Phase) 及磨耗期 (Wear-Out Phase), 分別說明其特性如下:

1.夭折期

　　在產品剛使用的一段時間, 其故障率特別高, 其原因可能是設計不佳、製造不良或使用不當所造成的, 其時間相當短暫, 其發生的機率分配通常可用 $\beta < 1$ 的韋氏分配 (Weibull Distribution) 來描述, 在電子電機行業常用的處理方式有:

　⑴老化法 (Burn-In/Debugging)

　　在產品出廠之前, 先經過模擬使用的測試, 使產品逐漸老化而步入黃金期。

　⑵剔除法

在產品出廠前先運作一段時間以檢出其不良零組件而更換之或修
理之。

⑶產品保證

將此時期列入產品保證期間，提供顧客免費且良好的維修服務。

2.黃金期

為一產品的黃金年華，不僅故障率低且為常數，而且期間相當長，
猶如人生的青壯年期。其故障發生的機率可證明為指數分配 (Exponen-
tial Distribution) 或 $\beta = 1$ 的韋氏分配，其故障率愈低，其品質愈佳。

3.磨耗期

隨著年歲不斷增長，猶如人生步入老年而髮蒼蒼而視茫茫而齒牙動
搖，產品的各部份已開始磨損，因此其故障率突然升高，其故障發生機
率可以常態分配或 β 在 3.5 上下的韋氏分配來描述。

7-4　可靠度試驗計畫

可靠度試驗常需使用產品來作且往往是破壞性試驗，因此其試驗類
型及數量的決策必須以經濟性考量，因此通常於最終產品時才作試驗，
當然，必要時亦可作零組件的壽命試驗，同時，所有的試驗均在實驗室
執行，因此試驗條件必須模擬真實的使用環境以確保品質。

試驗的類型有下列三種：

1.故障終止試驗

即壽命試驗樣本中的故障件數已達一既定個數即告終止試驗，其判
定準則則以累計產品壽命時數為之。

2.時間終止試驗

即壽命試驗的結束取決於既定的試驗時間，其判定準則則以此試驗
期間的故障個數為之。

3. 逐次試驗

其壽命試驗計畫既不以故障個數也不以故障時間為判定指標,而是以其累積的壽命結果為依據。此壽命試驗計畫的優點在於達成決策所需故障數或故障時間均較前兩種方法為少,　換言之,　其試驗成本較低。

此外,　於壽命試驗時又可分為置換 (Replacement) 與不置換 (Without Replacement) 兩種;　前者係於產品試驗過程中一旦發生故障,即行更換產品,適用於常數故障率且產品發生故障係隨機性的。後者則不更換已故障的試驗產品。

又產品壽命試驗所依據的品質特性有平均壽命、故障率及長壽率(超過一時限仍存活的產品比率)等等。

茲將美國國防部 (U.S. Department of Defense) 所建立的各種壽命試驗計畫列如表 7–2 所示。

表 7–2　美軍壽命試驗計畫

文　件	基本分配	計畫種類	平均壽命	長壽率	故障率	試驗種類		
						故障終止	時間終止	逐次
H 108	指數分配	批次	✓		✓	✓	✓	✓
MIL-STD-690B	指數分配	批次			✓		✓	
MIL-STD-781C	指數分配	抽樣方案	✓				✓	✓
TR-3	韋氏分配	批次	✓				✓	
TR-4	韋氏分配	批次					✓	
TR-6	韋氏分配	批次		✓			✓	
TR-7	韋氏分配	批次 MIL-STD-105E	✓	✓			✓	

7–5　美軍 H 108 手冊簡介

可靠度試驗手冊 H 108 提供抽樣程序及表格,其抽樣計畫基於指數分配,提供三種試驗類型,也包含置換及不置換,採行平均壽命準則。

H 108 手冊長達 70 頁之多,吾人只能介紹其中最常用之計畫: 時間終止、置換及平均壽命計畫。

(1)指定生產者冒險率 α, 消費者冒險率 β 及樣本大小

 範例 7-2

設拒收平均壽命 $Q_0 = 900$ 小時之 $\alpha = 5\%$, 接受平均壽命 $Q_1 = 300$ 小時之 $\beta = 10\%$, 則

$$\frac{O_1}{O_0} = \frac{300}{900} = 0.333$$

由附表 2-11-1 查得樣本代字為 B-8, 利用樣本代字可由附表 2-11-2 查得拒收數 $r = 8$ 及 $\frac{T}{O_0}$ 之值, T 表示試驗時間, 而樣本大小為拒收數之倍數, 有 $2r$, $3r$, $4r$, $5r$, $6r$, $7r$, $8r$, $9r$, $10r$ 及 $20r$, 設取 3 倍, 則 $n = 3(8) = 24$, 且 $\frac{T}{O_0} = 0.166$

$$T = 0.166(O_0) = 0.166(900) = 149 \text{（小時）}$$

故得抽樣計畫:

以樣本 24 件試驗, 時間 149 小時, 如未達 8 件故障允收之, 若 8 件或 8 件以上故障時, 則拒收之。

(2)指定生產者冒險率 α, 拒收數及樣本大小

 範例 7-3

設平均壽命 $Q_0 = 1{,}200$ 小時之 $\alpha = 5\%$, 拒收數 $r = 5$, 樣本大小 $n = 2r = 10$, 則由附表 2-11-2 查得 $\frac{T}{Q_0} = 0.197$

$$T = 0.197(Q_0) = 0.197(1{,}200) = 236 \text{ 小時}$$

意義: 抽取樣本 10 件, 試驗 236 小時, 如有 5 件故障時拒收之, 否則允收之。

(3)指定 α，β 及試驗時間

範例 7–4

試求試驗時間不超過 500 小時，且於 $Q_0 = 10,000$ 小時之 $\alpha = 5\%$，$Q_1 = 2,000$ 小時之 $\beta = 10\%$ 時之壽命試驗計畫。

解

$$\frac{Q_1}{Q_0} = \frac{2,000}{10,000} = \frac{1}{5}$$

$$\frac{T}{Q_0} = \frac{500}{10,000} = \frac{1}{20}$$

由附表 2–11–3，求得 $r = 4, n = 27$。

7–6　可靠度評估

可靠度既然以機率來表示，因此，運用故障機率分配來計算可靠度更為便捷，前面曾提及產品壽命的黃金期之故障機率係依歸指數分配 (Exponential Distribution)，指數分配之適用不僅在數學上可以證明，在實證上亦適用於燈泡、電子零件、汽車、電腦及工業生產用的機械上。

指數分配為

$$f(t) = \lambda e^{-\lambda t}, t \geq 0，\text{式中 } t = \text{產品壽命}$$
$$\lambda = \text{故障率}$$

因此，一產品在 $[t_1, t_2]$ 間故障之機率為

$$P_r(t_1 \leq T \leq t_2) = \int_{t_1}^{t_2} \lambda e^{-\lambda t} dt = \exp[-\lambda(t_2 - t_1)]$$

累積分配函數 (The Cumulative Distribution Function)

$$F(T) = 1 - e^{-\lambda T}$$

因而界定可靠度函數 (The Reliability Function)

$$R(T) = 1 - F(T) = e^{-\lambda T} = \exp(-\lambda T)$$

上式表示該產品在時間 T 之前不會故障之機率。

範例 7-5

設一產品之故障率 $\lambda = 0.05\%$，經過 1,000 小時使用後之可靠度

$$R(1,000) = \exp(-1,000 \times 0.05\%) = \exp(-0.5) = 0.6065$$
$$= 60.65\%$$

範例 7-6

若一產品使用 100 小時之可靠度為 98%，試求其故障率。

由題意知：

$$R = 98\%, T = 100 \ (\text{小時})$$
$$R(100) = \exp(-\lambda \times 100) = 0.98$$

取自然對數

$$\ln 0.98 = -100\lambda$$
$$\lambda = 0.000202 \ (\text{次} / \text{小時})$$

前面曾提及，故障率之倒數 $Q = \dfrac{1}{\lambda}$ 稱為平均故障時間 (MTTF)，若一產品之故障率 $\lambda = 0.0002$ 時，其各時段之累積故障率及可靠度可列如表 7-3 所示。

表7-3　累積故障率及可靠度

時間 T	累積故障率 $F(T)$	可靠度 $R(T)$
10	0.002	0.998
20	0.004	0.996
50	0.010	0.990
100	0.020	0.980
200	0.039	0.961
500	0.095	0.905
1,000	0.181	0.819

2,000	0.330	0.670
10,000	0.865	0.135
100,000	0.999999998	0.0021 ppm

另一常用的可靠度機率分配為韋氏分配 (Weibull Distribution)，其機率函數

$$f(t) = \alpha\beta t^{\beta-1}\exp(-\alpha t^{\beta}), \, t > 0$$

式中，α 為分配之尺度參數 (Scale Parameter)

β 為分配之峰態參數 (Shape Parameter)

隨著參數 $\alpha\beta$ 之變化，其分配之形狀如圖 7–4 所示。

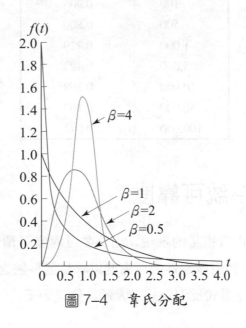

圖 7–4　韋氏分配

韋氏分配除適用於前述壽命曲線之夭折期及磨耗期外，亦適用於汽車和飛機之記憶組件和結構單元，其可靠度函數

$$R(T) = \exp(-\alpha T^{\beta})$$

範例 7-7

設一產品之故障歸依韋氏分配，其 $\alpha = 0.01$, $\beta = 0.5$，則其可靠度 $R(T) = \exp[-0.01\sqrt{T}]$

若該產品經過 1,000 小時使用，其存活之機率

$$R(1,000) = \exp[-0.01\sqrt{1,000}] = 72.89\%$$

其不同使用時間之可靠度可列如表 7-4 所示。

表 7-4　可靠度

時間 T	可靠度 $R(T)$
100	0.905
500	0.800
1,000	0.729
5,000	0.493
10,000	0.368
50,000	0.107
100,000	0.042

7-7　系統可靠度

許多產品為相當複雜的系統，由許多可靠度可預估的零組件所組成，因此，吾人可透過零組件的可靠度以求整個系統之可靠度，系統之結構有串聯式、並聯式及混合式三大類，分述如下：

⑴串聯系統

串聯系統之結構如圖 7-5 所示

圖 7-5　串聯系統

由圖可知，系統係由 n 個零組件所串聯而成，各零組件之可靠度分別為 $R_1, R_2, \cdots, R_n$，則其系統可靠度

$$R = R_1 \cdot R_2 \cdot R_3 \cdots R_n$$

範例 7-8

設一系統係由五個零件所串聯而成，其可靠度分別為

0.99, 0.96, 0.97, 0.98, 0.95，則其系統之可靠度

$$R = (0.99)(0.96)(0.97)(0.98)(0.95) = 0.8583$$

由上例可知，系統可靠度隨串聯零組件數之增加而遞減。

若各零組件之可靠度函數歸依指數分配時，即 $R_i = \exp(-\lambda_i T)$，則系統可靠度

$$R = R_1 R_2 \cdots R_n = \exp(-\lambda T)\exp(-\lambda_2 T) \cdots \exp(-\lambda_n T)$$

$$= \exp[-(\sum \lambda_i)T]$$

 範例 7-9

設一系統係由 3 組件串聯而成，其故障率分別為 0.001, 0.002, 0.003，則系統可靠度

$$R = \exp[-(0.001 + 0.002 + 0.003)T] = \exp(-0.006T)$$

若經過 100 小時使用，其可靠度

$$R = \exp[-0.006(100)] = 54.88\%$$

(2)並聯系統

並聯系統之結構如圖 7-6 所示

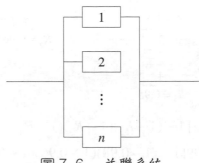

圖 7-6 並聯系統

由圖 7-6 中可知，並聯系統僅當所有組成零件故障時才會故障，換言之，只要有任一零件存活，其系統之運作均良好，故其系統之可靠度

$$R = 1 - (1 - R_1)(1 - R_2) \cdots (1 - R_n)$$

範例 7-10

設一系統係由 3 個組件並聯而成， 其可靠度分別為 0.98, 0.96, 0.95，則其系統可靠度

$$R = 1 - (1 - 0.98)(1 - 0.96)(1 - 0.95) = 0.99996$$

由上例可知，並聯系統可靠度隨其並聯零件數增加而遞增，因此於產品設計製造時，若無法提高零組件之可靠度時，可採行並聯方式以提高整個產品系統之可靠度， 但必須考量其成本和體積或重量等因素。

(3)混合式系統

結合串聯和並聯而成的系統稱為混合式系統，隨其結構之不同，其系統可靠度之計算各異。茲以下列兩例說明之。

範例 7-11

一混合式系統如下圖所示

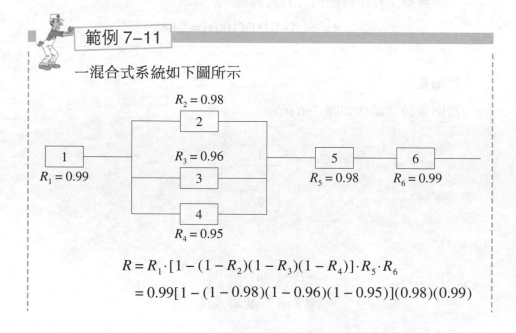

$$R = R_1 \cdot [1 - (1 - R_2)(1 - R_3)(1 - R_4)] \cdot R_5 \cdot R_6$$
$$= 0.99[1 - (1 - 0.98)(1 - 0.96)(1 - 0.95)](0.98)(0.99)$$

$$= 96.046\%$$

範例 7-12

一混合式系統如下圖所示

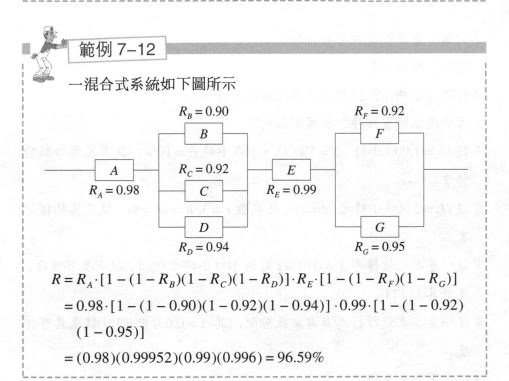

$$R = R_A \cdot [1 - (1 - R_B)(1 - R_C)(1 - R_D)] \cdot R_E \cdot [1 - (1 - R_F)(1 - R_G)]$$
$$= 0.98 \cdot [1 - (1 - 0.90)(1 - 0.92)(1 - 0.94)] \cdot 0.99 \cdot [1 - (1 - 0.92)$$
$$(1 - 0.95)]$$
$$= (0.98)(0.99952)(0.99)(0.996) = 96.59\%$$

習 題

1 何謂可靠度？具有那些特性？

2 何謂故障曲線？

3 何謂壽命曲線？試說明其各階段的特性。

4 可靠度試驗有幾種？其區別如何？

5 設 $O_0 = 1,000$ 小時 , $\alpha = 5\%$, $O_1 = 500$ 小時 $\beta = 10\%$，試求其壽命試驗計畫。

6 設 $O_0 = 2,000$ 小時之 $\alpha = 5\%$, 拒收數 $r = 3$, $n = 2r = 8$，試求其抽樣計畫。

7 設一產品之故障率 $\lambda = 0.01\%$，經過 100 小時之使用，試求其可靠度，並求其 MTTF。

8 設一產品之故障行為具有韋氏分配，其 $\alpha = 0.03$, $\beta = 3$，試求其可靠度。

9 試求下列各系統之可靠度。

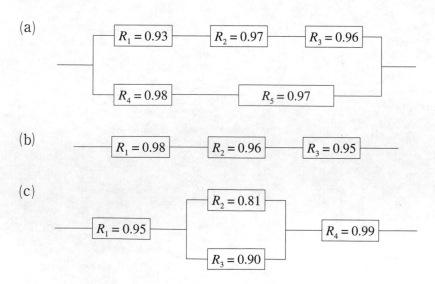

(d)

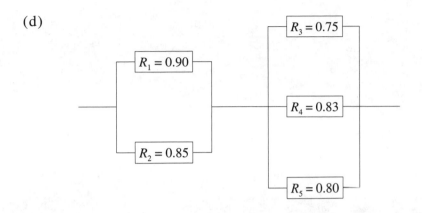

(e)

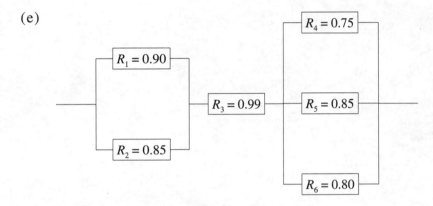

第**8**章

品質改善活動

8-1 品質管理七大手法

「工欲善其事，必先利其器」，不論品質管制或品質改善工作，都必須善用品質管理工具，才能發揮其強大的功效，產生優異的成果。

在品質改善活動中最常用的技術為品質管理七大手法，包含舊七大手法及新七大手法，茲分別介紹如下：

品質七大手法

(1)查檢表

品質改善活動始於資料的搜集和分析，查檢表即為搜集數據以供分析和決策之用而設計的表單，必須依其主題及使用目的而設計。例如以中鋼公司黑眼圈為例，其改善前過濾器處理時間（本表為查檢表之一，亦為矩陣圖）如下：

(2)次數分配

次數分配圖又稱為直方圖，係用以表示一事件發生次數的圖形。次數分配可用以探討品質分佈情形，也可與規格比較以了解其製程能力。

表 8-1　改善前過濾器處理時間

項目別 週別 股別	第一週	第二週	第三週	第四週	第五週	第六週	第七週	第八週	平　均（人分／週）
D 股	98	128	26	26	48	92	46	52	64.5
C 股	18	106	173	22	35	65	68	82	71.1
B 股	71	27	65	98	51	92	81	44	66.1
A 股	62	50	29	134	120	16	54	73	67.3
吹砂管堵塞處理	184	93	108	135	179	98	142	126	133.1
停機處理	8	110	83	79	12	118	0	24	54.3
沉砂箱積砂清理	47	53	49	52	56	40	46	54	49.6
壓縮空氣調整	0	43	43	6	0	0	52	36	22.5
其　他	10	12	10	8	7	9	9	11	9.5
合　計	249	311	293	280	254	265	249	251	269.0

範例 8-1

茲以冠輝公司產品 GIR 及 FH/CQ 之性能稼動率為例，說明其次數分配之計算和應用。該公司 91 年 10 月份的 GIR 及 FH/CQ 之稼動率資料如下：

表 8-2　稼動率資料

序號	GIR 稼動率	FH/CQ 稼動率
1	111.97	83.80
2	97.05	94.61
3	87.69	90.88
4	97.91	95.83
5	106.72	88.70
6	91.15	94.18
7	96.42	98.87
8	93.19	94.36
9	103.69	106.20
10	97.45	67.20

11	116.92	98.92
12	93.16	104.71
13	55.17	76.66
14	98.62	93.69
15	106.87	70.83
16	110.44	78.57
17	127.30	99.09
18	86.44	97.35
19	99.18	71.69
20	96.43	81.39
21	90.89	107.18
22	87.62	91.38
23	92.54	79.28
24	93.75	82.60
25	89.26	86.78
26	91.93	91.08
27	110.74	63.00
28	93.23	91.23
29	98.84	104.89
30	62.35	80.57
31	91.65	92.22
32	82.78	80.61
33	77.26	107.95
34	82.53	113.95
35	80.95	55.44
36	98.22	58.97
37	103.36	83.48
38	86.91	93.33
39	96.83	104.55
40	113.37	97.94
41	118.66	
42	99.56	
43	63.91	
44	62.92	
45	56.35	

$$\max x_i = 127.3, \ \min x_i = 55.17$$

$$R = 127.3 - 55.17 = 72.13$$

$$m = 1 + 3.3\log 8.5 = 7.36 \doteqdot 8$$

$$h = \frac{R}{m} = \frac{72.13}{8} = 9.016 \doteqdot 9.02$$

表 8-3　次數分配計算表

分組	組限	劃記	組值 x_i	次數 f_i	$f_i x_i$	$f_i x_i^2$
1	55.165 ～ 64.185	卌 Ⅲ	59.68	8	477.44	28,493.62
2	64.185 ～ 73.205	Ⅲ	68.70	3	206.10	14,159.07
3	73.205 ～ 82.225	卌 Ⅲ	77.72	8	621.76	48,323.19
4	82.225 ～ 91.245	卌 卌 卌 Ⅱ	86.74	17	1,474.58	127,905.07
5	91.245 ～ 100.265	卌 卌 卌 卌 卌 卌 Ⅰ	95.76	31	2,968.56	284,269.31
6	100.265 ～ 109.285	卌 卌	104.78	10	1,047.80	109,788.48
7	109.285 ～ 118.305	卌 Ⅰ	113.80	6	682.80	77,702.64
8	118.305 ～ 127.325	Ⅱ	122.82	2	245.64	30,169.50
				85	7,724.68	720,810.88

$$\overline{X} = \frac{7,724.68}{85} = 90.88$$

$$S^2 = \frac{1}{84}[720,810.88 - 85(90.88)^2] = 223.584$$

$$\therefore S = 14.95$$

$$CV = \frac{S}{\overline{X}} = \frac{14.95}{90.88} = 16.45\%$$

變異數相當大，顯示製程稼動率不穩定，宜探討原因，採取改正對策。

(3)要因分析圖

　　要因分析圖係由日本石川馨博士所創始,用以探討問題原因而排列成魚骨形狀的圖示方法，故又稱為魚骨圖或石川圖。

　　要因分析圖係針對問題點以探討其主要因,並依次展開其次要因,其示意圖如下:

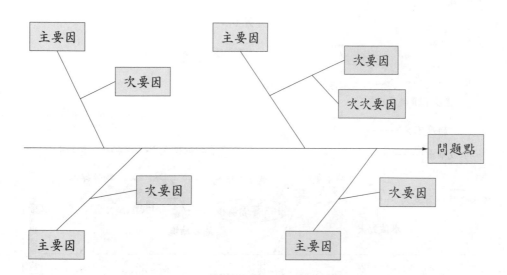

要因分析通常由 5M1E 著手，5M 係指人員 (Man)、機器 (Machine)、物料 (Materials)、方法 (Method) 及量測 (Measurement) 等 5 項，而 1E 則指環境 (Environment)，其魚骨圖如下：

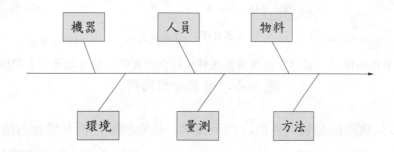

仍以中鋼公司黑眼圈發表資料為例：

⑷柏拉多圖

柏拉多圖係義大利經濟學家也是社會學家柏拉多 (Pareto, 1848～1923 年) 所創始，用以探討所得稅，他認為一國家的國民所得大部份均落在少數人手中，因此稽徵所得稅時只需針對少數高所得者。此種「重要的少數，不重要的多數」的原理被裘蘭博士大力推動而應用在品質管理上以釐清問題點中的重要原因，以便進行改善。

柏拉多圖的繪製，橫軸坐標係代表品質不良要項，縱軸左邊坐標則

魚骨圖分析:

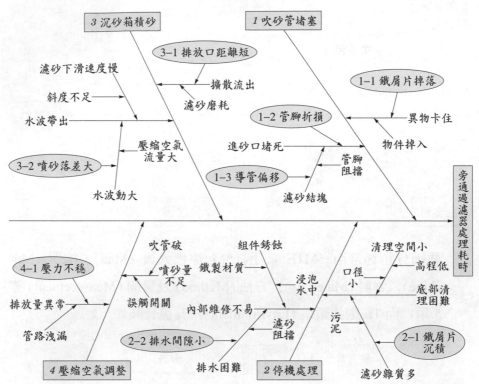

註: 主要因的圈選,係以旁通過濾器運轉紀錄表內資料,經層別分析查證所得。

圖8-1 要因分析圖例

表示實際的品質特性值,如不良率、缺點數等,而其縱軸右邊坐標則表示累積影響度,其值必為0～100%。仍以中鋼公司黑眼圈為例:

(5)管制圖

管制圖係監控製程品質極有效的工具,已於第6章中詳細介紹,於此不再贅述。

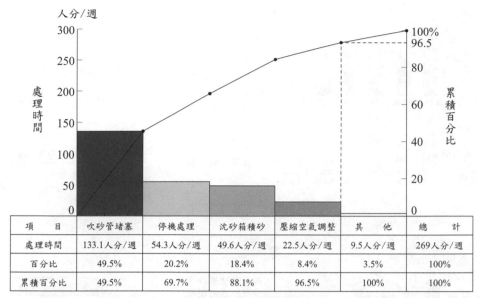

項　　目	吹砂管堵塞	停機處理	沈砂箱積砂	壓縮空氣調整	其　　他	總　　計
處理時間	133.1人分/週	54.3人分/週	49.6人分/週	22.5人分/週	9.5人分/週	269人分/週
百分比	49.5%	20.2%	18.4%	8.4%	3.5%	100%
累積百分比	49.5%	69.7%	88.1%	96.5%	100%	100%

表 8-2　稼動率資料

(6)散佈圖

散佈圖係於二度空間中描繪兩變量 (x, y) 之圖形，用以顯示此兩變量間的關係。一般而言，兩變量間的關係有正相關、負相關及無相關等三類，其示意圖如下：

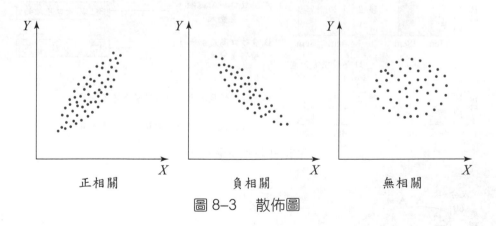

正相關　　　　　　　負相關　　　　　　　無相關

圖 8-3　散佈圖

(7)層別法

層別法係將問題發生的原因分門別類，以便釐清其真正原因，吾人可從原材料、機器設備、人員、方法及時間上來加以層別。

例：仍以中鋼公司黑眼圈為例，其要因層別分析如下：

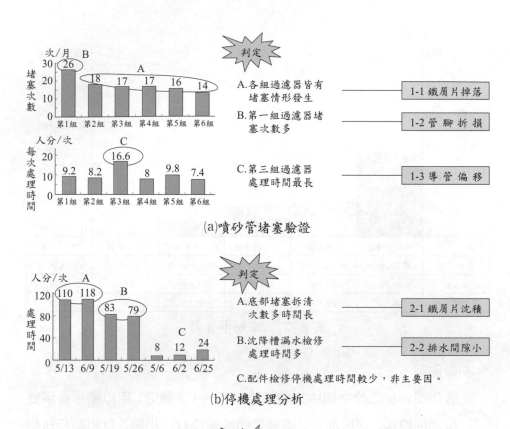

(a)噴砂管堵塞驗證

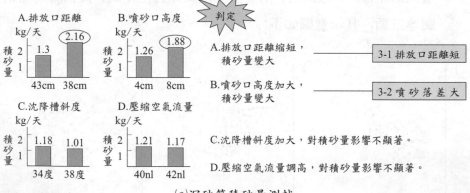

(b)停機處理分析

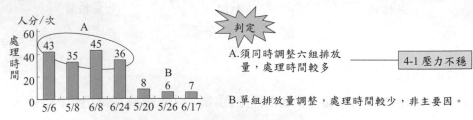

(c)沉砂箱積砂量測試

(d)壓縮空氣調整分析

8-2　新品質管理七大手法

1.親和圖

吾人透過腦力激盪所產生的大量語言資料,就其自然關係而分組並冠上主題以凸顯其意義稱之。

範例 8-2

吾人於構建公司願景時，可由公司高級主管腦力激盪而將構成願景的元素一一寫出，列成如下之卡片，然後將其歸納成四類，每一類再冠上類主標題，如本例之經營層領導、衡量、顧客支持及夥伴等四類，其結果如下：

經營層領導	衡量	顧客支持	夥伴
顧客最不滿意事項在經營會議中檢討改進	問題一旦解決不再復發	每位員工體認對顧客的責任	顧客需求熟知
經營層推動訓練計畫	顧客需求反映在日常管理評價中	問題迅速解決	每個人的目標均超越顧客需求
經營層在會議中檢討顧客滿意的績效	使用共通的顧客滿意衡量指標	顧客溝通及時為之	顧客熱愛我們的產品
			公司被公認為最高級的供應商

2.關連圖

係由問題的核心孕育出一系列的資料，然後依照其間相互關係串連而成的圖形，而以箭線來表示其投入與產出的關係。

範例 8-3

茲以同學學習成效不佳為例，以關連圖列出其部份原因如下：

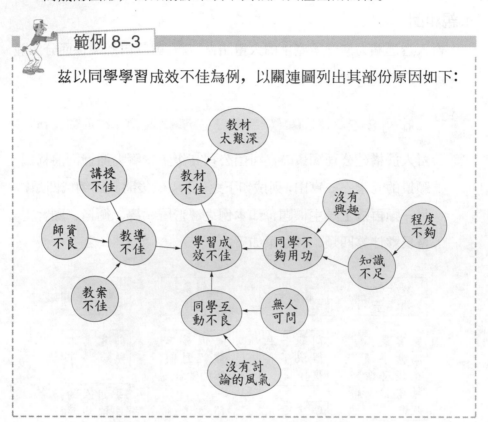

3.系統圖

為達成某項目標或解決一問題點，系統化的展開其全程作業或一系列的影響因素，而以樹枝圖的形狀表達之。

範例 8-4

以 89 年全國團結圈活動競賽發表中聯華電子公司登峰小組為例，其真因驗證係以系統圖展開之如下：

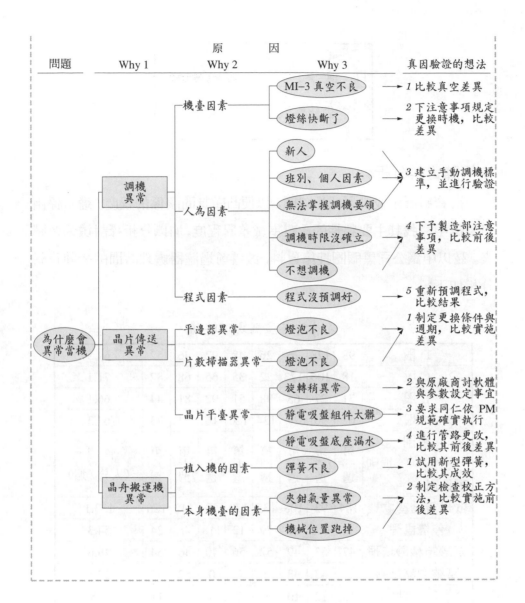

4. 矩陣圖

針對一問題，可能有眾多的作業、機能或品質特性，以矩陣的形式表達其間相互關係稱之。

例如有些目標需待完成，吾人必須展開其實踐的方法，即可以下示矩陣圖表之：

目　標　＼　方　法	如何做
做什麼	關係

5.矩陣資料分析

　　將資料展示並排列成矩陣圖，以便凸顯其間關係的程度。通常係由對象群中尋找其主要特性的貢獻率或差異程度，加以分析探討或繪製圖表。茲以中鋼公司黑眼圈搜集資料，改善前過濾器處理時間的矩陣資料分析如下：

改善前過濾器處理時間

	第一週	第二週	第三週	第四週	第五週	第六週	第七週	第八週	
D 股	98	128	26	26	48	92	46	52	64.5
C 股	18	106	173	22	35	65	68	82	71.1
B 股	71	27	65	98	51	92	81	44	66.1
A 股	62	50	29	134	120	16	54	73	67.3
股別　＼　週別　項目別	第一週	第二週	第三週	第四週	第五週	第六週	第七週	第八週	平　均（人分／週）
吹砂管堵塞處理	184	93	108	135	179	98	142	126	133.1
停機處理	8	110	83	79	12	118	0	24	54.3
沉砂箱積砂清理	47	53	49	52	56	40	46	54	49.6
壓縮空氣調整	0	43	43	6	0	0	52	36	22.5
其　他	10	12	10	8	7	9	9	11	9.5
合　計	249	311	293	280	254	265	249	251	269.0

6.過程決策計畫圖 (PDPC)

　　從問題的陳述、說明、分析以至解決為止的整體過程，用圖形顯示其可能發生的每件事情，以便規劃和控制。

範例 8-5

將公司重要計畫以 PDPC 表示如下：

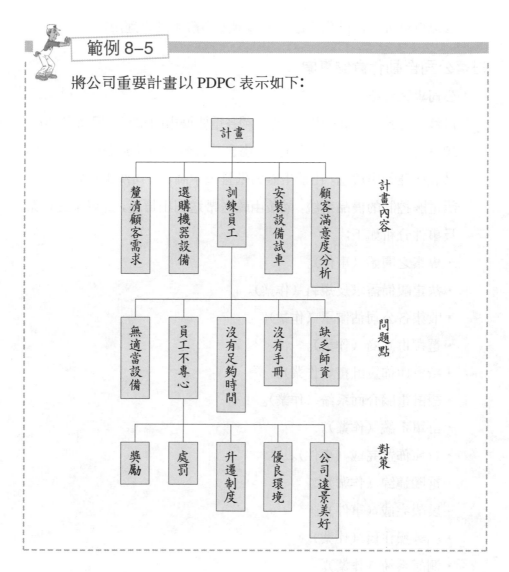

7. 箭頭圖

以箭線及結點來繪製某項問題或計畫的整體過程,同時標示其所需資源以作為規劃、執行和管制之用。其符號及意義如下：

符號名稱	意　義
○　（結點）	作業開始或結束的狀態
──→　（箭線）	需時間來完成的作業
---→　（虛業）	不需要時間的作業

　　茲以丹菁公司自動化倉儲專案為例說明箭頭圖之運用:

丹菁公司自動化倉儲專案

⑴公司專案介紹

　　丹菁公司係一連鎖商店、透過全國各重要城市的超級市場銷售 40～
50 種產品，目前的作業方式係由倉管員分配訂單給各備品人員備
品並搬運到出貨區。由於生產力低且成本高，公司決策當局決定裝
設電腦控制的備品系統，然後由輸送帶送到出貨區，此專案之作業
及事件分析如下:

・專案之開始（事件）。

・決定設備需求及規範（作業）。

・收集各公司估價單（作業）。

・選擇供應商（作業）。

・新倉庫佈置計畫（作業）。

・設計電腦介面系統（作業）。

・訂單系統（作業）。

・倉庫佈置完成（事件）。

・電腦連線（作業）。

・裝設完成（事件）。

・訓練操作員（作業）。

・測試系統（作業）。

・自動倉儲系統完成（事件）。

⑵網路圖繪製

　　茲將上述自動倉儲系統的作業與事件及其優先順序列如下表:

作業代號	作 業	先行作業
A	決定設備需求及規範	–
B	收集各供應商估價單	–
C	選擇供應商	A, B
D	訂單系統	C
E	新倉庫佈置計畫	C
F	佈置倉庫	E
G	電腦介面計畫	C
H	裝設電腦介面	D, F, G
I	裝設系統	D, F
J	訓練操作員	H
K	測試系統	I, J

繪製網路圖如下：

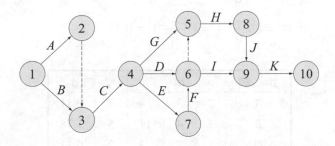

(3)作業時間估計

在許多情況下，作業時間可以相當正確地估計，例如機器設備之維護或模具之修理，此等作業時間之變化很小，吾人稱之為一時估計。有些作業時間相當不穩定，吾人無法正確地估計，通常假設其為Beta 分配，而以三個時間估計值來表示其作業時間，吾人稱之為三時估計法，其三項時間估計值為

①樂觀時間，以 a 表之，即在最佳的操作條件下所需時間，其時間最短。

②悲觀時間，以 b 表之，即在最惡劣的環境下所需的作業時間，其時間為最長。

③最常發生時間，以 m 表之，即最可能發生的作業時間。

由 Beta 分配之原理可知其平均時間 t_e 及變異數 σ^2 為

$$t_e = \frac{a + 4m + b}{6}$$
$$\sigma^2 = (\frac{b-a}{6})^2$$

範例 8-6

假設丹菁公司自動倉儲系統之各作業時間之三時估計值如下表所示，吾人即可據以計算其作業之平均時間和變異數。

作業 A 為例以計算其作業之平均時間和變異數，其餘作業以此類推其結果如下表所示：

$$t = \frac{a + 4m + b}{6} = \frac{2 + 4(3) + 4}{6} = 3 \text{（週）}$$

$$\sigma^2 = (\frac{b-a}{6})^2 = (\frac{4-2}{6})^2 = 0.11$$

作　業	a	m	b	t_e	σ^2
A	2	3	4	3	0.11
B	3	4	11	5	1.78
C	1	2	3	2	0.11
D	4	5	12	6	1.78
E	3	5	7	5	0.44
F	2	3	4	3	0.11
G	2	3	10	4	1.78
H	2	3	4	3	0.11
I	2	3	10	4	1.78
J	1	2	3	2	0.11
K	1	2	3	2	0.11

(4)要徑之計算

要徑：從第一結點開始到最後一個結點之間所經過的所有路線之中

時間最長的一條路徑稱之，其各作業時間之和即為整個專案計畫之工期。

最早開始時刻 (ES) = 某一作業之最早開始時間

最早完成時刻 (EF) = 某一作業之最早完成時間

t = 某一作業之平均作業時間

$$EF = ES + t$$

一作業之最早開始時刻係進入此作業之起始結點所有作業中最早完成時間之最大時間值。

最遲開始時刻 (LS) = 某一作業之最遲開始時間

最遲完成時刻 (LF) = 某一作業之最遲完成時間

$$LS = LF - t$$

進入一結點中某一作業之最遲完成時刻係所有離開此結點作業最遲開始時刻之最小值。

欲求各作業之最早時刻，通常採用前推法，而求最遲時刻則採用後推法。

茲以丹菁公司自動倉儲為例，分別計算其最早時刻（開始及完成時刻）及最遲時刻（開始及完成時刻）如下：

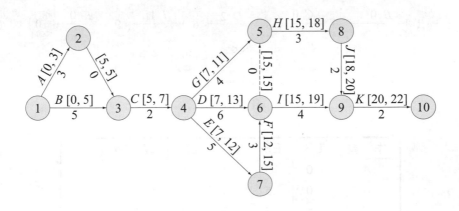

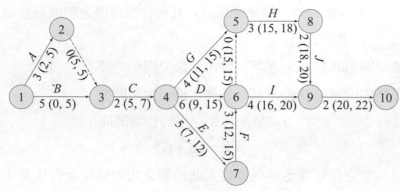

註：圖 [a, b]，a 表最早開始時刻，b 表最早完成時刻

　　圖 (c, d)，c 表最遲開始時刻，d 表最遲完成時刻

寬裕時間 ＝ 在不影響整個專案計畫之完成工期下，一作業可延遲之時
　　　　　間稱之

$$\text{寬裕時間} = LS - Es = LF - EF$$

作業 A：寬裕時間 ＝ LS − ES ＝ 2 − 0 ＝ 2（週），其他作業可類推如下圖
之結果。

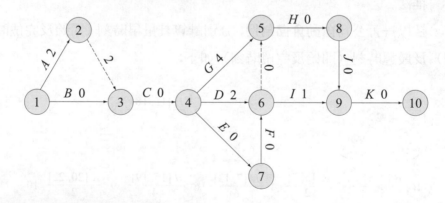

作　業	ES	EF	LS	LF	寬　裕	CP
A	0	3	2	5	2	
B	0	5	0	5	0	是
C	5	7	5	7	0	是
D	7	13	9	15	2	
E	7	12	7	12	0	是
F	15	12	12	15	0	是

G	7	11	11	15	4	
H	15	18	15	18	0	是
I	15	19	16	20	1	
J	18	20	18	20	0	是
K	20	22	20	22	0	是

要徑 (CP) = 係指所有寬裕時間為零之各作業所構成之路徑

$$CP: B \rightarrow C \rightarrow E \rightarrow F \rightarrow (6, 5) \rightarrow H \rightarrow J \rightarrow K$$

設一專案之工期為 T，則

$$T = t_B + t_C + t_E + t_F + t_H + t_J + t_K$$

$$= 5 + 2 + 5 + 3 + 3 + 2 + 2 = 22（週）$$

$$\sigma^2 = \sigma_B^2 + \sigma_C^2 + \sigma_E^2 + \sigma_F^2 + \sigma_H^2 + \sigma_J^2 + \sigma_K^2$$

$$= 1.78 + 0.11 + 0.44 + 0.11 + 0.11 + 0.11 + 0.11$$

$$= 2.77$$

$$\Rightarrow \sigma = \sqrt{2.77} = 1.66$$

一專案工期為常態分配，故可依此求得該專案在 25 週（假設）完成之機率：

$$Z = \frac{25 - 22}{1.66} = 1.81$$

由常態分配（附表 1–2）可求得其機率為 0.9649。

　(5)縮短工期之方法

　　當一專案計畫排定時間表之後,管理當局可能發現不符合我們的需求, 吾人即可增加某些作業的資源以減少其作業時間, 也因而減少整個工期。所謂增加資源, 例如僱用更多的工人, 增購機器設備或加班等等, 反之, 為了降低成本, 亦可以延長工期來達成, 此即為時間與成本互易的決策問題。

　　茲以丹菁公司自動倉儲專案中作業 F 之細部計畫為例, 作業 F 為倉儲佈置, 包含運送庫存至暫存區, 調整現有倉架、變更辦公室位置、油漆走道、標示安全符號等等, 其網路圖如下：

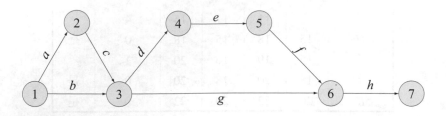

假設其成本資料如下：

作業	正常時間 T_n（天）	趕工時間 T_c（天）	正常成本 C_n（元）	趕工成本 C_c（元）	最大趕工天數	單位成本
a	3	1	500	800	2	150
b	6	3	800	950	3	50
c	2	1	900	1,100	1	200
d	5	3	500	800	2	150
e	4	3	400	500	1	100
f	3	*(3)	600	–	–	–
g	9	5	1,000	1,320	4	80
h	3	*(3)	300	–	–	–

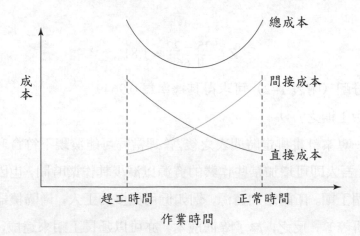

$$總寬裕時間 = TS_{ij} = LS_{ij} - ES_i = LF_j - EF_{ij}$$

$$自由寬裕時間 = FS_{ij} = ES_j - ES_i - D_{ij}$$

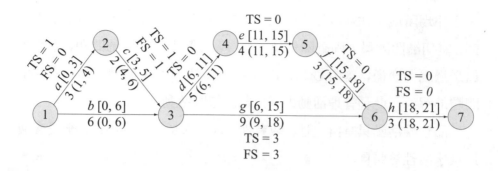

$$CP: b \rightarrow d \rightarrow e \rightarrow f \rightarrow h$$

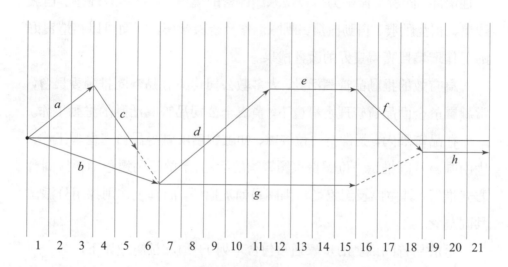

假設其間接成本每天為 110 元

b：縮短一天，使得 FS = 0，節省 60 元

e：縮短一天，節省 10 元

總成本 = 500 + 800 + 900 + 500 + 400 + 600

　　　　+1,000 + 300 + 50 + 100 + 110−19 = 7,240

合計節省 70 元

🖱8-3　品管圈活動

品管圈 (QCC) 活動係由日本石川馨博士彙總而創立的活動，由同

一工作場所或工作性質相近的工作人員 3 至 10 人組成一小組稱之為圈，其組織除圈員外尚有圈長及輔導員，針對工作現場的問題，全體圈員透過腦力激盪，應用 QC 及 IE 手法，轉動 PDCA 循環，共同來完成問題的解決，此種管理活動即稱之為品管圈活動。

品管圈活動具有自主性、教育性、實事求是、團隊協作、全員參與以及永續性等特色。

品管圈活動的精神在於尊重人性、建立明朗愉快的工作環境、發揮人性潛能、開發無限腦力以達成永續改善的境界。其基本原理在於自我啟發、相互啟發、自動自發、團隊協作及全員參與，因而可以締造良好的工作環境且獲得良好的改善成果。

為有效的推動品管圈活動，大多數公司均設立品管圈推動委員會，常隸屬於全面品質管理委員會下，負責全公司品管圈活動的推動工作。

在品管圈內，通常有一位經驗、知識豐富的輔導員負責督導工作，也由圈員共同推選一位圈長來領導圈的活動，至於活動過程中係以圈會方式進行，其主席及記錄通常由圈員輪流擔任，而其工作則採用分派或共同為之。

至於品管圈活動的步驟通常包含下列 11 項，茲簡述如下：

⑴組圈及登記

為執行品管圈活動，由工作性質相近或同一工作單位的人員 3 ～ 10 人組圈，選圈長、取圈名並向公司推行委員會登記，才開始正式活動。

⑵選定主題

針對本期活動必須選定活動主題，一般而言，就圈員周圍或工作範圍內發生的問題由全體圈員來共同評價，以決定那一主題最佳。

⑶把握現狀

其次，針對問題點的現況充份探討以了解實際狀況，並思考其改善空間以設定其活動目標。

⑷活動計畫

　　然後擬定其活動計畫書，以作為活動追蹤和控制之用，通常以甘特圖來表達其活動計畫。

⑸要因分析

　　品管圈活動的目的在於解決問題，因此必須針對問題點的原因深入探討，通常透過全員的腦力激盪，以要因分析圖、柏拉多圖等加以分析，俾原因能水落石出，明朗化。

⑹研擬對策

　　利用上述的要因分析，充分且明白的了解其發生原因，然後針對此等要因籌思解決或改善對策，並評價之以選定最佳對策來實施。

⑺實施並檢討對策

　　針對選定的最佳對策加以計畫實施並檢討，以了解對策中的缺點以謀求改進。

⑻確認效果

　　對策實施後必須確認其成果，通常從有形成果及無形成果兩方面來討論，而以統計圖如推移圖、柏拉多圖或雷達圖來表達之。

⑼標準化

　　對策既有良好的成效，必須標準化以推廣其實施面，可以公司ISO 9000 的標準化程序來表達且強調愚巧化。

⑽未來計畫

　　品管圈活動的精神特別強調持續性，必須一期一期的活動下去，因此本期活動一結束必須馬上提出下一期的活動計畫，以使其生生不息。

⑾發表、交流和獎勵

　　本期活動既有良好的成果，理應發表作為他圈的表率，同時進行與別家公司的交流，以便相互觀摩，以提升其活動能力和水準，同時，公司當局也應給予獎勵和表揚，以激勵其成果及活動的衝勁。

8-4　無缺點運動

無缺點運動是由美國馬丁公司奧多分公司所創設的，該公司於1961 年底承製潘興飛彈，同意二個月交貨，但到了 1962 年 1 月初，由於軍事上的需要，要求提前二週送交雪耳堡，且希望在 24 小時內完成裝置而可發射。

為了如期交貨，只好縮短「重製」、「重驗」及「重複設計」等作業，檢討過去經驗，上述問題的發生大多數源自人員的疏忽和錯誤，因此運用激勵和理念灌輸來提升員工的責任感和榮譽心，激發其工作潛能，以避免錯誤的發生。結果，成效相當良好，不僅提前二週交貨，且於送達雪耳堡後二十三小時又卅分鐘內安裝完成，達到百分之百的完美，沒有任何缺點的境界，故稱之為無缺點運動。

無缺點運動的基本理念係引用麥格雷葛的 Y 理論，尊重人性且相互信任和尊重，不僅可達成無缺點的工作品質、減少浪費，提升品質和降低成本，而且可以激發員工創造的風氣，發揮潛能並提升工作的知能。

8-5　提案制度

公司為鼓勵員工提出優良創意以改善公司營運及其績效，遂推出提案改善制度，因成效良好，推行至今，已有二、三十年歷史。近十年來更與團結圈活動 (QCC) 結合，即將團結圈活動過程的結果以提案改善方式呈現，一方面可快速獲得獎勵，另一方面則立即付諸實施，獲取改善的成果。

提案制度必須包含計畫、組織、推行程序及獎勵辦法等內容。提案制度的組織通常採用委員會，有評審委員會及推動委員會，前者負責提案獎勵之審查及其政策事宜。後者則負責提案之推動，因提案制度必須落實到公司全員，讓人人發揮思考，產生更多的創意，因此，必須讓活

動具有活力、熱絡，同時因涉及人人提案，有些人有極良好的創意，但苦於文筆不流暢，無法善加表達，必須找人協助，凡此等等均為推動委員會的責任。另外如能設置委員會的事務單位更佳，日本人常稱為事務局，係一常設專職單位，負責有關提案事務的聯繫協調、年度計畫及績效之評估和報告等事宜，因上述之評審委員會及推動委員會中之委員均為兼職，而且都是公司各階層的主管，無法處理一些計畫性和例行性的作業，因此，事務局就扮演著提案制度成敗的重要角色。

提案制度通常會鼓勵某些議題之提案，如提高生產力和降低成本，另一方面會限制某些議題之提案，如人身攻擊，或盜用前人提案。同時亦規範提案的流程及一些佐證文件。當然還有一些推動時的誘因和辦法以刺激提案之源源不絕的產生。

事實上，提案制度推行的熱絡與否，與其獎勵制度有極大的影響，古人云：「重賞之下，必有勇夫」乃是至理名言。

提案制度的獎勵通常可分為二類，其一為創意評審所獲得的獎勵，常分成董事長獎、總經理獎、一等、二等、……等等十來個獎，最後可能還有參加獎，以鼓勵多多提案，尤其在提案制度推行之初。另一類則為實踐獎，即將優秀的提案，更深入分析和探討，將之付諸實施，而將其實施所帶來的公司效益或節省，分享給提案的員工，通常係以提案實施一年帶給公司成果的 5% 左右為獎金。

為有效推動提案制度，其績效指標及其目標之訂定極為重要。其指標如部門或單位提案件數、提案者率、提案獲獎率，以及提案帶給公司的效益等等均為常用之指標。至於其目標，則視公司水準、人員程度和公司規模而定，國際知名大公司，如日本豐田汽車公司，每年全公司的提案件數常達數百萬件，甚至高達千萬件以上。對公司的改善效益，當然相當可觀。

8–6　免檢入庫

全面品質管理的重要理念係建立中衛體系雙贏的合夥關係,即強化協力廠商的品質管理能力, 保證其所產製的產品, 塑造中心工廠有絕對的信心在不檢驗的情況下採用其產品, 以達成進料免檢的境界。

但免檢料件的核定, 有其一定的程序和標準, 茲將其規範及原則條列如下:

(1)協力廠有完備品質管理系統。

(2)協力廠有自主管理、自我稽核及改善的能力。

(3)協力廠的品質評價, 有其一定的指標和水準, 例如達成 5σ 以上的製程能力。

(4)針對已實施免檢的料件, 必須定期抽驗, 且建立一套完整的判定基準, 以決定何時免檢、條件免檢、暫停免檢或取消免檢。

(5)免檢料件上線後, 需經嚴苛的考核。

(6)公司關鍵零組件的免檢, 需謹慎為之, 可以不列入其實施範圍。

8–7　5S 及 TPM 活動

為了提升品質, 達成自主管理的能力, 首應養成良好的工作習慣, 因此, 日本人就推出 5S 活動, 即整理、整頓、清掃、清潔及修身等 5S。

推動 5S 活動, 確實達成後, 具有下列效益:

(1)營業額提升

5S 為一良好的推銷員, 明亮乾淨工作環境, 一方面留住優秀的員工, 另一方面贏得顧客的讚譽, 吸引顧客, 顧客也會樂意且安心使用你們的產品。

(2)節省成本, 減少浪費

透過 5S 活動, 工廠中的耗材、工具、潤滑油及作業時間, 乃至任

何事物，均可漸漸節約、降低成本。

(3)5S乃時間和安全的守護神

透過 5S 活動，時時檢視流程、作業及其進度，必能達成守時、準時且安全的境界。

(4)愉快且效率化的作業員

5S 極強調標準化的遵行，又有明亮清新的環境，其品質之穩定及工作效率必定不斷的提升。

5S 活動的意義及做法如下：

1.整　理

經過適當的安排，以合理的標準，將物品分為必需的及非必需的。確實不必要的物品，如用過的手套、廢布、砂紙、皮帶、銑頭等等予以丟棄。

2.整　頓

將必要的物品作適當的分類和安排，並加以明顯的標示，以便利運用和歸位。

3.清　掃

清掃係將工作場所內的灰塵、油污，清除乾淨，以維持環境的清潔。必須透過日常時時天天的清掃，以確實維持環境的清潔。

4.清　潔

清潔必須依賴整理、整頓、清掃三項工作的徹底實施，必須持之以恆，絕不半途而廢。

5.修　身

修身的目的在於養成良好的習慣，透過修心養性，塑造良好的生活和工作習慣。

5S 活動之後，有明亮清潔的良好工作環境，使人員盡其所能的發

揮其工作潛能，效率自然提升，但為了使人員善用設備以發揮全面生產力，因此，日本人從「全面生產力維護」(Total productive Maintenance) 走向「全面生產力管理」(Total Productive Management，簡稱為 TPM 活動)，達成下列的內涵和特色：

⑴將設備總合效率發揮至最高境界，並以此為目標，持之以恆。

⑵建立以設備壽命週期為經緯的生產保養體系。

⑶從生產和保全部門開始活動，逐漸展開至研發、營業及管理等部門。

⑷全員參與，從最高階層到第一線作業人員。

⑸透過團結圈 (QCC) 的自主活動來推展 PM 活動。

TPM 活動係在全員參與及 5S 活動的基礎上展開 8 大支柱的活動，8 大支柱係指個別改善、自主保全、計畫保全、品質保全、設備開發管理、教育訓練、間接部門及安全衛生等 8 大部來展開和活動。茲將 TPM 的 8 大支柱簡述如下：

⑴個別改善活動

係改善阻礙生產力提升之問題，以專案改善方式進行，提升生產效率，通常將問題點依其重要度而區分為 A, B, C 三級而推動小組改善活動。

⑵自主保全活動

用以培育設備操作人員日常保養的能力，達成「自己的設備，自己維護」的基本原則，透過「初期清掃」、「發生源、困難處所對策」、「制定清掃、注油基準」、「總點檢」、「自主點檢」、「工程品質保證」及「自主管理之徹底」等七階段來實施設備自主保全，使設備始終保持原貌。

⑶計畫保全活動

為降低設備故障件數及維修費用，確保設備之運轉效率，透過「定期保全」、「改良保全」及「事後保全」等之計畫保全活動。此外，為協助上述 3 項保全的落實，也實施備品管理，支援自主保全及保全資訊管理等工作。

⑷品質保全活動

提升並維持產品達成 100% 優良品質，即以零缺點為目標，進行不良發生之防患未然的措施，通常包含下列 7 步驟：

①現狀把握。

②每日不良對策。

③慢性不良要因分析。

④慢性不良要因排除。

⑤良品生產條件設定。

⑥良品生產條件管理。

⑦良品生產條件維持與改善。

(5a) 設備開發管理活動

為充份發揮設備之生產力， 增長設備使用壽命並追求設備生命週期之經濟效益，透過設備開發管理活動，以健全設備之源流管理，縮短設備開發期間，量試階段設備總合效率達成滿意目標。

(5b) 製品開發管理活動

強化製品競爭力，縮短開發週期，並進而降低製品成本，透過製品開發管理活動以達成開發週期短、成本低且交貨準時之目標，著重於跨部門的管理運作。

⑹操作及保全技能教育訓練

任何制度之有效營運端賴人員能力之提升和態度之改變，因此，操作人員、保全人員對於設備之維修和保全技術極為重要，因此須透過各種教育訓練以提升其技術能力。

⑺間接部門效率化活動

為創造清爽有序的工作環境，以提升間接部門的工作效率和辦事品質，也應推動效率化活動，從事自主保全、個別改善及教育訓練等活動。

⑻安全衛生與環境管理活動

為達成「零災害、零公害」的目標，針對設備、製程之災害預防活

動，並進而透過危險預知和防患活動，達成 100% 安全和衛生。

為展開上述 TPM 八大支柱，日本設備維護協會 (JIPM) 建議採行下列四階段十二步驟，達成有效的 TPM 活動：

1.導入準備階段（步驟 1 ～ 5）

步驟 1: 經營階層的 TPM 導入決意宣言（期間約 30 日）

TPM 推動之成敗，公司經營階層之決心與熱忱佔有極大之關係，經營階層必須瞭解實施 TPM 必須投入大量之人力、物力，但效果往往是投入的 3～10 倍。最高管理階層係指董事長、總經理、所長、廠長等，應能從現場理解並確認 TPM 的成果後，再下決定導入 TPM。

步驟 2: TPM 導入教育與宣傳活動

為了實施 TPM，必須讓公司內相關人員瞭解自己的角色，此時，教育訓練是有必要的，一般之訓練可依階層別分為: 經營幹部課程、實戰管理者課程、講師培訓課程、現場領導幹部課程。

步驟 3: TPM 推動組織與建立職務上之示範

一般而言，推行 TPM 活動組織，大部份採取重複小集團組織，係以第一線作業人員組成一個 TPM 小組，其小組領導者是推動委員會的委員，而組織推動委員會的領導者是課推動委員會的會員，依此模式互為重疊，組織成一個 TPM 推動委員會。透過此種重複小集團活動，使基層人員的意見、看法可以反映至最高階層，而最高階層的政策、方針亦可落實至基層。

步驟 4: TPM 基本方針及目標設定

TPM 並不是企業之目標，而是達成企業方針及目標之手段，所以設定企業之方針或目標時，可規定以實施 TPM 為達成方針或目標的手段，如此可凸顯其地位。目標值的設定，可由生產力、品質、成本、庫存、交期、安全性、士氣中找出企業最迫切需要改善的項目而訂定。

步驟 5: 製作 TPM 展開主計畫

從 TPM 之導入階段到落實階段為止之進度計畫表稱之。針對各項

活動列出細項，標示每一項開始時間及完成時間，計畫表作成之順序，並制定全公司之主計畫表，各部門依主計畫表擬訂部門計畫表，各課、組再依所屬計畫架構作成細部實施計畫。

2.導入開始階段（步驟 6）

正式導入即全面展開，應儘量集合所有的從業人員，舉行「TPM 全面展開 (Kick Off) 大會」或「TPM 全面展開儀式」。

3.導入實施階段（步驟 7～11）

此階段的主要活動即所謂 TPM 的八支主柱。

步驟 7：建立生產部門效率化體制

步驟 7.1：個別改善活動

為 TPM 導入實施階段之首，是為了完成 TPM 目標非常重要的工具，應於開始實施大會之前，在組織內各課、組、生產線工程設備上，確實掌握有關設備、原物料、人員等之 16 大損失項目，分析找出問題癥結點，並選定示範設備或生產線，由管理職組成示範小組，並訂定改善主題進行之，於實施改善完成其確認效果後，製作暫定標準化程序書，再進行水平展開。

步驟 7.2：推行自主保養活動

所謂自主保養，係指每一位操作者，能以「自己的設備自己來維護」為目標，且對於異常現象能提早發現，並加以處理使之復原。主要依照自主保養七大步驟，建立各小集團的自主保養活動體制。

步驟 7.3：計畫保養的推行

計畫保養的目的，是由改善設備的信賴性、保養性與經濟性等活動的組合來維持設備的機能，使設備隨時保持在最佳狀態下稼動。計畫保養已由過去的 TBM (Time Base Maintenance) 變成 CBM (Condition Base Maintenance)，使達成零故障的境界，延長設備壽命。

步驟 7.4：操作、保養技能提升訓練

教育訓練之目的在使公司每位成員對自己業務能專業化，並不斷提

升專業與管理技術，對於工作場所周遭環境隨時保持警覺，不斷地發現問題，改善問題，營造活性化的工作場所，貫徹公司的方針及目標。除要設置技能訓練中心，以求技術、技能不斷的提升之外，對國家或各專業機構證照資格的取得，尤其是機械保養技術士，更應給予獎勵。

步驟 8：建立新產品、新設備的初期管理體制

針對現有設備的個別改善、自主保養、計畫保養等活動所衍生的設備改善，作業改善，發生源和困難部位對策，改良保養等改善資料要回饋到新產品、新設備的開發階段，以期開發容易製造的產品和容易製作的設備。

步驟 9：建立品質保養體制

設定不發生不良品的設備條件，然後維持且管理這些條件，達到零不良，稱為「品質保養」。可依品質保養七步驟逐步展開。

步驟 10：建立管理間接部門效率化體制

事務間接部門在 TPM 活動中，其主要定義在於如何提供給顧客或生產現場迅速適切的服務，並能培育出有事務處理能力的人及明朗亮麗的工作職場。目的在提高支援生產及自己部門的效率化與事務的效率化。

步驟 11：建立安全、衛生與環境的管理體制

TPM 是以零災害、零公害為必要條件，因此必需以安全第一與零災害為設定目標，且能具體落實達成。首先需徹底實施 5S，使不安全的部位顯現出來，此外，加強教育訓練與士氣，以培養具有安全知識的人員，並有正確的災害防止行動對策。為了有效推展「零災害、零公害」活動，應活用以下推行工具：KYK（危險預知活動），活動看板，單項重點教材 (One-Point-Lessons)、步驟診斷。

4. 落實階段（步驟 12）：TPM 完全實施與水準之提升

到達此階段，公司在推行 TPM 已有些成果，已接近 TPM 獎的評審，但仍有幾點應加以注意：

⑴徹底遵行 TPM 相關標準書之規定，並定期記錄成果及活動資料。

⑵由經營階層至現場第一線工作人員，從生產部門至每一個間接部門，皆須參與活動。

⑶推動事務局應定期至各部門做稽核，並將缺失提出檢討，限期改善。

⑷利用 PDCA 管理循環提高公司 TPM 之水準。

習　題

1 何謂品質管理七大手法？試列出其七大手法。

2 何謂品質管理新七大手法？試列出其七大手法。

3 試以系統圖分析您追求結婚對象的構想。

4 何謂品管圈活動？試述其推動的步驟。

5 何謂無缺點運動？

6 何謂提案制度？

7 何謂免檢制度？並說明免檢入庫的條件。

8 何謂 5S 活動？

9 何謂 TPM 活動？試述其 8 大支柱。

第9章

田口式品質工程

9-1　概　論

　　日本品管專家田口玄一博士於 1948 年進入日本電話電報公司服務，即從事於品質設計和品質改善的工作，由於其努力和智慧而創造和應用了相當多的品質技術，可從事於品質設計、品質改善的工作，而大大提升產品品質，這些品質技術所組合而成者通稱為田口方法或田口式品質工程。

　　田口博士的基本理念係將品管劃分為線上品管及線外品管，而此二項管制作業的良窳則以品質損失函數來衡量和判定。所謂線上品管係用於管制製程及其產品品質的方法，從製程條件的診斷，產品品質的預知到產品品質的衡量和管制，均在調整、修正及良好的處置下執行，且在預知預防的監控下達成優良的品質。所謂線外品管則係利用實驗設計來探討系統設計、參數設計及公差設計，以提升品質、降低成本。其品質工程的架構如下圖所示：

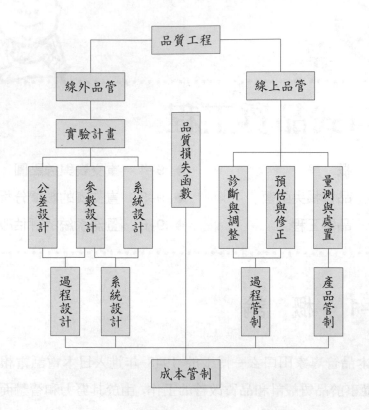

9-2 品質損失函數

田口博士的品質理念係以「品質係產品出廠後帶給社會的損失」為其品質意義，其損失可詮釋為使用成本、維護保養成本及對環境的傷害或污染，而其界定品質的良窳則以品質損失函數來衡量和判斷。

茲以望目品質特性為例，說明田口博士的品質損失函數，設 y 表示品質特性的實際值，而 m 為品質特性的目標值，則其品質損失函數 $L(y)$ 為

$$L(y) = k(y - m)^2$$

式中 k 為常數。由式中可知其品質損失係與偏離目標值的平方成正比，其圖示如下：

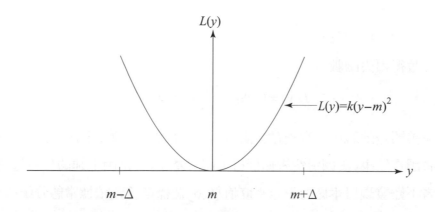

圖中 $m+\Delta$ 表示產品特性之規格上限，而 $m-\Delta$ 則為其規格下限。茲以田口博士最有名的電視機彩色密度為例，以說明品質損失函數的意義和計算。

日本 SONY 公司的彩色電視機，其設計及零組件製造均於日本執行，而其裝配作業則分由二家工廠來生產，其一設於日本，稱之為日本廠，另一則設於美國聖地牙哥，稱之為美國廠，其特性彩色密度之規格目標值為 m，其規格為 $m\pm\Delta=m\pm5$。

又當彩色密度不符合規格時，於製程可加以調整，其費用每臺為 2 元。

由上述資料，可知其 $k=\dfrac{A}{\Delta^2}=\dfrac{2}{5^2}=0.08$

故得品質損失函數

$L(y)=k(y-m)^2=0.08(y-m)^2=0.08[S^2+(y-m)^2]$，$S^2$ 係樣本變異數

⑴日本廠的彩色密度現況

由製程中彩色密度資料顯示其為常態分配

$$\mu=m=\bar{y},\qquad S^2=(\frac{10}{6})^2$$

故得損失函數

$$L(y)=0.08[(\frac{10}{6})^2+0]=0.222$$

⑵美國廠的彩色密度現況

製程中彩色密度資料顯示其為均勻分配

$$\mu = m = \bar{y}, \qquad S^2 = (\frac{10}{\sqrt{12}})^2$$

故得損失函數

$$L(y) = 0.08[(\frac{10}{\sqrt{12}})^2] = 0.667$$

美國廠的彩色電視機在美銷售,而日本廠也外銷美國地區,根據消費者調查結果,美國消費者偏好日本廠的產品。可是由上述的分析過程,讀者不難發現日本廠的彩色密度值為 6 個標準差,依據常態分配的理論,其不良率為 0.27%。但美國廠的品質為均勻分配,正好在規格之內,因此,其為 0% 的不良率。若從不良率的觀點來分析,美國廠的產品應較日本廠為佳,但消費者調查結果恰正相反,無法解釋。但若利用田口博士的品質損失函數,可知日本廠者為 0.222 元,而美國廠則為 0.667 元,為日本廠的 3 倍,其結論則與消費者調查結果吻合,因此田口博士認為以品質損失函數來說明品質的好壞更符合消費者的需求或口味。

9-3 品質工程

田口博士認為品質管理包含技術品管、設計品管、製造品管及顧客品管等四大項,事實上,一公司產品的生產從技術研發、產品設計到產品製造,如能將品質控制良好,則顧客的品質當然令人滿意。因此,為提升此三層面的品質,田口博士透過實驗設計來從事系統設計、參數設計及公差設計。此三者即為田口式的品質工程,其核心技術則為實驗設計,而在實驗設計中,田口博士特別偏好直交表的應用。

9-4 直交表與線點圖

直交表係由行列所組成的矩陣表,以符號 $L_N(2^n)$ 表之。L 表示拉丁方格的英文字首,N 則表示列數,也是實驗的次數,2 則表示其因子的

水準數，常用若有 2 及 3 水準，n 表示其行數，即可排入一實驗設計中的因子數或自由度。例如 $L_8(2^7)$ 之直交表如下，顯示此直交表有 8 次實驗，可排入 2 水準的因子數為 7 個，其直交表如下：

行 列	1	2	3	4	5	6	7
1	1	1	1	1	1	1	1
2	1	1	1	2	2	2	2
3	1	2	2	1	1	2	2
4	1	2	2	2	2	1	1
5	2	1	2	1	2	1	2
6	2	1	2	2	1	2	1
7	2	2	1	1	2	2	1
8	2	2	1	2	1	1	2

利用直交表安排實驗設計時，若因子間沒有交互作用時，其配置相當簡單，只需將各因子隨機配置於直交表的各行上即可。

 範例 9–1

設一實驗含有 A, B, C, D, E, F 等六因子，其間無交互作用存在，則可配置於直交表 $L8$ 上如下：

行 列	A 1	B 2	C 3	D 4	E 5	F 6	e 7	實驗組合
1	1	1	1	1	1	1	1	$A_1B_1C_1D_1E_1F_1$
2	1	1	1	2	2	2	2	$A_1B_1C_1D_2E_2F_2$
3	1	2	2	1	1	2	2	$A_1B_2C_2D_1E_1F_2$
4	1	2	2	2	2	1	1	$A_1B_2C_2D_2E_2F_1$
5	2	1	2	1	2	1	2	$A_2B_1C_2D_1E_2F_1$
6	2	1	2	2	1	2	1	$A_2B_1C_2D_2E_1F_2$
7	2	2	1	1	2	2	1	$A_2B_2C_1D_1E_2F_2$
8	2	2	1	2	1	1	2	$A_2B_2C_1D_2E_1F_1$

其配置係將 $A, B, C, \cdots$ 等因子分別配置於第 1 行，第 2 行，$\cdots$，至第 6 行，第 7 行未配置因子，則保存作為誤差項 e。實驗組合則表示每次實驗的條件組合，如第 3 次實驗，係 A 為 1 水準，B 及 C 為 2 水準，D, E 為 1 水準，F 則為 2 水準的實驗，並將其實驗結果列出。

因子間若存有交互作用時，其配置方法可採用線點圖或交互作用配行表或成份法，茲將前兩者分別說明如下：

1.線點圖配置法

線點圖係由線及點所組成的圖形，其點及線均各表示一行，即可配置一因子。兩點代表兩行，其間連線即表示此兩行間的交互作用，交互作用以×表之，如 $A \times B$ 即表示因子 A 及因子 B 之交互作用。

 範例 9-2

直交表 $L8$ 之線點圖如下：

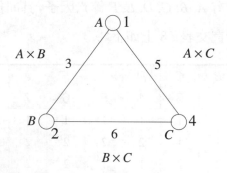

圖中所示，將 A 配置於點 1，B 配置於點 2，則線 3 為 A 與 B 間之交互作用；若 C 配置於點 4，則線 5 為 A 與 C 間之交互作用，線 6 則為 B 與 C 間之交互作用。

2.交互作用配行表配置法

直交表通常附有交互作用配行表，可用以配置交互作用，例如 $L8$ 直交表之交互作用配行表如下：

行 列	1	2	3	4	5	6	7
1	(1)	3	2	5	4	7	6
2		(2)	1	6	7	4	5
3			(3)	7	6	5	4
4				(4)	1	2	3
5					(5)	3	2
6						(6)	1
7							(7)

範例 9-3

由範例 9-2，若將 A 因子配置於第一行，B 因子配置於第二行，則由交互作用配行表可知 A 與 B 之交互作用落於第三行，又將 C 配置於第四行，則 A 與 C 之交互作用落於第五行，B 與 C 的交互作用則落於第六行。

9-5　直交表的數據分析

為求各生產條件的最佳水準，首先分析影響生產條件的重要因子，依其水準數將之配置於直交表上，如上節所述，然後依據直交表之配置而實驗，實驗時必須採行隨機化順序，並將結果數據記錄下來以進行分析。

實驗結果的分析通常有二種方法，其一為田口博士所用的回應表和回應圖，另一種方法係應用統計方法中的變異數分析，簡稱 ANOVA，茲以一例分別敘述於下：

範例 9-4

設有一實驗，需考量二水準的因子 A, B, C 以及交互作用 $A \times B$, $B \times C$，擬採用 $L8$ 直交表配置，其配置及實驗結果如下，其中數據愈大愈佳，即所謂的望大特性。

行 列	B 1	e 2	e 3	A 4	$A \times B$ 5	C 6	$B \times C$ 7	觀測值
1	1	1	1	1	1	1	1	16
2	1	1	1	2	2	2	2	12
3	1	2	2	1	1	2	2	21
4	1	2	2	2	2	1	1	18
5	2	1	2	1	2	1	2	20
6	2	1	2	2	1	2	1	25
7	2	2	1	1	2	2	1	15
8	2	2	1	2	1	1	2	13
								140

⑴變異數分析法

$$SS_A = \frac{(72 - 68)^2}{8} = 2.00, \quad SS_B = \frac{(67 - 73)^2}{8} = 4.50$$

$$SS_C = \frac{(67 - 73)^2}{8} = 4.50$$

$$SS_{A \times B} = \frac{(75 - 65)^2}{8} = 12.50, \quad SS_{B \times C} = \frac{(74 - 66)^2}{8} = 8.00$$

$$C_T = \frac{(140)^2}{8} = 2,450$$

$$S_T = 16^2 + 12^2 + \cdots + 13^2 - C_T = 2,584 - 2,450 = 134$$

$$SS_e = 134 - 2 - 4.5 - 4.5 - 12.5 - 8 = 102.5$$

故得變異數分析表如下：

因　子	SS	df	MS	F_0
A	2	1	2	0.039
B	4.5	1	4.5	0.088
C	4.5		4.5	0.088
$A \times B$	12.5	1	12.5	0.244
$B \times C$	8.0	1	8.0	0.156
e	102.5	2	51.25	
T	134			

　　由 F 值表查得 $F_2'(0.05) = 18.5$，顯示各因子及交互作用沒有顯著的影響。因此，也不必推定其最佳水準及其最佳製程均數。

(2)回應表及回應圖

$$A_1 = 72, A_2 = 68，差異分析 = \overline{A}_1 - \overline{A}_2 = 1$$

$$\overline{A}_1 = \frac{72}{4} = 18, \overline{A}_2 = \frac{68}{4} = 17$$

其回應表如下：

水準＼因子	A	B	C	$A \times B$	$B \times C$
1	18	16.75	16.75	18.75	18.5
2	17	18.25	18.25	16.25	16.5
差異分析	1	−1.5	−1.5	2.5	2.0

回應圖如下：

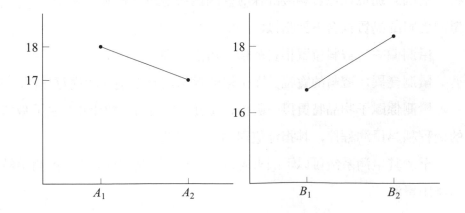

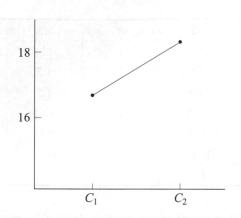

▱9-6 量測系統的評估改進

量測結果的資料係用以判定品質良窳的重要依據,因此,錯誤的量測資料帶來錯誤的判定,進而錯誤的決策或對策,對公司的損失比沒有資料、沒有判斷、沒有決策更可怕。因此量測系統對公司的品質管制極為重要,何況它又是改善的源頭,更是公司品質成長的動力。

量測資料可應用於:

(1)製程管制。

(2)進料管制或驗收。

(3)分析研究。

影響過程要因系統知識的提升可以提升改善的能力,例如以迴歸分析探討因果關係,以實驗設計探討要因或決定最佳參數。

量測資料的品質包含下列指標:

量測偏差: 資料位置相對於標準值之差異。

量測變異: 資料的寬幅,顯示量測系統與其環境間的交互作用。

量測係賦予物品特質以一數值,以顯示物品的品質水準: 賦予數值的過程稱為量測程序,其指定值則稱為量測值。

至於其量測系統可以下圖來表示,投入的量測資源,透過量測系統而產出量測值。

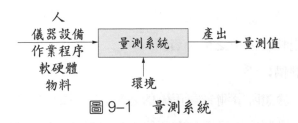

圖 9-1 量測系統

量測系統係作業程序、量具（儀器設備）、軟體、物件及人員的集合體，用以量測品質特性之量測值，量測系統變異如圖 9-2 所示。

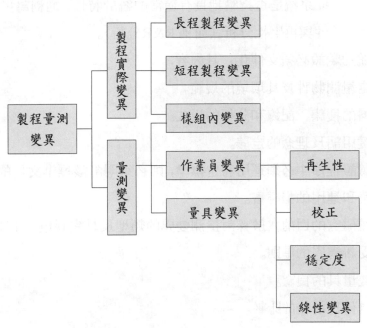

圖 9-2 量測變異系統圖

量測系統的特性：

(1)量測系統必須在統計管制狀況下，以統計穩定度來表達。

(2)量測系統的變異必須較製程變異來得小。

(3)量測系統的變異必須較規格界限來得小。

(4)量測增量單位相對小於製程變異或規格界限，一般而言，為其最小位數之十分之一。

⑸若量測系統係隨量測對象而異時,則其最大變異必須相對小於製程
　變異或規格界限中之最小者。

量測系統的評價:

第一階段: 驗證所量測者為正確的變數，其目的有二: 其一在於決定
　　　　　量測系統是否具有所需的統計特性，其二發現那些環境因
　　　　　素會顯著的影響量測系統。

第二階段: 決定量測系統必須接受那些統計特性，其目的在於驗證量
　　　　　測系統是否持續地具有適當的統計特性，通稱為量具再現
　　　　　性與再生性分析（簡稱 R&R 分析）。

量測系統的驗證必須文件化，其內容:

⑴選定量測物件及其環境的規範。

⑵資料的搜集、記錄和分析的模式。

⑶關鍵用語及理念的定義。

⑷若驗證程序中必須運用特定標準，則必須明訂該標準文件的儲存、
　維護和運用的指導書。

量測系統研究的目的在於探討量測變異的類型及其變異量， 以作為:

⑴接受新變異的準則。

⑵比較量具的良窳。

⑶量具修理前後的比較。

⑷量具適用性評價基礎。

⑸計算製程變異的要件，可作為製程水準接受的基準。

⑹繪製量具績效曲線。

量具變異可分為偏差（準確度）、再現性、再生性、穩定性及線性:

⑴偏差或準確度

　係量測平均值與基準值間的差異。

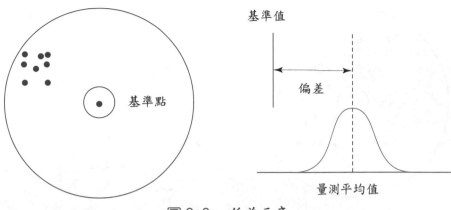

圖 9-3　偏差示意

(2)再現性

　　數位量測人員使用同一量具量測同一零件上所指定特性所得量測
　　值間之變異。

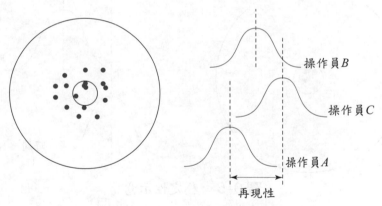

圖 9-4　再現性示意

(3)再生性

　　同一量測人員使用同一量具，量測零件上所指定特性數次，所得量
　　測值之變異。

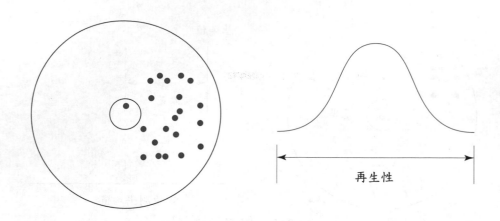

(4)穩定性

　　量測系統經長時間量測而產生的量測變異，係因量具的磨損、量具
未維護及定期校正等因素所造成的。

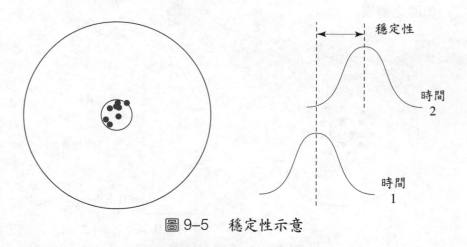

圖 9-5　穩定性示意

(5)線性

　　量具作業歷程中偏差的偏移狀態。

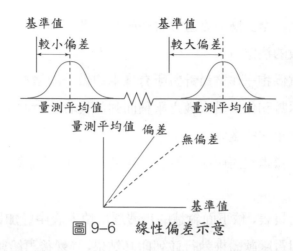

圖 9-6 線性偏差示意

9-6-1 再現性與再生性之探討

1.規劃階段

再現性與再生性研究之規劃步驟如下:

(1)量具的校正時機

最好在進行再現性與再生性驗證之前,已完成量具之校正,否則,若於再現性與再生性研究階段執行量具校正時,則其校正變異將混入再現性或再生性中。

(2)作業或檢驗人員參與人數的決定

如果公司使用自動化量具或只有一位檢驗員,則沒有人員效應發生,因此,再現性與再生性研究時,至少要有兩個人,最好為 3 ～ 4 人。

(3)量測樣本數之決定

最好為 10 個樣本,一般而言,「樣本數」與「作業員人數」之比例超過 15 以上為宜。

(4)樣本之選取

依量測變數觀點將量測對象群體分為均齊的群組,使得組內變異一致且其間的差異性為相互獨立, 例如使用的鋼材有高碳及低碳之

分，因此，至少應將之區分為高碳鋼及低碳鋼兩組來研究。

(5)測試次數的決定

一次測試係指一作業員針對所有樣本均做一次量測,其測試次數取決於樣本數和作業員人數之乘積而列於長表之背面中。

(6)減少樣本組內的變異

若你確信樣本組內可能有變異發生時, 則採用特殊樣本來研究。

(7)分析結果

你可採用長表，依下面敘述的步驟逐步填入表中並加以計算而得，也可採用電腦軟體來執行並列印其結果， 然後再繪製其全距管制圖。

(8)單邊規格時之公差分析

通常於單邊規格時無法做公差分析,我們建議你採用下列方法來處理:

①利用適宜的兩邊區間來計算其公差。

②利用製程能力的 6σ 來做公差分析。

(9)判定和處理不適當的量測力

量測力係指可靠地量測微小變異的能力。

依據賴氏（1984 年）所提供的法則以判定量測力:

①在再現性與再生性分析表中主要有三個的全距落在上管制界限內。

或

②超過 25% 以上的全距值為零時。

則判定其量測力不適宜,一旦發生不適當的量測力時,則可採用下列三種方法之一來補救:

①儘管依據量具精度量測更多位數之值， 較其刻度多一位數值。

②尋購更好的量具，以量測更小單位之值。

③如果沒有更好的方法時，你必須評價其影響度。

(10)做再現性與再生性研究時,通常每一部量具必須做其個別的再現性

與再生性分析，但在使用量相當大的量具如測微計時，可採用簡速法處理。

2.量測能力評價與分析

量測的能力（R&R）分析通常利用美國通用汽車公司所提供的長表（如表 9-1）：

表 9-1　量測能力分析表

	1	2	3	4		5	6	7	8		9	10	11	12
量測員														
樣本	一測	二測	三測	全距		一測	二測	三測	全距		一測	二測	三測	全距
1														
2														
3														
4														
5														
6														
7														
8														
9														
10														
總和														

$\overline{R}_A$　　　　$\overline{R}_B$　　　　$\overline{R}_C$

合計　　　　合計　　　　合計
$\overline{X}_A =$　　　$\overline{X}_B =$　　　$\overline{X}_C =$

$\overline{R}_A$	
$\overline{R}_B$	
$\overline{R}_C$	
合計	
$\overline{R}$	

量測次數	D_4
2	3.27
3	2.58

$(\overline{R}) \times (D_4) = UCL_R =$
$(\underline{\quad}) \times (\underline{\quad}) = \underline{\qquad}$

最大 $\overline{X}$	
最小 $\overline{X}$	
R_X	

量測單位分析 　　　　　$\overline{R} = \underline{\quad}$ 　　　　　$R_{\overline{x}} = \underline{\quad}$

再生性－設備變異 (E.V.)　　　　　　　　　　　百分公差分析

E.V. $= (\overline{R}) \times (k_1)$

　　　$= (\underline{\quad}) \times (\underline{\quad}) = \boxed{}$

再生性－評鑑員變異 (A.V.)

A.V. $= (R_{\overline{x}}) \times (k_2)$

　　　$= (\underline{\quad}) \times (\underline{\quad}) = \boxed{}$

綜合效果

$R\&R = \sqrt{(E.V.)^2 + (A.V.)^2}$

　　　$= \sqrt{(\underline{\quad})^2 + (\underline{\quad})^2}$

　　　$= \boxed{}$

量測次數	2	3
(k_1)	4.56	3.05

量測員數	2	3
(k_2)	3.65	2.70

%E.V. $= 100[(E.V.)^2 / ((R\&R) \times (公差))]$

　　　$= 100[(\underline{\quad})^2 / (\underline{\quad} \times \underline{\quad})]$

　　　$= \boxed{}$

%A.V. $= 100[(A.V.)^2 / ((R\&R) \times (公差))]$

　　　$= 100[(\underline{\quad})^2 / (\underline{\quad} \times \underline{\quad})]$

　　　$= \boxed{}$

%R\&R $= (\%E.V.) + (\%A.V.)$

　　　$= (\underline{\quad}) + (\underline{\quad})$

　　　$= \boxed{}$

部門號碼	
機器號碼	
量具號碼	
尺寸	

表 9-1 之逐步計算與分析步驟如下：

⑴量測樣本必須逐件編號。

⑵量測必須依隨機順序執行。

⑶量測者必須「盲目的」量測。

⑷將量測值記錄在工作表上。

⑸計算量測值全距。

⑹計算行值和並記錄於合計列中。

⑺計算平均值 $\overline{X}_A, \overline{X}_B$ 及 $\overline{X}_C$，即將每一量測員的三行總和加總，然後除以 30 而得。

⑻計算全距平均值 $\overline{R}$，即先求每一個量測員 10 個樣本的全距平均值 $\overline{R}_A, \overline{R}_B$ 及 $\overline{R}_C$，然後再求其平均值 $\overline{R}$。

⑼計算全距之管制界限，即上管制界限為 $D_4 \overline{R}$。

⑽依據管制界限剔除逸出管制之全距值，然後重新計算其 $\overline{X}, \overline{R}$ 及全距管制上限，也可將異常值者由量測員再量測一次，替換其值後再計算其 $\overline{X}, \overline{R}$ 及管制界限。

⑾計算 $\overline{X}$ 之全距 $X_{\overline{R}}$ 值，即以最大之 $\overline{X}$ 值減最小 $\overline{X}$ 值而得。

⑿計算再生性 E.V. 值，即 E.V. $= (\bar{R})(k_1)$

⒀計算再生性 A.V. 值，即 A.V. $= (R_{\bar{x}})(k_2)$

⒁計算再生性及再現性的綜合效果（簡稱 R&R 值），綜合效果
$$(\text{R\&R值}) = \sqrt{(\text{E.V.})^2 + (\text{A.V.})^2}$$

⒂計算再生性、再現性及其綜合效果之誤差百分值，以判定其量測能
力。

⒃利用公差以計算 R&R 值對應於公差之百分誤差。

⒄判定

量測系統誤差判定之允收水準如下表 9–2：

表 9–2　量測系統判定準則

百分誤差	判　　定
小於 10%	極佳之量測系統
11 ~ 20%	適宜的量測系統
21 ~ 30%	勉予接受，考量運用的重要性、量具成本等
超過 30%	不能接受

範例 9–5

一公司採用表 9–3 的資料以分析量測能力，有三位量測人員量
測 10 件產品各三次，其計算過程及結果如下表所示。

表 9-3 量測能力

	1	2	3	4	5	6	7	8	9	10	11	12
量測	A				B				C			
樣本	一測	二測	三測	全距	一測	二測	三測	全距	一測	二測	三測	全距
1	3.102	3.103	3.102	.001	3.102	3.102	3.102	.000	3.101	3.102	3.104	.003
2	3.106	3.105	3.104	.002	3.106	3.105	3.103	.003	3.107	3.108	3.110	.003
3	3.109	3.109	3.109	.000	3.109	3.110	3.108	.002	3.108	3.109	3.106	.003
4	3.108	3.106	3.105	.003	3.108	3.106	3.107	.002	3.106	3.107	3.106	.001
5	3.107	3.105	3.108	.003	3.109	3.107	3.108	.002	3.108	3.110	3.110	.002
6	3.103	3.104	3.106	.003	3.107	3.104	3.106	.003	3.106	3.103	3.104	.003
7	3.104	3.106	3.105	.002	3.109	3.110	3.111	.002	3.109	3.107	3.107	.002
8	3.106	3.105	3.104	.002	3.106	3.108	3.105	.003	3.106	3.107	3.109	.003
9	3.104	3.107	3.106	.003	3.107	3.104	3.105	.003	3.105	3.107	3.106	.002
10	3.107	3.108	3.109	.001	3.106	3.106	3.104	.002	3.106	3.104	3.104	.002
總和	31.056	31.058	31.058	.020	31.069	31.062	31.059	.022	31.062	31.064	31.066	.024
	31.056		.0020		31.069		.0022		31.062		0.0024	
	31.058				31.059				31.066			
合計	93.172				合計 93.190				合計 93.192			
	3.1057				3.1063				3.1064			

量測單位分析	
$\overline{R}_A$	.0020
$\overline{R}_B$	.0022
$\overline{R}_C$	.0024
合計	.0066
$\overline{R}$	.0022

量測次數	D_4
2	3.27
3	2.58

$(\overline{R}) \times (D_4) = UCL_R =$
$(.0022) \times (2.58) = .00568$

Control Limit for R

最大 $\overline{X}$	3.1064
最小 $\overline{X}$	3.1057
$R_{\overline{X}}$	0.0007

$\overline{R} = \underline{0.0022}$

$R_{\overline{X}} = .0007$

百分公差分析

再生性 – 設備變異 (E.V.)

E.V. $= (\overline{R}) \times (k_1)$
$= (\underline{0.0022}) \times (\underline{3.05}) = \boxed{0.0067}$

量測次數	2	3
(k_1)	4.56	3.05

再生性 – 評鑑員變異 (A.V.)

A.V. $= (R_{\overline{X}}) \times (k_2) =$
$= (\underline{.0007}) \times (\underline{2.70}) = \boxed{0.0019}$

量測員數	2	3
(k_2)	3.65	2.70

再生性與再現性 (R&R)

R&R $= \sqrt{(E.V.)^2 + (A.V.)^2}$
$= \sqrt{(\underline{0.0067})^2 + (\underline{0.0019})^2}$
$= \boxed{0.0070}$

%E.V. $= 100[(E.V.)^2 / ((R\&R) \times (公差))]$
$= 100[(\underline{0.0067})^2 / (\underline{0.007} \times \underline{0.2})]$
$= 3.21\%$

%A.V. $= 100[(A.V.)^2 / ((R\&R) \times (公差))]$
$= 100[(\underline{0.00189})^2 / (\underline{0.007} \times \underline{0.2})]$
$= 0.26\%$

%R&R $= (\%E.V.) + (\%A.V.)$
$= (\underline{3.21\%}) + (\underline{0.26\%})$
$= 3.47\%$

部門號碼	
機器號碼	
量具號碼	
尺寸	3.10 至 3.30

由上表知 E.V. 值為 0.0067，故得個別量測之 99% 可靠區間為 $\overline{X} \pm 0.0034$，如圖 9-7 所示。又再生性與再現性之綜合值 (R&R) 為 0.0070，故得其 99% 可靠區間為 $\overline{X} \pm 0.0035$，如圖 9-8 所示。

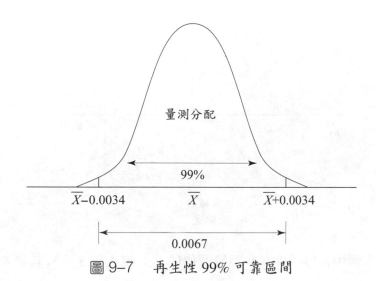

圖 9-7　再生性 99% 可靠區間

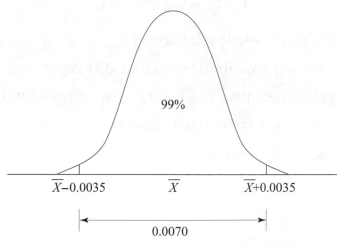

圖 9-8　再現性與再生性 99% 可靠區間

其次，讓我們探討本例之準確度與穩定度分析：

由於再生性及再現性所產生的單邊變異為 R & R 值之半，再加

上其準確度偏移，故其量具偏差為 $\dfrac{R\&R}{2}$ + 準確度偏移，如下圖所示。

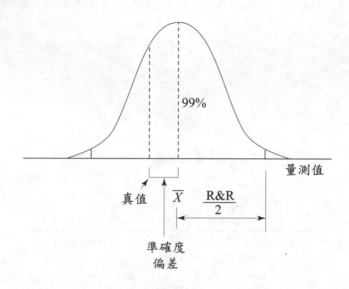

本例中，每一件有 9 個量測值(3 人，每人量 3 次)，其第 8 件之

$$\overline{X} = \frac{\Sigma X}{N} = \frac{27.957}{9} = 3.106$$

故量具讀值之 99% 可靠區間 (C.I.) 為

$$3.106 \pm 0.0035 \rightarrow [3.1095, 3.1125]$$

若設其真值為 3.103，則其偏差為 $3.106 - 3.103 = 0.003$

最大偏移值為 $0.0035 + 0.003 = 0.0065$

其關係如下圖 9–9 所示

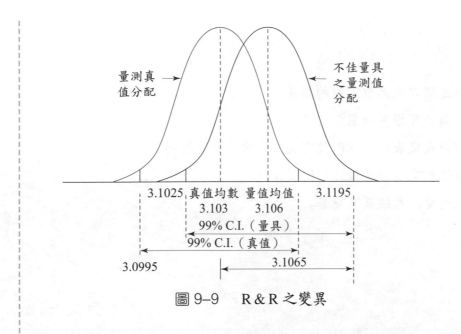

圖 9-9　R & R 之變異

同樣地，穩定度也顯示向左或向右偏移，將與準確度及 R & R 結合產生總合誤差。

由上例第 8 試件，於二週後再測試一次，其結果 $\overline{X} = 3.104$，則其穩定度為 $3.106 - 3.104 = 0.002$，係向左偏移，故得 $+0.003 - 0.002 = +0.001$，即總合變異 $0.0035 + 0.003 - 0.002 = 0.0045$

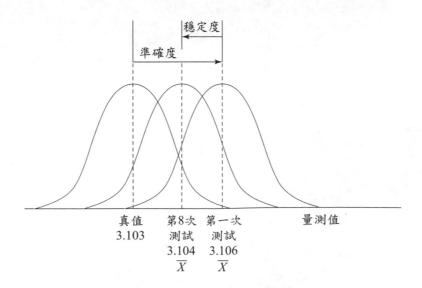

1 試述閉口式品質工程的架構。

2 何謂品質損失函數?

3 何謂直交表? 並說明沒有交互作用的配置原則。

4 試述直交表中的線點圖配置法。

5 試述量測系統及其變異。

第10章

品質機能展開

◆ 10–1　品質機能展開之由來　　◆ 10–3　品質機能展開之做法

◆ 10–2　品質機能展開之意義　　◆ 10–4　品質機能展開之案例

10–1　品質機能展開之由來

　　品質機能展開（Quality Function Deployment，簡稱 QFD）係於 1966 年由日本石橋輪胎公司開始其概念，1969 年赤尾洋二總其成，將其理念和做法系統化，而於 1972 年由日本三菱公司神戶造船廠加以發展和應用，日本豐田汽車公司則於 1977 年引進，從 1977 年 1 月到 1979 年 10 月，豐田公司已體會到一型箱形車生產的成本降低 20%，如以 1977 年為基礎，到 1982 年時已降低 38%，到 1984 年時則降低 61%，其開發時間也縮短了 1/3。其後，各國各行業如火如荼的應用，已相當成功的運用於電子業、家電業、成衣、建築設備、合成橡膠及引擎製造等行業。美國則於 1986 年開始應用，如今已相當成功的公司有通用汽車、福特汽車、摩托羅拉、柯達、國際商業機器、寶鹼、HP、美國電話電報及全錄等等。

10–2　品質機能展開之意義

　　品質機能展開係基於全面品質管理 (TQM) 的顧客第一、顧客導向的理念，將顧客的需求和期望展成產品特性，以工程師的語言表示，然後依次逐步展成零組件特性，製程計畫和生產計畫等，結合行銷、市場

研究、設計和製造等人員的專長、經驗和智慧,更快速且完美的創新和製造滿足顧客需求的產品。換言之,品質機能展開係產品或服務系統開發製造技術的整合系統,其特色如下:

(1)顧客導向

QFD 係基於顧客的需求和期望,透過產品或服務的開發過程,達成滿足顧客的手段。而其顧客的聲音係由各部門搜集而來,並非只聽高級主管的命令或工程師自己的聲音而已。

(2)團隊協作的功能

QFD 所運用的程序係集合相關部門的人員, 共同從事產品的研發和製造,包含行銷、市場研究、設計、製程設計、製造及採購人員,因而善用了溝通和團隊協作的技術和理念,對於公司各部門間的溝通、和諧、團隊協助有其正面的功效。

(3)文件導向功能

QFD 的展開過程中,不僅每一步驟均有其討論的重點和內容,而且必須透過品質屋 (House of Quality) 的矩陣逐步展開而來。其每一筆資料均留存於文件系統中,成為研發的知識,成為後人學習的範本。

(4)實績

由前所述可知,QFD 係集合眾人的經驗和智慧,使得產品或服務更符合顧客需求,同時也縮短了產品和服務的開發時間,使得產品快速進入市場,搶佔市場機先,提升競爭優勢。又從研發過程中的逐步思量,也帶來生產力的提高和品質的提升。

10-3　品質機能展開之做法

如前述,品質機能展開係基於顧客的聲音逐步展成產品技術規範,零組件技術要求,製程管制計畫以至製造作業的運作,其原理係利用品質屋的矩陣來展開,共分成六大步驟來進行:

步驟 1：釐清顧客需求和期望

首先透過市場研究、行銷及回饋等管道以搜集有效的顧客資訊，轉換成顧客要求品質。例如於設計教科書時，其主要顧客有教師和學生，故其需求品質為「符合教學需求」及「強化學生學習能力」，依此可再做第二次及第三次展開其需求品質如下：

表 10-1　顧客要求品質

符合教學需求	內容適宜	內容言之有物
		最新資料
		條理分明
	水準適宜	原理闡述清晰、周全
		適合現時應用（實用）
		實例適宜
	作業適宜	數量適宜
		品質適宜
		導引學習
	最低成本	售價合理
		降低成本
	周邊服務	投影片或原稿
		題庫
		解答
強化學習能力	條理分明	深入淺出，易於學習
		強化重要材料
		原理釋例詳盡
		印刷清晰
		實例符合學生知識／常識
	無　誤	課文沒有疏漏
		沒有印刷錯誤

步驟 2：工程品質要素

顧客聲音需轉換成設計工程師的語言，即工程品質要素，即將顧客的「什麼」(Whats) 轉換成工程師的「如何」(Hows)，以使其結果成為可衡量的、可控制的且可與目標加以比較的指標。例如於教科書的編纂

過程中，研究文獻引用的數量、通俗文獻引用的數量、計算式的作業、開放式的作業、輔助軟體設計、圖表、彩色、文法正確性以及書本的大小等等均為作者及出版商必須考量的因素。換言之，這也是作者和出版商所採行的工程策略方案，其中存在著密切關係，可作為抉擇的參考。而將之置於品質屋之屋頂上，通常強度關係以◎表之，中度關係以○表之，而低度關係則以△表示。例如數學程度與研究文獻探討有高度關係，而與通俗文獻探討則只有中度關係，其顧客需求與工程品質要素可繪製如下之品質屋，如圖 10 – 1 所示。

步驟 3：展開關係矩陣

如上圖所示，將顧客需求列於品質屋左側之列中，工程品質要素則列於品質屋上側之行中，其次則展開顧客需求與工程品質要素間的關係，以便將顧客聲音如數接收而成為產品的工程特性，才能達成顧客的滿意，其結果列如圖 10–2 所示。

步驟 4：市場評價及銷售訴求重點

本步驟在決定顧客需求品質的權數且評價既有競爭產品，以凸顯上市後的優缺點，以擬定公司的開發策略。同時一旦決定開發，則需決定其上市的促銷訴求重點，茲以甲、乙、丙三本書為競爭產品而評價如圖 10–3 所示。

步驟 5：評價競爭產品的工程品質要素並設定其目標值

本步驟係公司內部的自我檢測，藉以知己知彼，並設定可以衡量及控制的指標及其目標值。當然，教科書除了內容豐富、資料新穎外，作者如為本行之大師級人物，會使書具有更大的吸引力，其結果如圖 10–4 所示。

步驟 6：選擇工程品質重點，以便展開

針對與顧客聲音之關鍵工程品質要素或競爭力不足要素成為銷售訴求重點等加以確定、選擇和決定，將這些具有最高優先指標的工程品質要素選定以便展開到製程管理和作業上去，以管理生產過程的品質，

圖例：
◎ 強度關係
● 中度關係
▲ 低度關係

			研究文獻探討	通俗文獻探討	數學程度	計算式作業量	圖表運用	色彩	結構段落分明	實例標示明顯	文法正確	大小與厚薄適中	申論作業量	教學工具設計
符合教學需求	內容適宜	內容言之有物												
		最新資料												
		條理分明												
	水準適宜	原理闡述清晰週全												
		實用												
		實例適宜												
	作業適宜	數量適宜												
		品質適宜												
		導引學習												
	最低成本	售價合理												
		降低成本												
	週邊服務	投影片或原稿												
		題庫												
		解答												
強化學習能力	條理分明	深入淺出易於學習												
		強化重要材料												
		原理釋例詳盡												
		印刷清晰												
		實例符合學生知識												
	無誤	課文沒有疏漏												
		沒有印刷錯誤												

圖 10－1　品質屋㈠

圖例：
◎　強度關係
●　中度關係
▲　低度關係

			研究文獻探討	通俗文獻探討	數學程度	計算式作業量	圖表運用	色彩	結構段落分明	實例標示明顯	文法正確	大小與厚薄適中	申論作業量	教學工具設計
符合教學需求	內容適宜	內容言之有物	◎	◎						▲		●		
		最新資料	◎	◎								●		
		條理分明							◎	●	●	●		
	水準適宜	原理闡述清晰週全			◎	●	●		◎	●			●	
		實用		◎						◎			●	
		實例適宜					●			◎				
	作業適宜	數量適宜				◎							▲	◎
		品質適宜				●				◎				
		導引學習	◎	◎		●				◎			●	
	最低成本	售價合理	●	●			▲	◎	●	◎	◎			
		降低成本	●	●			▲	◎	●	◎	◎			
	週邊服務	投影片或原稿												◎
		題　庫												◎
		解　答												◎
強化學習能力	條理分明	深入淺出易於學習	◎	▲	◎		▲	▲	●	◎		◎		
		強化重要材料						◎	●	▲	◎			
		原理釋例詳盡	▲	▲						◎				
		印刷清晰					●	◎						
		實例符合學生知識	●	●	●				●	●	●		●	
	無　誤	課文沒有疏漏	◎	◎										
		沒有印刷錯誤			●		●							

圖 10-2　品質屋(二)

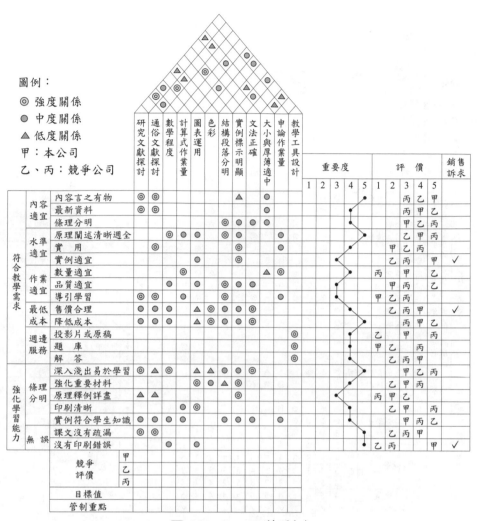

圖 10-3 品質屋(三)

圖例：
◎ 強度關係
● 中度關係
▲ 低度關係
甲：本公司
乙、丙：競爭公司

		研究文獻探討	通俗文獻探討	數學程度	計算式作業量	圖表運用	色彩	結構段落分明	實例標示明顯	文法正確	大小與厚薄適中	申論作業量	教學工具設計	重要度	評價	銷售訴求
符合教學需求	內容適宜 · 內容言之有物	◎	◎						▲		◎				丙乙甲	
	內容適宜 · 最新資料	◎	◎								◎				丙甲乙	
	內容適宜 · 條理分明							◎	●	●	◎				甲乙丙	
	水準適宜 · 原理闡述清晰周全			◎	●	●		◎	●			●			乙甲丙	
	水準適宜 · 實用			◎					◎		●				甲乙丙	
	水準適宜 · 實例適宜				●				◎						乙丙　甲	✓
	作業適宜 · 數量適宜					◎					▲				丙　甲乙	
	作業適宜 · 品質適宜					●		◎	●						甲乙丙	
	作業適宜 · 導引學習	◎	◎			●						●			甲乙丙	
	最低成本 · 售價合理	●	●	●		▲	◎	◎	◎	◎					丙甲乙	✓
	最低成本 · 降低成本	●	●	●		▲	◎	◎	◎	◎					丙甲乙	
	週邊服務 · 投影片或原稿												◎		乙　甲　丙	
	週邊服務 · 題庫												◎		甲乙　丙	
	週邊服務 · 解答												◎		乙丙甲	
強化學習能力	條理分明 · 深入淺出易於學習	◎	▲	●		▲	●	▲							甲乙　丙	
	條理分明 · 強化重要材料					◎	◎	▲	●						甲乙丙	
	條理分明 · 原理釋例詳盡								◎						丙甲乙	
	條理分明 · 印刷清晰	▲	▲		●	◎									乙甲　丙	
	條理分明 · 實例符合學生知識	◎	●	●	●			●	●	●		●			甲丙乙	
	無誤 · 課文沒有疏漏	◎	◎												乙丙甲	
	無誤 · 沒有印刷錯誤			●		●									乙丙　甲	✓

		研究文獻探討	通俗文獻探討	數學程度	計算式作業量	圖表運用	色彩	結構段落分明	實例標示明顯	文法正確	大小與厚薄適中	申論作業量	教學工具設計
競爭評價	甲	4	3	3	3	4	5	5	4	4	2	3	5
	乙	3	4	3	3	4	5	4	5	3	3	4	2
	丙	5	5	5	5	3	2	5	5	2	4	4	4
目標值		4	5	4	5	4	5	5	5	4	4	4	5
管制重點			✓			✓		✓					✓

圖 10-4　品質屋(四)

俾滿足顧客。

　　經過上述六個步驟展開，即形成所謂的品質屋，品質屋除了提供行銷人員了解顧客需求以擬定行銷策略及高階主管決定管理策略外，也必須將顧客聲音貫徹於生產流程中，以確保品質完全滿足顧客需求。

　　茲以教科書為例，其生產流程中各階段的功能如下所示：

階　段	功　能
獲得	建議書 審查 簽訂合約
開發	書寫 編輯
準備生產	打字排版 版面修飾 校對 封面設計
生產	印刷 裝訂

　　換言之，品質機能展開係透過品質屋的理念逐步展開其工程和生產管理系統，通常可分成如下圖之五階段：

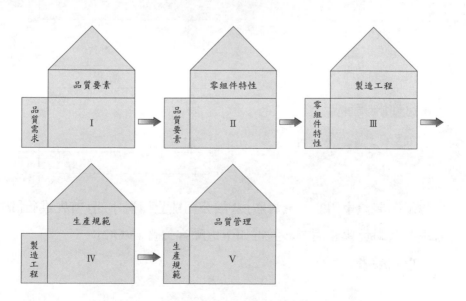

10–4　品質機能展開之案例

厚生橡膠公司在橡膠材料的產製上有極優良的成果，而在其新產品的研發過程中善用「品質機能展開」(QFD) 技術而達成其經營方針「厚生品牌，領導流行」及新產品快速商品化的目標，因此，本案例即以該公司開發汽車用安全氣囊 (Air Bag) 膠皮為例來闡述品質機能展開之應用。

其 QFD 展開模式如下：

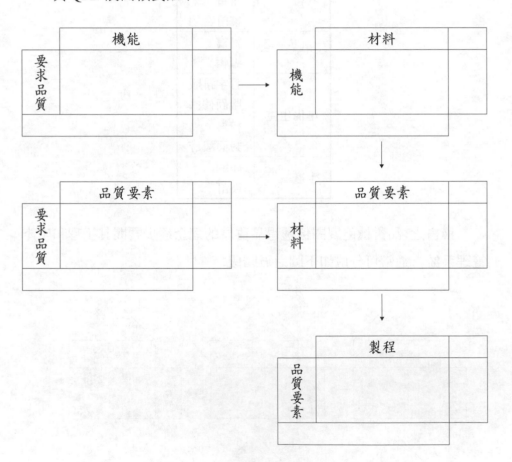

為了開發汽車用安全氣囊膠皮，該公司成立研發小組，首先進行「顧客需求」資料蒐集和調查，獲得如下之顧客聲音 (VOC)：

⑴汽車駕駛者

①爆炸後的氣體不會傷到臉、脖子或鼻子。

②不要太硬，發生反彈，造成其他傷害。

③不會太軟，反而碰到方向盤。

④不會隨著天氣發生變化。

(2)安全氣囊進口商

①保證品質。

②安裝方便。

(3)原料供應商

①裁縫很順手。

②一眼就可看出正反面。

(4)本公司經驗

①無毒。

②報廢處理時，不會發生二次公害。

　　然後將上列 VOC 歸納成「要求品質」，並依此展成「品質要素」如下表 10-2 所示。

　　同時，也將「要求品質」展開成「品質機能」，如表 10-3 所示。

　　然後以「品質機能」展成材料，如表 10-4 所示。並將材料特性列示如下：

材料名稱	基布	樹脂
特性項目	1.××××	1.粒度
	2.組織密度	2.固形分
	3.丹尼數	3.接著強度
	4.厚度	4.耐低溫性
	5.柔軟度	5.耐熱性
	6.防霉性	6.透糊性
	7.耐燃性	7.模數
	8.重量	8.防霉性
		9.耐燃性
		10.分散性
		11.吸濕性

表 10-2　要求品質－品質要素展開表

要求品質項目		品質要素	基布						布		膠				皮			
		三次	抗張強力	撕裂力	伸長率	×	收縮率	防霉性	厚度	緯向歪斜度	耐曲折性	耐熱溫度	耐寒溫度	抗濕性	破裂強度	氣密性	耐燃性	
一次	二次		1	2	3	4	5	6	7	8	9	10	11	12	13	14	15	16
1 安全	使用安心	1 布面平滑				◎												
		2 充氣張開時，確實發揮保護人員的效果	◎	◎	○				○		◎	○	○	△	◎	◎	◎	
2 容易加工	加工容易	3 無毒																
		4 容易裁剪				△			△									
		5 車縫順利							○	△	△	○						
		6 車縫後外觀平整					○		◎	○		◎	○					

品質企劃

	重要度 A	比較分析 自己公司	其他公司 X公司	Y公司	Z公司	企劃 企劃品質	水準提升率 B	銷售重點 C	絕對權重 A×B×C	要求品質權重	競爭分析
布面平滑	2	4	5	4	4	4	1		2.0	1.90	
充氣張開時	5	1	5	5	5	5	×	×	37.5	35.55	
無毒	2	5	5	5	5	5	1		2.0	1.90	
容易裁剪	3	5	5	5	5	5	1		3.0	2.84	
車縫順利	3	5	5	5	5	5	1		3.0	2.84	
車縫後外觀平整	1	3	4	4	4	4	1.3		1.3	1.26	
	3	3	4	4	4	4	1.3		4.0	3.79	

（競爭分析　劣　中　優　1 2 3 4 5）

設計品質表

	1	2	3	4	5	6	7	8	9	10	11	12	13	14	15	16
絕對權重	177.8	177.8	106.7	12.3	288.2	17.8	19.0	124.3	37.0	366.9	295.8	397.2	224.7	177.8		
品質要素權重	4.82	4.82	2.89	0.33	7.81	0.48	0.51	3.37	1.00	9.94	8.01	10.76	6.09	4.82		
重點區分	∨	∨	∧	∨	∧	∨	∨	∧	∧	∧	∧	∧	∧	∧		
重要改善項目																
設計品質（目標值）	××	××		××	∧			∧		××	無與	××	無與	××		

重要度：權 5　4　中 3　2　劣（競爭分析）

品質要素權重　重點區分　重要改善項目

表 10−3 要求品質—機能展開表

要求品質項目			加工順暢				魅力				品質企劃						
項目 一次	二次	三次	1 保持平整	2 提供滑性	3 防止尺寸變化	4 提供彈性	5 提供顏色	6 防止霉菌	7 使用無毒材料	8 減少厚度	重要度 A	比較分析 自己公司	企劃品質	水準提升率 B	銷售重點 C	絕對權重 A×B×C	要求品質權重
1 安全	使用安心	1 布面平滑	○								2	4	4	1		2.0	1.90
		2 充氣張開時，確實發揮保護人員的效果		◎	◎	○					5	1	5	×	×	37.5	35.55
		3 無毒							◎		2	5	5	1		2.0	1.90
2 容易加工	容易加工	4 容易裁剪	◎	○	◎						3	5	5	1		3.0	2.84
		5 車縫順利	◎	◎	○						3	5	5	1		3.0	2.84
		6 車縫後外觀平整	○								1	3	4	1.3		1.3	1.26

重要度	絕對權重	32.2	200.5	191.0	155.9	4.7	19.0	9.5	19.0
	品質要素權重	1.10	6.86	6.53	5.33	0.16	0.65	0.32	0.65
	重點區分		A	A	A				

　　然後將材料特性與產品特性展開表來核對其適切性，其展開與分析如表 10–5 所示。利用此即可產生材料之品質保證表，以材料基布為例，如表 10–6 所示。

　　最後，將品質要素展成製程，如表 10–7 所示，依此即可產生製程管理計畫表（表 10–8）及 QC 工程表（表 10–9），作為製程控制之用。

表 10–4　品質機能—材料展開表

材　　　料 / 機　　能	布	膠皮			絕對權重	品質要素權重	重點區分	重要改善項目
	基布 1	樹脂 2	耐燃劑 3	防霉劑 4				
加工順暢 保持平整 1	◎				32.2	1.10		
提供滑性 2					200.5	6.86		
防止尺寸變化 3	◎	○			191	6.53		
提供彈性 4	◎	◎			155.9	5.33		
魅力 提供顏色 5					4.7	0.16		
防止霉菌 6				◎	19	0.65		
使用無毒材料 7	○	◎	○	○	9.5	0.32		
減少厚度 8	◎				19	0.65		

重要度	絕對權重	11,520.2	9,346.3	917.5	123.5
	品質要素權重	46.39	37.63	3.69	0.50
	重點區分	A	A		

表 10-5　材料特性—產品特性展開表

品質要素＼基布材料特性		基布			基　布					膠				皮				重　要　度		
		抗張力	撕裂力	伸長率	收縮率	防霉性	厚度	緯向歪斜度	耐曲折性	耐熱溫度	耐寒溫度	××××	抗濕性	破裂強度	氣密性	耐燃性	絕對權重	品質要素權重	重點區分
		1	2	3	4,5	6	7	8	9	10	11	12	13	14	15	16			
××××	1	◎	◎	◎	◎				◎	◎	◎		◎	◎	△		11,314.3	××	×
組織密度	2	◎	○		○／◎			○					○	◎	◎		6,510.1	23.15	A
丹尼數	3	◎	◎				◎							◎			3,236.6	11.51	A
厚度	4			○			◎										1,546.1	5.50	
柔軟度	5							○									1,110.9	3.95	
防霉性	6					◎											117.5	0.42	
耐燃性	7															◎	1,450.5	5.16	
重量	8	◎	◎				○							○			2,831.9	10.07	A
	9																		
	10																		
	11																		
	12																		
絕對權重		177.8	177.8	106.7	288.2	17.8	19	124.3	37	366.9	295.8	397.2	224.7	177.8	177.8	284.4			
品質要素權重		4.82	4.82	2.89	7.81	0.48	0.51	3.37	1.00	9.94	8.01	10.76	6.09	4.82	4.82	7.70			
重點區分		×			×					A	A	A	A	A	A	A			

強度關係：◎：5　○：3　△：1

表 10-6　材料品質保證表

材料名稱：基布			重要度				A
材料特性	重要度	目　標規格值	品質要素	要求品質	檢驗頻率	不合規格之影響	異　常處理措施
××××	A	××××	1.抗張力 2.撕裂力 3.伸長率 4.收縮率 5.耐熱溫度 6.耐寒溫度 7.抗濕性 8.破裂強度 9.耐曲折性 10.膠皮捲曲度 11.使用期限 12.毒素含量	1.充氣張開時，確實發揮保護人員的效果 2.惡劣環境下，功能仍然相同 3.折疊後布面外觀仍然相同 4.無毒 5.Air Bag 和汽車壽命一樣久 6.容易裁剪 7.容易車縫	每批入廠時，抽樣1 次測試	氣囊會破裂，或無法充氣張開，發生熱氣灼傷，及頭胸撞擊之傷害	退回，不可使用
組織密度	A	a.804D b.420D	1.抗張力 2.破裂強度 3.氣密性 4.塗膠重量	充氣張開時，確實發揮保護人員的效果			
丹尼數	A	a.840D b.420D	1.抗張力 2.撕裂力 3.厚度 4.破裂強度	1.充氣張開時，確實發揮保護人員的效果 2.很好折疊			

表10-7 製程─品質要素展開表

品質要素 \ 製程	基布								膠				皮				重要度		
	抗張力 (1)	撕裂力 (2)	伸長率 (3)	收縮率 (4)	防黴性 (5)	厚度 (6)	(7)	緯向歪斜度 (8)	耐曲折性 (9)	耐熱溫度 (10)	耐寒溫度 (11)	抗濕性 (12)	(13)	破裂強度 (14)	氣密性 (15)	耐燃性 (16)	絕對權重	品質要素權重	重點區分
原料秤量 (1)	×	×	×	×	◎					×	×	×	×				3,613.6	18.25	
攪拌混合 (2)	×	×	×	×	◎					×	×	×	×			◎	3,509.1	17.72	
膠料塗佈 (3)						○		◎						○	◎	◎	5,456.7	27.56	
底層乾燥 (4)								◎									946.7	4.78	
絕對權重	177.8	177.8	106.7	12.3	288.2	17.8	19	124.3	37	366.9	295.8	397.2	224.7	177.8	177.8	284.4			
品質要素權重	4.82	4.82	2.89	0.33	7.81	0.48	0.51	3.37	1.00	9.94	8.01	10.76	6.09	4.82	4.82	7.70			
重點區分																			

表 10-8　製程管理計畫表

製程	區分	產品特性 VOE	要求品質 VOC	製程機能	製程特性 VOA	查核項目 人 訓練	設備 機器	設備 操作條件	材料 投入	材料 管制條件	管制項目	檢點項目
膠料塗佈	A	1.耐燃性 2.耐臭氧性 3.塗膠重量 4.塗膠寬度 5.膠皮展平度	1.確實發揮保護人員的效果 2.在惡劣環境下都很安定 3.容易裁剪 4.車縫順利	塗裱膠料	×× ××× ×××× ××××× ×××	✓	裱糊刀、支撐輪	1.裱刀　2.刀縫間隙	混合好的膠料、基布	1.均與性　2.準備量	1.塗佈量　2.塗佈寬度　3.塗佈均與（膠色）	1.裱刀刃××　2.刀縫間隙××　4.膠料準備量　3.×××× ×　5.混合均與性（色相）　6.基布規格

表 10-9　QC 工程表

製程	區分	管理項目	標準規格	抽樣頻率	抽樣方法	管制儀器	管制圖表	管制人員	異常處理
膠料塗佈	A	刀刃厚度	××	每一生產訂單	測刀刃兩邊及中央位置	厚度計	生產日報表	裱糊人員	1.人為誤失：直接線上更正　2.不可控制因素：a.原料：禁用、退回或轉用　b.製程條件：會技術課處理　c.設備量具：送修　d.提異常反應表，向上級反應
		刀縫間隙	60～80 mm	每換一捆布時	每30cm測1點	厚薄規	記錄表	裱糊人員	
		膠料粘度	×××	每一生產訂單	任取1桶	粘度計	製程管制卡	裱糊人員	
		膠料色相	黑色	每一桶	任何位置	目視	配料單	裱糊人員	
		膠料準備量	標準用量±12%	每一生產訂單	生產前	目視計算	製程管制卡	裱糊人員	
		基布規格	840D、420D	每一生產訂單	生產前	和標準附樣目視比對	製程管制卡	操作手	
		塗佈量	標準設計量±5%	每批	基布邊、中邊位置	自動測量儀	製程管制卡	操作手	

塗佈均勻	膠面顏色相同	每批	基布邊、中邊位置	目視膠面	—	操作手
糊屎數量	不可出現	每批	全數	目視膠面	—	操作手
塗佈寬度	60 in 或 152cm	每批	全數 線上量測	捲尺	製程管制卡	操作手

習　題

1 何謂品質機能展開, 其意義為何?

2 何謂品質屋? 試述其展開步驟。

3 試述品質機能展開各階段的重點和流程。

4 試舉一例以說明品質機能展開之內容。

5 試述品質機能展開之特色。

6 試述品質機能展開之未來趨勢。

第11章

服務業的品質保證

11-1　服務業與製造業的比較

近年來，隨著經濟的快速成長，國民所得及教育水準的大幅提升，許多世界先進工業國家已步入以服務業為主的經濟體系，以美國為例，服務業已佔其總體經濟體系就業人口的 74%，產值則佔其 GDP 的 76%。我國亦然，服務業產值已超越我國經濟總產值的一半，而近年來的平均成長率更高達 7.7%，因此，服務業在我國經濟體系中愈來愈重要。

在說明服務業的品質保證之前，必先瞭解服務業與製造業在特質上有相當大的差異，歸納起來共有下列四點：

1.無形性

製造業所供應者乃是有形的物品，看得到，摸得到，但服務業所提供者往往是無形的行為或商品，其績效既無法計數、量測或測試，也無法加以儲存和驗證。尤其在無法儲存的特性上，使得服務業的管理有其特色，換言之，無法以庫存來調節供需間的差異。

2.異質性

製造業所供應的產品通常都在機械化和標準化的條件下生產，因此品質相當一致。服務業則恰相反，常因不同的服務人員而有所不同，相同服務人員也因服務地點、服務時間，甚至服務顧客對象之不同而有相

當大的差距，換言之，服務的品質係隨情境而變異。

3.不可分割性

製造業中生產相關作業的工作人員很少有機會接觸到顧客或使用者，服務業則不然，其與顧客間需有密切的接觸和互動關係，同時服務人員與其服務作業亦有極密切的關係，在服務遞送過程中，服務人員、顧客及其服務作業均有其密切的關係，換言之，服務業的生產和消費往往是同時進行的。

4.易逝性

前曾提及服務業一旦生產，必須立即消費，無法加以儲存，因此服務業的需求不僅一週中天天在變，同一天內也時時刻刻在變，如一大專院校門口的自助餐店，其尖峰需求量應發生在中午 12 點或下午 5 點的前後一、二小時，其他時間可說是門可羅雀。

11-2　服務品質特性

服務因其特質——無形性、異質性、不可分割性及易逝性而使得服務品質不易評量，也因顧客主觀認定及親身體驗以及服務公司形象、口碑而有相當大的差異，因此，服務品質不僅是結果的表現，也包含服務過程中的體驗和感受，茲將一些學者專家對服務品質的意義，闡釋如下：

1.沙舍（1978 年）

服務品質績效包含物料水準、設施水準及人員水準等三項，顯示服務品質包含結果，也包含遞送過程的情境和感受。

2.古濃露（1982 年）

服務品質分為

(1)技術品質

顧客所接受到的服務體驗。

⑵機能品質

服務遞送過程中，顧客所感受到的情境品質。

3.藍婷尼（1982 年）

強調顧客與服務供應機構間的互動關係,而將服務品質分為下列三項:

⑴實體品質

服務實體面所提供的品質,如建築物、設備及裝潢等等所展現的服務品質。

⑵公司品質

係指公司長年以來所累積和建立的形象、聲譽和口碑。

⑶互動品質

基層服務人員與顧客間的互動關係以及顧客與顧客間的互動交流關係。

11-3　服務業品質保證的做法

11-3-1　服務品質尺度

前述各學者專家所提供者均屬概括式的服務品質,既沒有具體的要素，也沒有足以衡量的指標，因此，PZB 三位學者提出 10 項決定品質的要素，分別敘述其意義如下:

⑴可靠度

可靠度包含績效與可靠度的一致性,即第一次就提供正確的服務且忠於其承諾，例如正確的帳單及於其既定時間內完成其服務等。

⑵反應度

係指基層服務人員提供服務的意願和敏捷度,例如公司及時處理訂單資料,迅速回覆電話等等。

(3)勝任力

係指基層服務人員具有執行服務所需的知識和技術。

(4)接近度

接觸顧客的容易性與便利性,換言之,服務公司必須有足夠的資源、便利的時間和地點且有能力提供適宜的服務, 例如便利商店提供 24 小時全天候服務及便捷的地點的服務。

(5)殷勤度

係指基層服務人員具有謙恭有禮、尊敬、體貼及友善的特質,同時,外表必須整齊、清潔且精神抖擻。

(6)溝通力

係指基層服務人員必須具備適宜的語言和肢體溝通能力。

(7)信用度

係指公司所擁有的聲譽、形象及優秀人才等條件,足以讓顧客信賴且願意付出其忠誠度。

(8)安全度

安全度係指公司具有足以使顧客免於危險和疑慮的能力,足以保護顧客生命和財物的安全, 且為顧客恪守高度的保密性。

(9)瞭解度

公司人員必須相當用心以瞭解顧客,並提供個別化的關照和服務。

(10)有形力

係指公司有形資源所提供的服務實力,如設備、制度、材料等硬體設施所展現的服務力和素質。

其後,PZB 三位學者又將上述 10 項服務品質要素歸納成五項綜合服務品質尺度, 茲將其內容說明如下:

(1)可靠度: 正確且信用地完成允諾顧客的服務品質

服務人員必須經過良好的訓練,具備足夠的專業技術和知識,具有獨力處理顧客問題的能力,因此,第一次就做正確的服務,且讓顧客知道何時可接受服務; 換言之,不僅能實現承諾,而且正確地、

及時地、可靠地完成。

(2)反應度：極願意且迅速提供顧客服務

極願意協助或服務顧客，顧客的任何要求，迅速地給予個別照顧和服務，其表現在反應時間與反應特質上。

(3)保證：保證服務品質，使顧客信賴且產生信心

服務人員必須具備足夠的專業知識和技術，具有良好的行為素養和人際關係能力。因此，才有堅定的信心以達成第一次就做對，讓顧客安心和產生信心。

(4)感性：對顧客的關懷及個別化的注意和關心

服務人員必須真心的喜歡顧客，也必須深入了解顧客需求，才能給予顧客個別的關懷和照顧。

(5)有形性：人才、設施及設備的實體表現

設施及設備必須現代化且有亮麗的外表，原物料充份且新鮮，服務人員有清潔、整齊且溫文儒雅的表現。

11-3-2　服務品質模式

PZB 三位學者又於 1985 年發展其服務品質模式，提出著名的品質缺口模式，用以深入分析、探討、衡量及控制服務品質的關鍵因素，因而建立了服務品質保證系統，俾有效管制和改善服務品質，茲將其模式及其缺口說明如下：

缺口一：顧客期望與管理者認知間的差距

顧客的期望服務品質係來自顧客個人或家庭的需求，過去的經驗以及親朋好友或傳播媒體的口碑或公司形象。企業服務的宗旨在於提供顧客滿意的服務。因此，身為企業的管理者必須深入瞭解顧客的需求和期望，因而對顧客期望的服務品質應有所認知，例如什麼服務特性代表高品質，對業務的安全性與隱密性等的認知，但此一認知可能與顧客期望的服務品質有所差異，此一差異稱為服務品質缺口一。

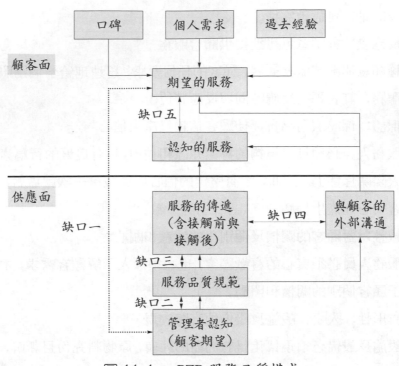

圖 11-1　　PZB 服務品質模式

缺口二：　管理者認知與服務品質規範間的差距

管理者依其認知的顧客期望服務品質，參酌國際標準，同業水準及公司能力而訂定公司服務品質標準。但此一標準可能與管理者認知有所差異，例如受到資源限制，市場條件及管理系統上的差異而影響管理者的承諾，或者認知的關鍵品質因素為「快速回應」，但必須考量其衡量方法及判定基準，也可能發現公司並未擁有因應市場巨大變化且訓練有素的員工以資因應，凡此種種，就造成服務品質缺口二。

缺口三：　服務品質規範與服務遞送績效間的差距

管理者依據公司服務品質規範以建立其品質管理制度，包括計畫、程序、方法及作業標準等，以作為公司服務人員服務行為和服務品質的依據，然而服務人員所展現的服務行為和績效可能與服務品質規範有所差異，例如公司要求員工在二

聲響內接聽電話必須達 90% 的目標，部份員工可能未能達成此目標，此一差距稱為服務品質缺口三。

缺口四：服務遞送與外部溝通間的差距

公司當局為推展其業務，促銷其服務，常需與顧客溝通或接觸，常用的方式係透過廣告媒體或產品展示或發表會而作承諾，但此種溝通或承諾會影響顧客的期望，也會影響遞送品質的認知。此時，服務的遞送品質可能與溝通認知品質發生差距，即為服務品質缺口四，例如公司當局廣告或承諾超過所能提供的服務品質水準，公司可能將隱藏的特殊努力作為明訂於服務規程中，常成為顧客的期望服務品質。

缺口五：期望服務品質與認知服務品質間的差距

顧客認知的服務品質往往與顧客所期望的服務品質有差異存在，此差異稱為服務品質缺口五。顧客實質的認知品質可以品質缺口五的方向和大小的函數來表示，而品質缺口五則為品質缺口一、二、三、四函數。

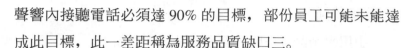 11-3-3　服務品質指標

服務品質指標隨不同的行業而有相當大的差異，很難有一共通的指標，如果非用不可時，可採用 PZB 三位學者所提出的服務品質 10 項尺度，然後發展出每一尺度的衡量方式。

如前所述，因行業不同，其服務品質指標也不同，因此以金融業及醫療院所為例，列舉如下，以供讀者參考。

1.金融業

獲利率，用人費率，新產品數量，新產品營業額佔全部營業額的比率，存放比率，顧客服務便利性，顧客滿意度，新顧客數及其成長率，服務失誤率，獲利增加率，員工訓練費用，顧客存提款之便利性，員工貢獻度，員工滿意度，顧客詢問數及其增快率等等。

2. 醫療院所

引用平衡計分卡所得服務及績效指標如下:

財務面指標	顧客面指標	企業內部流程指標	學習與成長面指標
· 投資報酬率和附加經濟價值 · 營收成長率和營收組合 · 公務人事費 · 年度盈餘百分比	· 市場佔有率 · 新病患人數或成長比例 · 顧客滿意度 · 服務品質指標: 不滿意服務比率、顧客抱怨次數、顧客介紹新顧客次數(金額) · 服務水準與服務態度指標: 如對顧客要求之反應速度與品質 · 顧客關係 · 形象與商譽 · 醫療糾紛	· 技術水準 · 安全性: 如受傷次數、住院期間意外發生率 · 研究發展能力 · 服務失誤率 · 月平均門診人次 · 月平均住院人次(日) · 月平均急診人次 · 剖腹產率 · 手術死亡率 · 住院死亡率 · 再入院率 · 醫療品質的院內感染率 · 跌倒指標(有紀錄的跌倒發生率、跌倒造成傷害率) · 病床周轉率	· 員工滿意度 · 員工流動率 · 每位員工(醫師)勞務生產力 · 員工培訓次數 · 獎賞與員工士氣 · 管理水準 · 資訊系統更新程度 · 員工提案改善建議次數 · 員工忠誠度 · 員工訓練費用 · 員工訓練成果 · 員工貢獻度 · 對新的醫療知識或服務方案之接受度 · 獎酬制度之落實度 · 員工病床比

11-3-4 服務品質策略和做法

PZB 三位學者透過其服務品質的決定因素,更深入探討顧客要求服務品質的關鍵因素,如下圖 11-2 所示。

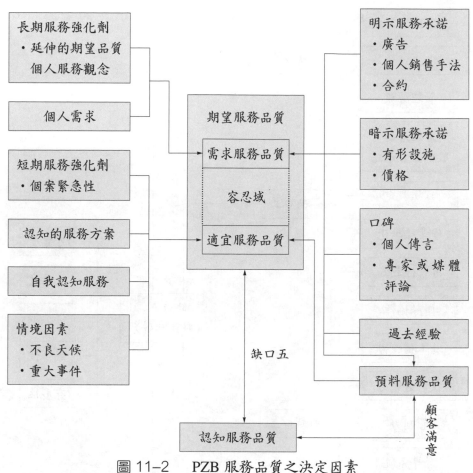

圖 11-2　PZB 服務品質之決定因素

同時，他們又從五個缺口提出其品質因素及其策略，通常稱為 PZB 服務品質整合模式，如圖 11-3 所示。

1.服務品質缺口一

顧客期望品質與管理者認知間的缺口受到市場研究導向、向上溝通及管理水準的影響。

⑴市場研究導向

深入的市場研究可以充分了解顧客的需求和期望，因此，市場研究的深度、市場研究投入於服務品質面的強度、市場研究結果的分析和運用以及管理者與顧客直接互動的頻率和深度均為決定服務品質缺口的重要因素。

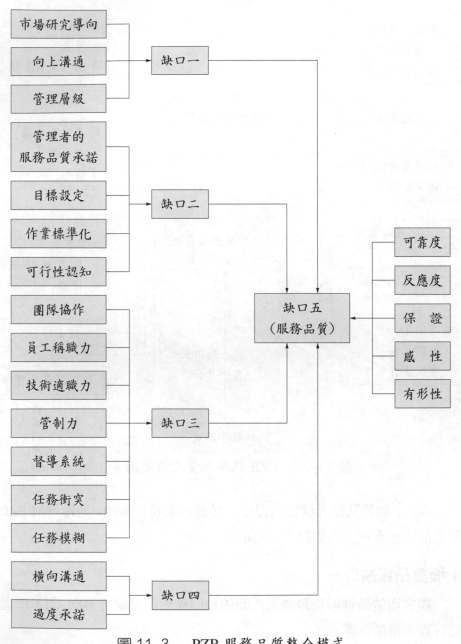

圖 11-3   PZB 服務品質整合模式

⑵向上溝通

　　公司內各機能別人員均需對顧客的需求和期望有某種程度的瞭解，但管理者的充分了解必須透過良好的溝通管道,其重要因素如溝通

的程度、頻率、品質、方式及來源等等。

⑶管理層級

　管理者與基層服務人員間的層級數的多寡也會影響其認知,成為垂直溝通的障礙。近代企業界流行扁平化的組織,對管理者的顧客期望認知有其正面的影響。

2.服務品質缺口二

　　管理者將其對於顧客期望品質的認知轉換成規範,常由於其資源限制、短期利潤考量、市場條件及管理情境等而存有差距。一般而言,服務品質缺口二受到管理者承諾、目標設定、作業標準化及可行性認知的影響, 分述如下:

⑴管理者的服務品質承諾

　許多人認為缺口二之發生主要來自管理者未對服務品質作全面性的承諾; 反而極度強調降低成本、提高利潤等短期且易於衡量的目標。

　品質承諾的內容包含資源的承諾,推動內部品質提升計畫以及管理者確信努力推動服務品質的改善會受到組織的認同和鼓勵。

⑵目標設定

　透過目標管理不僅可以改善組織整體績效,也可強化組織的整體控制機能,更能提升個人的成就感,因此,如何設定服務品質的目標,作為服務品質的績效衡量和管理的工具,對提升服務品質有相當的助益,例如美國快遞公司經過深入的顧客研究後,訂定「及時化、正確化及回應度」作為公司重要的指標,並依此而訂定 180 個顧客服務品質的目標項目,然後再設定管理指標如電話回應、抱怨處理、帳單寄送以及新申請案核准等的速度。

　目標設定的宗旨在於讓各階層服務人員充份了解管理者想達成的品質水準,包含服務品質項目與標準之確認和衡量,然後加以監控、檢討和改善。

(3)作業標準化

作業標準化係達成一致化服務品質的最佳方案,但標準化的程度常取決於作業的特質。一般而言,例行性的作業易於標準化;而專為顧客量身定做的作業則不易標準化,縱使如此,我們仍然可以做某種程度的標準化,例如醫生診療病人為一專門性的作業,但針對掛號、量身高、體重、血壓與體溫以及收款等作業均可標準化。

利維特(1976年)建議服務作業標準化可透過下列方式為之:

①以硬體技術替代人工作業,如自動提款機、自動洗車機、機場的X光檢查機等。

②改善工作方法(軟體技術),如自助餐、公司標準的訓練課程、套裝的旅遊計畫等。

(4)可行性認知

係指管理者對達成滿足顧客期望的經濟性和可行性的認知程度,包含管理者對組織系統和能力的評價,例如公司是否有足夠的能量來及時完成顧客所要求的服務;服務人員是否具備充份的專業知識、技術和能力來完成顧客的種種要求。

3.服務品質缺口三

缺口三係服務品質規範與實際遞送服務品質間的差異,通常又稱為服務績效缺口,換言之,基層人員的服務品質水準未達管理者的期望所致,其原因係服務人員不能或不願意照既定水準去執行服務作業。

理論而言,缺口三受到團隊協作、員工稱職力、技術適職力、管制力、督導系統、任務衝突及任務模糊等因素的影響。

(1)團隊協作

團隊協作的目的在於將管理者與員工結合在公司的目標下,凝聚團隊的力量,且在團隊承諾下共同參與公司的決策,分享公司的成果。

團隊協作的良窳,可以考量下列各項:

①員工視其他員工為顧客的程度。

②員工感受主管關心的程度。

③員工深信合作甚於競爭的程度。

④員工認為個人應投入與承諾的程度。

⑵員工稱職力

服務品質的良窳繫於員工的稱職力至深且鉅；由於工作職位低、待遇少，基層服務人員往往素質低、教育水準低又未經過良好的教育訓練，因而缺乏良好的語言溝通能力、人際關係及互動的能力，又因流動率太大而造成專業知識和技術不足，使得員工適任程度不足。

公司於招募基層服務人員時，需特別注意其性向的合適性且需經過良好而有計畫的教育訓練。

⑶技術適職力

服務品質也與員工所使用的技術、工具和設備的良窳有密切的關係，例如銀行所使用的電腦系統大大影響其工作效率，其系統的可靠度更是提升服務品質的核心。

⑷管制力

一個人承受壓力的能力在於其控制壓力情境的能力，任何問題均有其解決方案，重點在於如何找到其可行方案。

學者艾佛利（1973 年）將管制分為三種：

①行為的管制：因應危機情境而做的反應能力，用以控制或影響其情境。

②認知的管制：利用資訊的掌控以減少壓力的能力。

③決策的管制：目標或結果的抉擇。

⑸督導系統

係公司用以考核或督導員工努力工作的模式，其一稱為產出控制系統，係以績效作為考核衡量的標準，如銀行的每日交易結算的平衡；另一稱為行為控制系統，係觀察員工工作過程的行為表現，如銀行要求員工正確、迅速及友善的服務。

⑹任務衝突

組織中任一職位所肩負的職責和任務顯示於其作業和行為上,而職責的界定係來自主管的需求、期望和壓力,並透過主管和員工間的溝通來完成,但主管的過高期望,各級主管要求的矛盾以及主管與顧客要求的衝突等等均造成基層服務人員無法同時滿足公司要求和顧客的要求,例如主管要求員工儘快服務顧客,但顧客卻要求更多的關心和照顧;又如在銀行裡,如果行員同時負責新開戶及例行性交易,則例行性交易的顧客會有相當長的等候時間。

其衝突的發生從下列兩方面來說明:

①顧客期望與組織期望間的矛盾

完成每一服務作業有太多的書面報表或太多的內部作業。

②管理政策與服務規範之矛盾。

⑺任務模糊

如前項所述,如果任務模糊不清,例如員工不清楚主管要求或不知道績效衡量和獎勵的方式, 則易造成員工提供服務時無所適從。

其解決之道可從下面兩方面來著手:

①目標與期望的不明確

提升向下溝通的品質和頻率並構建良好的回饋系統。

②可信度與能力不足

加強員工在服務專業知識、技術以及溝通、人際關係上的教育訓練。

4.服務品質缺口四

公司當局對社會大眾或顧客的各項媒體廣告或溝通通常給予顧客以期望和夢想,造成公司無法兌現而形成缺口四。吾人可從橫向溝通且勿偏執過份承諾著手:

⑴橫向溝通

橫向溝通係發生於組織中各部門間及部門內的橫向資訊流,其解決

方式如透過政策、目標、計畫與程序的縱向溝通，其效度更高；否
則只有透過部門間的溝通會議來處理，此項協調會議需包含基層服
務人員、廣告部門人員及行銷部門人員來參與，同時，於各部門內，
分支機構、代理商及維修服務單位均需採用一致的程序，提供一致
的服務水準。

(2)勿偏執過份承諾

公司當局在強力拓展業務及強大的競爭壓力下，常不自覺地做過度
的承諾；如何自我評價和自我約束乃為管理的最高藝術。

習 題

1 何謂服務業？試述服務業的特質。

2 試比較服務業與製造業的異同。

3 何謂服務品質的五個缺口？其關係為何？

4 試述 PZB 三位學者的綜合服務品質尺度，並舉例說明之。

5 何謂服務品質模式？試以 PZB 模式闡述其理念和意義。

6 試述服務品質的策略和做法。

第*12*章

品質管理系統中之人性因素

12-1　人性因素在品質管理系統中之重要性

人性因素固然是產品或服務設計、製造和分配的創造者，也是制度的規劃、執行和控制者。換言之，一公司組織中各項機能的運作必須完全仰賴人來完成。因此，人性因素在品質管理系統中佔著舉足輕重的地位，茲從下列幾個觀點來說明其重要性或影響度：

(1) 產品或服務的整個生產歷程中的每一階段每一步驟均需由人來運作和完成，從市場調查、研發、設計、採購、製造、檢驗、訓練、包裝、儲運及銷售服務，樣樣均由人員來營運和完成。

(2) 組織中的每一機能均需由人員來運作，舉凡組織機能中的研發、技術、行銷、生產、生產管理、人力資源管理、資訊系統管理及財務管理等也均由人員來營運。

(3) 品質系統中的每一機能，舉凡產品發展、定位、設計、製造、銷售、服務、使用和處置，甚而要滿足顧客的需求和期望均需由組織中的人員來規劃、執行和控制。沒有人，什麼事也別想做，沒有良好優秀的人才，事情無法完美的達成。

⑷生產要素中的機具設備，也必須由人員來設計、製造、操作、維護保養和改進，沒有人，其他生產要素固然無法營運，沒有優良人才，其營運必也缺失多多或沒有效益。

⑸經營環境面的人性因素

隨著經營環境的不斷且快速變遷，全球性經營的劇烈競爭，不論產品的性能、品質和服務，均需不斷地提升和進步，才能取得競爭優勢，而這些均需人員從觀念、行動、知識和技術上的不斷更新和改變而來，沒有人，任何事物固然無法進步，沒有優良人才，其進步不夠快速和完美，無法贏得全球的競爭優勢。

⑹無可取代的人性因素

誠如豐田汽車公司一位高級主管所云：除了人員外，我們沒有任何事物比別人強。換言之，人力資源是任何競爭者唯一無法仿冒的因素，也是唯一具共同整合能力的因素，也就是說，人們所創造的價值大於其個體所創造價值之總和。因此，人性因素是企業經營成功或失敗的關鍵因素，沒有人，尤其沒有優秀的人才，企業經營根本不可能成功。

12-2　影響品質管理系統中之從業員因素

前面已提及從業人員在品質管理系統中的重要地位，以下將更深入探討從業員在品質管理系統中所扮演的角色及做法以達成全面品質管理的目標。

全面品質管理係以人性為核心的經營管理，前面曾提及在品質管理系統中的每一階段，從市場研究、產品發展、定位、設計、製造、銷售、服務、使用和處置，在在都需要從業人員來規劃、執行及控制其營運過程以達成顧客滿意的最終目標。

影響品質管理系統中的從業員因素實乃工作設計，而工作設計所應考慮的因素，依據美國學者賀克曼等 (Hackman and Oldham) 的研究有

下列幾項：

1.技術或知識性

　　即考量作業本身的特質、技術性和複雜度；技術性和複雜度愈高，其人員素質水準需愈高，也必須經過較長時間和密集的教育訓練；因此，在 1960 年代，我國工業剛起飛時，許多工業，尤其是中小企業都以裝配線生產為主，因其技術性低，複雜度低，設備機具簡易，投資額低，易於發展。其後由於工業不斷成長，其技術性愈高，精度也要求愈高，必須透過良好的技術養成訓練以使人員在知識和技術上合乎要求，才有能力立足於全球劇烈競爭環境中。

2.作業重要性

　　人類工作的意義不外學習成長、成就感和報酬等，因此工作的重要性讓工作的人員體驗到工作的意義，例如砌磚、建房子和蓋摩天大樓確實有不同的意義和成就感。同時，工作是否為你所喜歡或擅長者也極重要，例如你對電腦程式設計內行且有興趣，而讓你去做一些與電腦程式設計無關的管理工作時，你必然會感到沒有意義、倦怠、提不起勁，再高的待遇又有何用，只是滿足虛榮心而已。又如當今許多青年學子喜歡往高科技行業去，如果工作不適合你的專長和興趣，那只有高科技的好名聲和有飆漲的股票可拿而已。作者有個朋友的小孩，從加州柏克萊大學畢業五年以來，投身於正快速飆漲的網路公司，如今已擁有美金五百萬元的資產，她認為已夠她一輩子花用，因而跳脫網路行業，去做自己喜歡的事情，有此際遇的人，這未嘗不是一個良好的生涯規劃。

3.自主性

　　即工作人員有多少自主權可以規劃和控制工作過程的各項因素以及對工作結果的抱負和盡責。自主性愈高，猶如自己當老闆，你在工作上可以盡情發揮，展現你的才華和能力，帶來相當高的激勵和滿意度。但你也需肩負成敗的責任，因此對於工作結果的良窳，你必須有判斷能

力和改正能力，才能達成所謂自主管理的境界。

4.回饋性

前面所提及的自主性必須仰賴回饋性來完成,利用結果的判斷探討其發生原因，然後回饋到過程中加以改進以獲得更良好的結果，如此循環不已，不僅締造良好的工作成果，而且可以讓工作人員動腦創新且不斷地學習成長，如此累積和歸納而成知識，放諸四海而皆準的原則，並善用之，即成為廿一世紀的知識管理。

利用上述四項作業核心特性和做法,可使工作人員獲得工作上的激勵、工作滿意度和工作效益，也帶來成長的滿意度。不過近代在人力資源管理上,也走上全員參與、權能自主及團隊協作上，以激發員工潛能、激勵員工士氣及締造優異的工作績效和競爭優勢，因此，這些理念、做法和活動相當重要，茲分述如下：

12-2-1　全員參與

所謂參與係指員工針對其工作可參與工作相關的決策和改善,以達成激勵員工和激發員工創造能力的目標。換言之，即員工從分享資訊、提供工作相關特質到提出改善建議以完成其職責，如目標設定、工作決策及解決問題，甚至對話溝通和自我指導等均為其參與範疇。

參與管理的源起不重要，因為在管理發展歷程中，許多管理者、工業工程師、統計學家及行為科學家均有相當的努力和貢獻，有文獻可查者始自 1913 年由林肯電機公司 (Lincoln Electric Company) 發展其工作改善和員工獎工制度，包含員工諮詢委員會、員工入股、年終獎金和福利專案等；到了 1940 年代至 1960 年代間，更多的創新經驗帶來員工激勵和生產力的提升案件發生，逐漸孕育出集體參與的理念和做法。事實上，參與管理的理念源自人類心理和激勵的需求，即馬斯洛 (Maslow) 的需要層次，賀茲伯格 (Herzberg) 的激勵因素以及麥格雷葛 (McGregor) 的 Y 理論。因此，參與具有下列的優點：

⑴獲得彼此間的互信和合作。

⑵透過相互激勵、相互教育和創新以培育技術和領導能力。

⑶增進員工士氣及對組織的承諾。

⑷養成創新和發明的理念和能力。

⑸讓全員了解品質和管理的原理原則。

⑹員工從問題源流即刻解決。

⑺提高品質和生產力。

　　員工參與的方式相當多，下面將從提案制度、權能自主和教育訓練逐項說明其理念和做法：

1. 提案制度 (Suggestion System)

　　提案制度已於本書第 9 章中敘述，請讀者自行參閱，於此不再贅述。

2. 權能自主 (Empowerment)

　　所謂權能自主，簡單的說乃是給予員工充分的授權，換言之，針對作業上由自己做決策、控制自己的工作、由錯誤中學習且承擔失敗的責任及不斷激勵自己因應經營環境的變化。因此，權能自主在充分授權之後，要有能力去完成你的工作，極相似於裘蘭博士所謂的「自主管理」(Self-Control)，而戴明博士品質 14 點中有 5 點可作為權能自主的重點原則：

⑴第 6 點：構建在職訓練制度。

⑵第 7 點：構建和教導領導統御的模式。

⑶第 8 點：驅逐恐懼，創造互信互賴的經營環境，使人人發揮創新潛能。

⑷第 10 點：消除以標語、佈達和訓誡等來管理員工。

⑸第 13 點：鼓勵人人接受教育訓練及自我改善和成長。

　　由上述戴明博士的理念可知，權能自主必須直接授權員工決定其作業流程和決策，建立他們自我決策安全感和信心，提供必要的方法、工具和教育訓練。因此，如前所述，權能自主除了充分授權每一位員工外，

他們必須有智慧以了解該做什麼、何時做、如何做且激勵自己努力完成其工作，因此，要達成權能自主，公司管理必須做到下列各點：

(1)提供適當的教育訓練，不斷提升其工作能力。

(2)提供適宜的資源和鼓勵措施。

(3)由公司訂定政策，由員工決定服務顧客的流程和做法，管理當局採行稽核作業。

(4)建立互信互賴的經營環境。

(5)共同分享必要的資訊，俾源流管理。

(6)讓員工感受他們努力的成就感，即他們的努力均為公司成功的關鍵因素。

(7)管理當局提供必要的支持、協助和資源。

權能自主在先進工業國家的世界級公司中比比皆是，例如美國摩托羅拉公司授權營業代表有權置換購買後達六年之久而發生不良的產品。美國 GM 汽車公司剎車系統的員工有權叫供應商派員解決問題，同時有權管理當機、重工、報廢和缺席等事件。而美國聯邦快遞則授權員工：「只要人類能做到用以滿足顧客的每一件事情」均可自行處理。權能自主要求領導者或管理者釋出其部份權力，因而產生一些新的管理職責：他們僱用和發展員工必須具有「權能自主」的才華和能力，承擔責任且賞識成就為傲，給予工作影響公司成敗的相關資訊，包含財務資源在內。

權能自主也可視為管理階層與其部屬間的垂直團隊協作，因為他們信賴部屬，建立部屬有信心和能力去決策，因而產生對工作的承諾和成就感，願意付出更多的心力和經驗以貢獻公司，絕不致於釀成此次八掌溪大水沖走四位工人的事件（在溪流中合力站立達 2 個多小時，才被沖走；89 年 7 月 22 日）。

3.教育訓練

如前所述，權能自主的訴求在授權之餘，必須有能力完成自主性的工作，而達成顧客的滿意度，員工的能力也必須不斷地成長，因此，教

育訓練極為重要,如全錄公司的事務產品和系統事業部每年花費高達美金 1 億 2 千 5 百萬元於品質訓練上。而凱迪拉克 (Cadillac) 就曾花費美金 100 萬元送 1,400 位員工參加 4 天的戴明研習會,又如我國許多獲得國家品質獎的企業, 其每年每人訓練時數平均已高達 50 個小時以上。雖然如此,根據美國許多學者專家的研究指出,教育訓練的利益與其所支付費用的比例為 30 : 1, 那更顯示,教育訓練不僅是必需的,更是值得的。

　　品質上的教育訓練通常宜包含品質意識、領導統御、專案管理、溝通協調、團隊協作、問題解決理念和技術、資料搜集、分析、解釋與運用、顧客需求理念和運用、流程分析、簡化和再造、績效提升、再發防止等等,只要與員工績效、效益及安全有關的課題均宜加以探討。近年來,我國各大公司企業大力推動國際化,英語訓練也成為極流行的重要課題。

　　教育訓練必須配合公司人力需求計畫和員工前程規劃,然後規劃成公司中長程訓練計畫及年度教育訓練實施計畫,一旦實施之後,必須稽核教育訓練計畫之實施成效並列入個人人事資料檔,以作為升遷考核之參考。如今的教育逐漸走向終身學習的途徑,而以在職進修高深學位為導向,目前各大學均流行舉辦 EMBA 或碩士專班等以培育在職人員專業素養並授予碩士學位,以達成中華民族嗜好、崇尚和追求高學位的心願。

🖥️12-2-2　團隊協作與活動

　　過去人事資源管理上著重個人的表現,其管理實務上常見者如目標管理、個人績效評價、專業威名與個人的激勵活動等等強調個人貢獻上。事實上依據學者專家的研究顯示,公司的效益係與主管和部屬的合作成正相關,而與其相互競爭成反比,因此,如何構建和推動工作小組及其激勵制度,乃是公司有效營運的正途,何況個人的知識和經驗已無法完全了解公司所有關鍵性的作業;同時,團隊協作可以排除個人、部門及

主管和部屬間的隔閡，消除彼此間的本位主義。

所謂小組係由一群增補知能的人員所組成的團隊，接受共同的目標和績效標準，共同研擬和採行方案以解決他們相關的問題或課題。團隊協作賦予個人以解決問題的能力和機會、參與各類形形色色問題的解決，也使他們有機會從事管理工作，如 GM 公司的鈕星製造廠讓小組成員具有僱用人員、核准供應料、選擇設備及處理預算等的審查機會。而有效的團隊協作必須以目標為核心、獨立開放的、相互扶持且充分授權的組織。因此，合作、人際溝通、交互訓練和團體決策就成為團隊必備的技術，團隊小組通常有下列幾種：

(1)品管圈 (QCC) 活動

係以同一工作單位或工作性質相似的一群工作人員所組成，以定期會議來解決其工作範疇內的問題，以提升品質和生產力，係由日本企業界讀書會中逐漸形成和石川馨博士總其成， 請參閱本書第 9 章。

(2)問題解決小組

針對特定問題，組成小組以解決之，完成後即告解散。

(3)管理小組

由各機能的管理階層人員組成，用以協調和解決跨部門的問題或作業。

(4)自主管理小組

係授權自主管理小組以處理其全程工作，如一條裝配線。

(5)專案小組

專以特定任務為對象完成其複雜且龐大的作業，一旦任務完成，即告解散的任務編組。

(6)虛擬小組

透過電腦，輪流擔任小組長以從事企業活動的模擬決策，係最新用以訓練決策人才的企業營運遊戲。

茲將幾種國內最常用的團隊協作活動介紹如下：

⑴問題解決小組

問題解決猶如品管圈活動，係透過問題釐清、分析和解決等九步驟以達成問題的圓滿解決，其步驟如下：①建立題庫、②選定主題、③現狀把握與目標設定、④搜集與分析資料、⑤要因分析、⑥對策研擬和評價、⑦對策實施、⑧效果確認和追蹤、⑨標準化。其詳細內容可參閱第 8 章第 3 節的品管圈活動。

⑵自主管理小組

自主管理小組（Self-Managed Team，簡稱 SMT）係一群經過良好訓練的員工 6 至 18 人所組成的小組，完全擔負一段界定清楚的作業流程的責任，充分授權解決日常管理作業，從規劃、實施管制到改善，全部納入，是一良好的工作擴大化 (Job Enlargement) 及工作豐富化 (Job Enrichment) 的活動。自主管理小組的特質如下：

①授權以處理管理及領導統御的功能。

②規劃、控制及改善他們的工作過程。

③自行設定其工作目標並檢查其工作標準。

④自行規劃其時間表並評價其績效。

⑤自行編列預算並協調其工作。

⑥自行訂購材料、保管庫存並與供應商建立良好的關係。

⑦自行規劃必要的訓練。

⑧自行僱用和訓練其接班人。

⑨對品質和生產力完全負責。

SMT 的優點有：

①推動永續改善，不斷提升品質和生產力。

②作業的推動更具彈性，更快速反應。

③提供更高的參與水準和工作滿意度。

④提升組織承諾，扁平化其組織。

⑤吸引且留住最好的人才。

根據專家學者的調查和估計，SMT 可提升 30 ～ 50% 的生產力，例

如美國聯邦快遞減少 13% 的服務錯誤；3M 公司提高生產力達 300%；
賓士汽車廠減少 50% 的缺點數。

推動團隊協作的整體組織和制度極為重要,為團隊協作推動成敗的
關鍵因素,首先整個公司的制度包含下列各項:

1. 構建推動組織

最好能成立指導委員會,負責公司團隊協作的決策事宜。執行或推
動委員會,負責支持和協助推動事宜,其中並編列有輔導人員,以協助
和輔導小團隊之活動,包含理念、做法及技術之指導。另外也最好有推
動的事務局,負責推動事宜之聯繫和協調,是為專職人員,因前述的指
導委員及推動委員均由公司各級主管兼職,必須有專職人員接受上述兩
委員會之指揮。

2. 擬定長中短程計畫

任何制度或活動,如果沒有合適的計畫,必無法有效的推展。除了
訂定推動目標、組圈規則和計畫外,也必須訂定考核、競賽和獎勵、表
揚的制度。由長程計畫展開成中程計畫而詳細的年度執行計畫,這些計
畫需由事務局人員草擬,經指導委員會核定後交由推動委員會來執行,
而事務局則處理一些例行性的工作,例如組圈登記、主題列管、進度考
核、舉辦競賽和頒獎活動等等。

3. 教育訓練

在團隊協作推動之前必須讓全體員工了解活動的意義、好處、理念、
做法及技術,這是全公司的大事,必須由推行委員會來負責,而事務局
來規劃和執行。教育訓練為活動成敗的最關鍵性因素,因此必須善加規
劃和處理,也必須要有良好的訓練計畫,如課程、講師、教材及授課時
間等的決定和安排。

4. 輔導和稽核

任何制度和活動於推動之初,必定相當生疏,何況團隊協作為公司全

體員工的活動，其素質參差不齊，理念、做法和技術等的不熟練，乃至無法靈活運用，容易造成士氣的低落，興趣的喪失，必須透過輔導和再教育訓練來協助，因此，輔導制度和輔導人員就成為活動成敗的關鍵所在。因是之故，於推動團隊協作活動之前，通常先訓練一批優秀合格的輔導人員，同時先執行一期的示範活動，使得輔導人員具有實戰的經驗。

　　當然，競賽和獎勵也是活動成敗的重要因素，古人云：「重賞之下，必有勇夫」，誠屬千古不易的定律。獎金與獎品必需適宜，太少沒有吸引力，太大公司負擔不起；同時競賽的評審和獎勵必需及時完成，時間拖長常導致興趣的降低，也造成推動的阻力。曾經有一家公營事業機構，事先沒有訂好推動制度，等到成績出來要頒獎時，才層層上報達半年以上，那獎金已打折，由是可知其行政效率有多差，也難怪該公司於民國89 年民營化時，風波不斷。

　　其次，讓我們談談團隊協作各小組活動的成功關鍵因素，茲列如下：

1.明確小組活動目標

　　組圈時必須明訂圈的使命、目標和職責。

2.適宜的活動計畫

　　每次活動時，必須依據活動步驟明訂詳細的活動計畫，包含活動的目標和時間表，常使用的甘特圖來表達。

3.良好的溝通技巧和環境

　　許多小組的活動均透過開會來進行，因此，圈員的溝通和腦力激盪的能力必須培育，「說清楚，講明白」。開會時要有自由開放、人人均等的發言機會。

4.具備良好的分析和決策技術

　　圈員的活動理念、做法（步驟）和技術必須純熟，且能靈活運用。不論要因的探討或對策的研擬評價均需有良好的資料分析佐證。

5.良好的活動程序

許多人都了解美國的無缺點計畫只有一個成功的案例,而日本的 QCC 活動,不僅在日本企業界相當成功,全世界各國的企業界也有無數的成功案例,其間最大的差異在於 QCC 活動,不僅有明確的活動步驟,而且每一步驟中尚有明確的做法和運用技術,讀者可參閱本書第 8 章第 2 及第 3 節。

6.良好的分享制度

參與圈的活動,不僅可學得各種理念、做法和技術,也能發揮自己的才華和能力,更能分享成功的果實。通常活動過程中的作業,包含開會主席和記錄、資料搜集分析、對策實施和控制等等均由全體圈員分工合作,而開會討論也是相互教育的良好時機。因此,圈員不僅人人成長神速,而且又有成就感,又能分享獎金,因此,在活動現場常見圈員人人士氣高昂。

7.良好的輔導和獎勵制度

優異且熱心的輔導員,適宜的獎勵制度,也是小組活動關鍵性的動機,已如前述,不多作說明。

12-3 影響品質管理系統之設備機具因素

設備機具也是品質管理系統中重要的一環,尤其近代隨著工業化的發展,許多行業不斷走上機械化、自動化,品質管理的重心從過去手工藝走向機械化的技術導向,使得產品的生產仰賴機具設備的份量愈來愈重,因此,如何維持機具設備的效率運轉乃是品質管理的先決條件。從下列觀點探討設備機具在品質管理系統中的影響因素:

1.設備機具的適宜性

機具設備能否生產出良好品質的產品,端賴設備機具性能是否適用而定, 生產速度、產品精密度和準確度等配合生產規格的需要, 依據統計原理, 如果規格規定在 ±0.05 的公差內, 則其機具製造精度必須多一位數, 即在 0.001 的定位。

2.設備機具的維護保養

任何機具設備要維持良好的營運狀況,必須要有良好的維護保養制度來運作, 有關設備機具的維護保養是一件相當複雜的工作, 通常可分成下列幾種保養層次:

⑴故障修理

早期的設備保養制度係俟機具設備故障之後才著手進行修理的作業。修理期間當然沒有生產力, 工人沒工作, 薪水照付, 當然成本提高, 尤其近代工業講求大量生產, 人工成本又高, 自然損失愈大, 因此, 此種維護制度已不符經濟要求。

⑵定期保養

為了預防機具設備故障, 定期檢查機具設備的狀況, 更換必要的機件, 修理必要的機具設備部位, 使機具設備意外故障減至最少, 以減少機具設備故障所造成的生產損失。定期保養必須要定期檢查, 而定期檢查必須要有計畫書, 顯示檢查部位、檢查項目、判定基準、維修行動以及檢查時間表, 才能發揮定期檢查或保養的功效, 例如定期保養可安排在例假日或生產淡季期間, 以減少生產損失。

如今日本企業更走向全面生產力維護 (Total Productive Maintenance, 簡稱 TPM), 其理念係由操作機臺的員工認養其設備機具, 事先進行機具設備之防呆裝置, 並做好例行性的日常保養工作, 同時針對機具設備進行改善、再改善的工作, 以使設備總合效率提高, 達成設備無故障之境界, 這當然比定期保養更高一層級。

⑶全面生產管理 (TPM)

近年我國各大公司引進全面生產管理,維持設備及管理上高生產力已有良好效果，其內容請參閱 8 – 7 的 TPM 活動

12–4　影響品質管理系統之環境因素

環境保護和管理，近年來受到全世界各國的重視，從環境污染的防治、資源回收、減廢到如今的綠化活動，其目標在於保護地球村。換言之，人類在工商業發展帶來物質文明之餘，更應兼顧生活品質。

在環境維護上，首先由日本人提出 5S 活動，更進一步與前述機具設備相結合的 TPM，近年更由國際標準組織所推動的環境管理系統認證，即所謂的 ISO 14000。除 5S 及 TPM 活動已於 8 – 7 節中敘述外，茲將 ISO 14000 環境管理簡述於後。

ISO 14000 環境管理

猶如第 3 章全面品質管理中所強調的,社會責任乃是企業組織中極重要的領導課題，其中又以環境管理最為重要。因此，國際標準組織於 1996 年頒佈 ISO 14000 環境管理系統，配合 ISO 9000 品質管理系統，提供企業組織建構環境管理系統的依據,俾確保企業組織中的所有流程和作業均能有效的且一致的達成其環境目標和要求,同時兼顧國際及政府法規上要求，不僅符合法規要求且需不斷地改善,該標準的五項原則如下：

(1)企業組織必需界定其環境政策且承諾建構達成其政策的環境管理系統。

(2)企業組織必需建構環境管理和改善計畫以實現其環境政策。

(3)企業組織必需衡量、監控及評價其環境管理績效。

(4)企業組織必需檢討且持續改善其環境管理系統，以提升全組織總體的環境管理績效。

ISO 14000 環境管理標準包含有下列六大分項子系統及一項工作

小組標準：

    SC1：環境管理系統

    SC2：環境稽核

    SC3：環境標幟

    SC4：環境績效評估

    SC5：生命週期評鑑

    SC6：詞彙定義

    WG1：產品標準的環境面

習 題

1 試述人性因素在品質管理系統中之重要性。

2 影響品質管理系統中之從業員因素有那些? 試詳加舉例說明之。

3 茲就下列激勵活動，說明其內容及做法：

　(1)提案制度。

　(2)全能自主。

　(3)工作擴大化，工作豐富化。

　(4)自主管理小組活動。

4 如何推動團隊協作活動?

5 試述團隊協作活動成功的關鍵因素。

6 影響品質管理系統中之設備機具因素有那些? 並詳述其做法?

7 何謂 TPM? 試說明其理念和做法，試舉一公司實例說明之。

8 試述環境保護的重要性。

9 何謂 5S 活動? 試述其理念和做法並舉一實例說明之。

10 何謂 ISO 14000 環境管理系統? 試舉一公司實例，說明其做法。

第13章

品質標準

13-1　我國國家標準 (CNS)

　　我國國家標準於民國 35 年 9 月 24 日公布以來，歷經多次修訂，目前使用者係於民國 86 年 11 月 26 日公佈實施者。

　　標準法之目的「為制定及推行共同一致之標準，……以增進公共福祉」，而其主管機關為經濟部，並得設置專責機構，如經濟部標檢局，辦理之。我國國家標準係採自願性方式實施。

　　國家標準規範之項目（本法第五條所列舉）有：

⑴產品之種類、等級、性能、成份、構造、形狀、尺度、型式、品質、耐久度或安全度及標示。

⑵產品之設計、製圖、生產、儲存、運輸或使用等方法，或其生產、儲存或運輸過程中之安全及衛生條件。

⑶產品包裝之種類、等級、性能、構造、形狀、尺度或包裝方法。

⑷產品、工程或環境保護之檢驗、分析、鑑定、檢查或試驗方法。

⑸產品、工程技術或環境保護相關之用詞、簡稱、符號、代號、常數或單位。

⑹工程之設計、製圖、施工等方法或安全條件。

⑺其他適合一致性之項目。

　　國家標準專責機關設國家標準審查委員會及各專門類別之國家標準技術委員會，負責審議國家標準相關事宜。國家標準制定之程序，從建議、起草、徵求意見、審查、審定到核定公布共六大步驟。

　　國家標準專責機關得選定國家標準項目，得依廠商申請實施驗證業務，並針對合於驗證條件和程序者，核准其使用正字標記。

📺 13-2　正字標記

　　如前所述，正字標記源自我國標準法，自民國 40 年 7 月 20 日經濟部發佈實施以來，歷經十幾次的修正，最近者係於民國 92 年 11 月 6 日所發布者。

　　申請使用正字標記之產品需為我國國家標準中「適合申請使用正字標記之產品品目」，同時需符合下列規定：

⑴工廠品質管理系統經評鑑取得國家標準之認可登錄者。

⑵產品經檢驗符合國家標準者。

　　申請時應備具下列文件：

⑴申請書。

⑵公司登記證明文件或商業登記證明文件影本，以及工廠登記證或其他相當之證明文件影本；如為在外國之廠商，其相關證明文件。

⑶廠商基本資料。

⑷標準專責機關或其受託機關（構）、認可機構核發仍在有效期限之品管驗證證書影本及申請前六個月內隻產品檢驗合格報告書影本。

⑸申請費。

　　經核准使用正字標記之產品，應將正字標記（如下圖所示）標示於其產品及包裝上。

使用正字標記之產品，每年必須實施「品管追查」及「產品抽驗」之管理作業，其規定如下：

1.品管追查

標準專責機關或其受託機關（構）、認可機構對於正字標記廠商，每年至少應實施一次不定期的工廠品管追查，其結果作成報告書，送達該廠商。

2.產品抽驗

每年至少一次，由市場採購樣品或向廠商抽樣，實施產品檢驗，其結果作成報告書，送達該廠商。

前兩項管理作業時，如有不符合規定者，應通知限期改正，期滿時再實施之。

若有下列情形之一者，得停止生產製造正字標記產品：

(1)最近一年內未有正字標記產品產製及品管記錄者。

⑵最近三個月內經連續二次向工廠指定之市場採購,及向其工廠抽取正字標記產品樣品,無法獲得實施檢驗所需數量或其製造日期係在前次抽樣日期之前者。

經停止使用正字標記廠商應向專責機關報備,且有一定的期限。同時於標準法中亦有廢止正字標記,並追繳證書之規定。

✍13–3　中華農業標準 (CAS)

中華農業標準係行政院農業委員會於民國 78 年訂定完成之優良食品制度,其宗旨在於提升農水畜產品及其加工品品質水準,以維護生產者、販賣者及消費者之共同權益。

CAS 優良食品具有下列特點:
⑴品質及成份規格一定合乎 CNS 國家標準。
⑵衛生條件一定符合「食品衛生管理法」規定。
⑶包裝完整,標示誠實明確。
⑷均以國產農水畜產為主原料,富含本土風味特色。

CAS 優良食品係由行政院農業委員會及行政院衛生署會同執行單位之食品檢驗專家,就工廠的製造設施、使用原料、生產管理制度及製品的品質與衛生,並透過通路賣場的抽樣檢驗而認定者。

目前推出者有下列 12 大類優良食品:

編號	01	02	03	04	05	06	07	08	09	10	11	12
類別	肉品	冷凍食品	果蔬汁	良質米	醃漬蔬果	即食餐食	冷藏調理食品	生鮮食用菇	釀造食品	點心食品	生鮮蛋品	生鮮截切蔬果

經由行政院農業委員會委託專業機構認證之廠商及食品項目數,如

下表 13-1 所示。

表 13-1　優良食品 CAS 認證廠商家數及品項數一覽表

優良食品種類	認證廠商家數	認證品項數
肉品類	58（含 5 家超市）	2,358
冷凍食品類	40	558
果蔬汁類	13	28
良質米類	11	17
醃漬蔬果類	6	63
即食餐食類	22	336
冷藏調理食品類	11	52
生鮮食用菇類	5	7
釀造食品類	4	80
點心食品類	15	92
生鮮蛋品類	15	23
生鮮截切蔬果類	3	5
合計	203	3,619

註：認證廠家數及認證品項數迄 91 年 12 月 10 日。

13-4　優良藥品製造標準 (GMP)

優良藥品製造標準（Good Manufacturing Practice，簡稱 GMP）係為構建一良好的藥品製造作業制度，從原料入廠、生產，到成品包裝出廠，全部製造過程均納入嚴密、有組織、有系統的管理系統，以確保優良的藥品品質，維護人們的健康和安全，由行政院衛生署和經濟部於民國 71 年 5 月 26 日發佈實施。目前實施者係於民國 79 年 8 月 8 日修正而發佈者。

該標準規定藥品製造工廠應具備的基本事項有：

⑴應有適當之建築設施、空間及設備。

⑵所有作業均應分別制定明確之書面作業程序。

⑶應有經適當訓練能正確執行任務之作業人員。

⑷應使用合於既訂規格及儲存條件之原料、成品容器、封蓋、標示材料與包裝材料。

⑸所有製程應符合既訂之作業程序,並以明確而易評估之方式記載與保存足以追溯每批成品製造、加工、包裝、儲存、運銷等過程之紀錄,以確保成品數量品質合於既訂規格。

⑹成品應有適當之儲存與運銷制度,並建立足以迅速收回已運銷成品之系統。

其規範內容包含:①環境衛生、②廠房與設施、③設備、④組織與人事、⑤原料、成品容器及封蓋之管制、⑥製程管制、⑦包裝與標示管制、⑧儲存及運銷、⑨品質管制、⑩記錄與報告、⑪怨訴與退回成品之處理等 11 大項。每一次均有明確而詳盡的規定,必須嚴格且落實的遵守,始能取得且維持 GMP 的水準,截至 84 年 11 月底通過者有永信、臺灣氰胺、臺灣武田、……等共 208 家藥廠。

該標準有關品質管制之規定, 列屬於第三編藥廠作業規範中第六章,其條款自第 43 至 47 條均係品質管制之直接內容,茲將之列如下,以供讀者參考,其他與品質管制相關的課題則分佈於其他章及條款中。

第 43 條　　藥廠品質管制部門之職責及作業程序,均應以書面制訂,並遵行之。

品質管制部門之職責如左:

一　負責審核所有原料、成品容器、封蓋、半製品、包裝材料、標示材料、及成品之准用或拒用。並得審查製造紀錄,以確定並無任何錯誤發生,或錯誤發生時業經徹底進行調查。

二　負責審核足以影響成品成分、含量、品質及純度之作業程序或規格。

三　應有足夠之檢驗設施,供檢驗及審核原料、成品容器、封蓋、包裝材料、半製品及成品。

四　制訂有關儀器、裝置、儀表及記錄器之校正書面作業

程序，明確規定校正方法、日程表、精確度界限，以及未能符合精確度界限時之限制使用及補救措施。

五　配合市售儲存條件制訂成品安定性試驗有關取樣數量、試驗間隔、試驗方法等之書面作業程序，俾能決定適當之有效時間。

第 44 條　由藥廠有關部門制訂之規格、標準書、取樣計劃、檢驗程序、或本章所規定之檢驗管制措施、及其有關之任何變更，均應經品質管制部門審定後方得執行。本章所規定各項應確實遵行並紀錄執行過程，如與上述規定有所偏差，應加以紀錄並作合理判釋。

第 45 條　每批成品應予檢驗，以確定其符合最終規格。

不應含有害微生物之產品，必要時應逐批加以適當之有關檢驗。

每批成品與其各有效成分之原料，應抽取代表性之儲備樣品保存，成品儲備樣品之存放條件應與標示者相同；儲備數量應為足供所有規定檢驗所需要之兩倍以上，惟做滅菌檢查與熱原試驗者，其數量另視需要而定。

儲備樣品應保存至該成品之有效期間後一年，免於標示有效期間者，應至少保存至該成品之最後一批出廠後三年。

第 46 條　檢定原料、半製品、成品所需之動物應以適當之方式飼養維護及處理。實驗動物應加以標識，其保存之紀錄應足供追溯瞭解其使用歷程。

第 47 條　非青黴素類製品，必要時應予檢驗確定未被青黴素類藥品污染。

13–5　國際標準

　　國際標準組織（簡稱 ISO）於 1947 年 2 月 23 日正式成立，總部設在瑞士日內瓦，創始會員國共 25 國，目前約有 110 個會員國。依該組織規定每一國家僅能由一個標準制定機構（政府機構或民間團體皆可）參加，係一非官方性質之國際組織。

　　其成立之目的在於制定世界通用的國際標準，以促進標準國際化，減少技術性貿易障礙，截至目前為止 ISO 國際標準組織已制定公佈約 10,800 項之國際標準，近年來在國際間引起極大震撼與風潮的 ISO 9000 品質管理制度國際標準，就是由 ISO 國際標準組織所制定。

　　ISO 依據不同領域的需要而成立技術委員會（Technical Committee，簡稱 TC），負責標準的研究與制定，制定 ISO 9000 時，TC 委員會已有 170 個。技術委員會底下可因研究對象不同而設立分組委員會，並且成立工作小組進行草案研擬。

　　目前國際標準化組織的成員主要來源可分為三大類：正式會員（Participating Members）以 "P" 表示，觀察會員（Observing Members）以 "O" 表示，及通信組織（Liaison Organizations）以 "L" 表示，分別說明如下：

1. 正式會員 (Participating Members)

　　凡是具有代表性的標準化機構、協會、組織等團體，都可參加成為正式的會員。惟每個國家僅允許一個單位為正式會員。且所有的正式會員都必須以政府機構之名義申請加入，具有投票權，可以在活動中討論和處理有關文件。

2. 觀察會員 (Observing Members)

　　未具有國家代表性的標準化機構、協會、組織等團體加入者，沒有投票權，但仍然可以參加討論和收到相關的資訊。

3. 通信組織 (Liaison Organizations)

以國際性或區域性的組織加入者，可以參加討論和收到資訊，但沒有投票權。

ISO 的標準制定過程，先後要經過工作小組草案 (WD)、委員會草案 (CD)、國際標準草案 (DIS) 三個階段。CD 與 DIS 之不同在於 CD 僅徵詢意見，尚未正式頒行。如果國際標準草案獲得會員團體 75% 的投票贊成而通過，才會成為正式的國際標準。

ISO 品質管理制度系列標準之制定係參酌和彙總美軍標準 MIL-Q-9858A 品質計畫要求、北大西洋公約組織 (NATO) 之品保規範 AQAP (Applied Quality Assurance Publication) – 1.49、英國國家標準 BS 5750 Part 1 ～ Part 3、加拿大國家標準及其他國家標準而制定。

國際品質標準機構理事會在 1979 年 9 月單獨設置品質保證技術委員會 (TC 176 小組)，負責研擬品質保證系統的國際標準。1980 年由加拿大代表擔任 ISO/TC 176 主席時，分為三個小組，分別由法國、美國、英國擔任秘書團將 BS 5750 引進，對不同品質保證模式進行標準化，以建立各國所認同的國際單一品質標準。在 1987 年第六次集會時 TC 176 正式更名為「品質管理與品質保證委員會」，透過 ISO/TC 176 品質管理與品質保證技術委員會，以 BS 5750 為基礎及參考法國的 NFX 50 ～ 110，澳大利亞的 AS 1821、1822、1823，加拿大的 CSA Z 299.1 ～ 299.4，瑞士的 SN 029 100A、100B、100C 及挪威的 NS 5801、5802、5803 等各國的國家標準所制定的，將其轉定為 ISO 9001、ISO 9002 及 ISO 9003。

ISO 9004 以美國國家標準 ANSI/ASRC ZI-15-1979 為藍本，參考法國的 NFX 50 ～ 110、英國的 BS 4891、加拿大的 CSA Z 299.0、CSA 草案 0374 及德國 DIN 草定 55 ～ 355 等國家標準所制定。

於 1987 年 3 月 15 日，ISO/TC 176 技術委員會公佈 ISO 9000 系列品質保證標準，作為各國品質標準的參考依據。

ISO 品質管理系統系列標準公佈後，受到世界各工業國的重視，歐

洲標準組織 CEN (Europe Committee for Standardization) 於 1987 年 12 月依據 ISO 品質管理系統系列標準，將其轉定為歐洲標準 EN 29000 系列，並制定了歐洲共同體標誌 (CE Mark)，區外輸入歐市之產品，須取得 "CE" 標誌，才能與歐市單一市場完成交易；而 ISO 9000 系列驗證之取得，為 "CE" 標誌之必備條件之一，並要求歐洲共同市場 EC (Europe Community) 之 12 國及歐洲自由貿易協會 EFTA (Europe Committee for Standardization) 之 6 國共計 18 國，於六個月內將其轉訂為各國之國家標準。在 1992 年，超過 20,000 家組織在歐洲共同市場獲得認證。

其他歐市以外之工業國家，如美國、加拿大及日本等國，也積極推動 ISO 品質管理系統。美國在 1992 年約 500 多家公司獲得認證，到 1997 年底已增加到 18,000 個。許多獲證的動力來自歐洲聯盟條例 (European Union Regulation)，ISO 品質管理系統的採用有助於歐洲國家品質管理的一致性，使得越來越多的企業朝認證的目標邁進。亞洲及世界上其他地方，也都瞭解到 ISO 品質管理系統的價值，企圖在國際上發展的企業都不能忽視它的重要性。

我國則於民國 79 年 3 月由經濟部中央標準局將其轉定為中華民國國家標準 CNS 12680 ～ 12684 系列，次年民國 80 年 1 月 1 日開始大力推動 ISO 品管制度，接受廠商提出評核與登錄之申請；目前與商檢局簽訂相互驗證之國家尚有美國 UL 安全試驗所、加拿大品質管理機構 (QMI)、新加坡生產力與標準局 (PSB)、德國品質驗證協會 (DQS)、瑞士品保驗證協會 (SQB)、義大利品保制度驗證協會 (CISQ)、比利時 AVI 實驗室、法國品質保證協會 (AFAQ)、奧地利品保制度評鑑及驗證協會 (OQS) 等十國十個機構。

1987 年公佈之 ISO 9000 系列標準之架構如下：

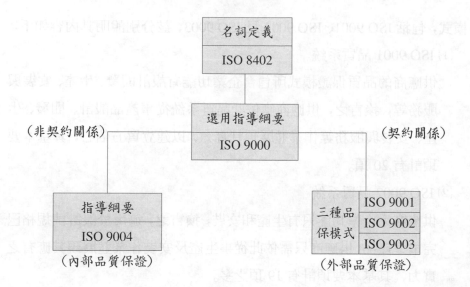

ISO 8402 雖非 ISO 9000 標準系列，但有助於品質標準訂定、國際溝通及相互瞭解之用，其中尤以名詞定義最有參考價值的為 ISO 9000 系列標準的引用。

ISO 9000 品質管理與品質保證標準係用作 ISO 外部品質保證系統選用的指導綱要，換言之，用以告知廠商何時選用 ISO 9001、ISO 9002 或 ISO 9003 的準則。ISO 9000 又包含下列三項標準：

(1) ISO 9000-1

　　品質管理與品質保證標準：選用之指導綱要。

(2) ISO 9000-2

　　品質管理與品質保證標準：ISO 9001、ISO 9002 及 ISO 9003 選用的一般指導綱要。

(3) ISO 9000-3

　　品質管理與品質保證標準：應用 ISO 9001 於軟體開發、供應與維護之指導綱要。

(4) ISO 9000-4

　　可恃性管理之應用。

其次說明 ISO 9000 系列品質管理與品質保證標準之外部品質保證

模式，包括 ISO 9001、ISO 9002 及 ISO 9003，茲分別說明其內容如下：

⑴ ISO 9001 品質系統

　　供應商的品質保證模式所包含企業功能有設計開發、生產、安裝與服務等，換言之，供應商應依此品質系統從事產品設計、開發、生產、安裝與服務等作業並展現其實力，以建立買方信心，其基本要項計有 20 項。

⑵ ISO 9002 品質系統

　　供應商之企業功能只有生產和安裝，換言之，適用於設計或規格已完成之產品，供應商只需依此從事生產及安裝作業並展現其應有之實力，其基本要項計有 19 項之多。

⑶ ISO 9003 品質系統

　　適用於供應商僅需在最終檢驗和試驗上展現其品質保證能力，獲致購買者信心即可，其基本要項計有 16 項。

　　接著，讓我們看看內部品質保證系統 ISO 9004，即告訴我們如何建立內部品質保證系統其內容如下：

⑴ ISO 9004–1

　　品質管理與品質系統要素：指導綱要。

⑵ ISO 9004–2

　　服務業之指導綱要。

⑶ ISO 9004–3

　　製程品之指導綱要。

⑷ ISO 9004–4

　　品質改善之指導綱要。

⑸ ISO 9004–5

　　品質保證計畫之指導綱要。

⑹ ISO 9004–6

　　專業計畫之指導綱要。

⑺ ISO 9004–7

形態管理之指導綱要。

至於有關 ISO 9000 系列品質基本要項列如下表 13-2 所示:

表 13-2

系統要項	ISO 9001	ISO 9002	ISO 9003
4.1　管理階層責任	●	●	○
4.2　品質系統	●	●	○
4.3　合約檢討	●	●	×
4.4　設計管制	●	×	×
4.5　文件管制	●	●	●
4.6　採購	●	●	×
4.7　採購者所提供之產品	●	●	×
4.8　產品之鑑別與追溯性	●	●	○
4.9　製程管制	●	●	×
4.10　檢查與測試	●	●	○
4.11　量具與試驗設備	●	●	●
4.12　檢查與測試狀況	●	●	●
4.13　不合格產品之管制	●	●	○
4.14　矯正措施	●	●	×
4.15　搬運儲存包裝與交貨	●	●	●
4.16　品質記錄	●	●	○
4.17　內部品質稽核	●	●	×
4.18　訓練	●	●	○
4.19　服務	●	×	×
4.20　統計技術	●	●	○
條文要項數	20 項	18 項	12 項

●表示包含，×表示不包含，○表示內容較 ISO 9001/9002 寬鬆。

　　ISO 9000 系列係屬認證式的品質系統，其認證之體系如下圖 13-1 所示:

圖 13-1　ISO 認證體系

　　ISO 國際標準組織修訂 ISO 9000 系列標準而於 1994 年頒佈實施，其架構與 1987 年版大致相同，只在要求項目及程度上略有強化。其基本要項如下表 13-3 所示：

表 13-3　ISO 9000 系列標準之基本要項（1994 年版）

系統要項	ISO 9001	ISO 9002	ISO 9003
4.1　管理階層責任	●	●	○
4.2　品質系統	●	●	○
4.3　合約檢討	●	●	●
4.4　設計管制	●	×	×
4.5　文件與資料管制（＊）	●	●	●
4.6　採購	●	●	×
4.7　客戶所提供產品之管制（＊）	●	●	●
4.8　產品之鑑別與追溯性	●	●	○
4.9　製程管制	●	●	×
4.10　檢查與測試	●	●	○
4.11　檢驗、量測與試驗設備之管制（＊）	●	●	●
4.12　檢查與測試狀況	●	●	●
4.13　不合格產品之管制	●	●	○
4.14　矯正與預防措施（＊）	●	●	○
4.15　搬運、儲存、包裝、保存與交貨（＊）	●	●	●
4.16　品質記錄之管制（＊）	●	●	○
4.17　內部品質稽核	●	●	○
4.18　訓練	●	●	○
4.19　服務	●	●	×
4.20　統計技術	●	●	○
條文要項數	20 項	19 項	16 項

＊：與 1987 年版比較，標題變更。

ISO 國際標準組織，一方面為提升國際品質管理水準，另一方面有鑑於過去數年來推動 ISO 9000 系列標準所帶來的文件沉重負擔，將 1994 年版約 20 份文件或標準整合成 4 份文件，而於 2000 年公佈實施，通稱為 2000 年版，其與 1994 年版之架構比較列如下表。

ISO 9000 系列 （2000 年版）	ISO 9000 系列 （1994 年版）	比較說明
ISO 9000 品質管理系統—— 基本概念及辭彙	ISO 8402 ISO 9000–1 ISO 9000–2 ISO 9000–3 ISO 9000–4	這是一份結合現有 ISO 8402 及 ISO 9000–1 中所有定義、概念及辭彙所整合而成的新文件，目前已獲致相當的進展
ISO 9001 品質管理系統—— 品質保證要求	ISO 9001 ISO 9002 ISO 9003	將 ISO 9001、ISO 9002 及 ISO 9003 三項標準結合為一，成為單一的新標準 (ISO 9001)
ISO 9004 品質管理系統—— 績效改善指導綱要	ISO 9004–1 ISO 9004–2 ISO 9004–3 ISO 9004–4 ISO 9004–5 ISO 9004–6	取代 ISO 9004–1 與部份標準，其餘 ISO 9004–2、ISO 9004–3 及 ISO 9000–4 則將廢止

●表示包含，×表示不包含，○表示內容較 ISO 9001/9002 寬鬆
資料來源：莊惠鈞，《營建業品質管理新趨勢——ISO 9000》，1995。

　　由是可知，2000 年版做了較大幅度的修正，茲將其與 1994 年版的基本要項（條件）比較如下表所示：

ISO 9001：2000 年版	ISO 9001：1994 年版
4.品質管理系統（標題）	4.品質系統要求（標題）
4.1　一般要求	4.2.1　概述

4.2　文件化要求（標題）	
4.2.1　概述	4.2.2　品質系統程序
4.2.2　品質手冊	4.2.1　概述
4.2.3　文件的管制	4.5.1＋4.5.2＋4.5.3　文件與資料管制
4.2.4　品質記錄的管制	4.16　品質記錄的管制
5.管理責任（標題）	
5.1　管理承諾	4.1.1　管理政策
5.2　顧客導向	4.3.2　審查
5.3　品質政策	4.1.1　管理政策
5.4　規劃（標題）	
5.4.1　品質目標	4.1.1　管理政策
5.4.2　品質管理系統規劃	4.2.3　品質規劃
5.5　責任、授權與溝通（標題）	
5.5.1　責任與授權	4.1.2.1　責任與授權
5.5.2　管理代表	4.1.2.3　管理代表
5.5.3　內部溝通	
5.6　管理審查（標題）	
5.6.1　概述	4.1.3　管理審查
5.6.2　審查輸入	
5.6.3　審查輸出	
6.資源管理（標題）	
6.1　資源的提供	4.1.2.2　資源
6.2　人力資源（標題）	
6.2.1　概述	4.1.2.2　資源
6.2.2　勝任、認知及訓練	4.18　訓練
6.3　設施	4.9　流程管制
6.4　工作環境	4.9　流程管制
7.產品／服務之實現（標題）	
7.1　產品／服務實現的規劃	4.2.3＋4.10.1
7.2　顧客相關的流程（標題）	
7.2.1產品相關需求的決定	4.3.2＋4.4.4
7.2.2　產品相關需求的審查	4.3.2＋4.3.3＋4.3.4
7.2.3　顧客溝通	4.3.2
7.3　設計與開發（標題）	
7.3.1　設計與開發規劃	4.4.2＋4.4.3

7.3.2	設計與開發輸入	4.4.4
7.3.3	設計與開發輸出	4.4.5
7.3.4	設計與開發審查	4.4.6
7.3.5	設計與開發驗證	4.4.7
7.3.6	設計與開發確認	4.4.8
7.3.7	設計與開發變更的管制	4.4.9
7.4	採購（標題）	
7.4.1	採購流程	4.6.2
7.4.2	採購資訊	4.6.3
7.4.3	採購產品的驗證	4.6.4 + 4.10.2
7.5	生產及服務的供應（標題）	
7.5.1	生產及服務供應的管制	4.9 + 4.15.6 + 4.19
7.5.2	生產及服務供應之流程的確認	4.9
7.5.3	鑑別與追溯	4.8 + 4.10.5 + 4.12
7.5.4	顧客財產	4.7
7.5.5	產品的保存	4.15.2 + 4.15.3 + 4.15.4 + 4.15.5
7.6	監控與量測儀器的管制	4.11.1 + 4.11.2
8.量測、分析及改善（標題）		
8.1	概述	4.10.1 + 4.20.1 + 4.20.2
8.2	監控與量測（標題）	
8.2.1	顧客滿意	
8.2.2	內部稽核	4.17
8.2.3	流程的監控與量測	4.17 + 4.20.1 + 4.20.2
8.2.4	產品的監控與量測	4.10.2 + 4.10.3 + 4.10.4 + 4.10.5 + 4.20.1 + 4.20.2
8.3	不合格品的管制	4.13.1 + 4.13.2
8.4	資料的分析	4.20.1 + 4.20.2
8.5	改善（標題）	
8.5.1	持續改善	4.1.3
8.5.2	矯正措施	4.14.1 + 4.14.2
8.5.3	預防措施	4.14.1 + 4.14.3

ISO 國際品質管理標準也採行 PDCA 來運作，其架構及說明如下：

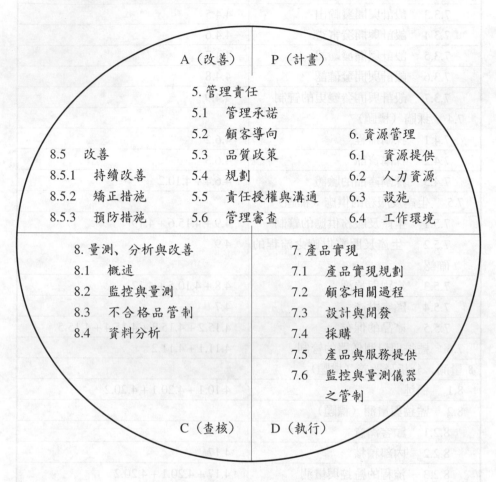

A（改善）　　P（計畫）

5. 管理責任
　5.1　管理承諾
　5.2　顧客導向　　　　　6. 資源管理
8.5　　改善　　　5.3　品質政策　　　6.1　資源提供
8.5.1　持續改善　　5.4　規劃　　　　6.2　人力資源
8.5.2　矯正措施　　5.5　責任授權與溝通　6.3　設施
8.5.3　預防措施　　5.6　管理審查　　　6.4　工作環境

8. 量測、分析與改善　　7. 產品實現
8.1　概述　　　　　　7.1　產品實現規劃
8.2　監控與量測　　　7.2　顧客相關過程
8.3　不合格品管制　　7.3　設計與開發
8.4　資料分析　　　　7.4　採購
　　　　　　　　　　7.5　產品與服務提供
　　　　　　　　　　7.6　監控與量測儀器
　　　　　　　　　　　　之管制

C（查核）　　D（執行）

Plan：第 5 章管理階層之責任及第六章資源管理。

Do：第 7 章產品／服務之實現。

Check：第 8 章 8.1 ～ 8.4 量測、分析及監控。

Act：第 8.5 節改善，將品質不良之原因分析後，傳送至第 5 章管理階層之責任。

ISO 9001：2000 年版已將 TQM 的思想引入並包含品質管理八項原則，其品質管理模式如下圖 13–2 所示，並將八項品質管理原則列述如下：

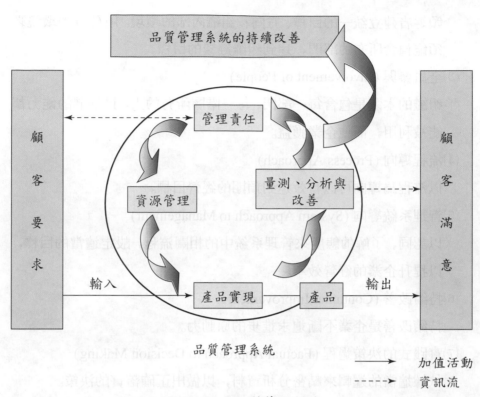

圖 13-2　品質管理模式

品質管理的八大原則

1. 客戶導向 (Customer Focus)
2. 領導力 (Leadership)
3. 全員參與 (Involvement of People)
4. 流程導向 (Process Approach)
5. 管理系統導向 (System Approach to Management)
6. 持續改善 (Continual Improvement)
7. 實踐式的決策過程 (Factual Approach to Decision Making)
8. 與協力廠商的雙贏關係 (Mutually Beneficial Supplier Relationships)

資料來源：徐文達，《新版國際標準 ISO 9001，第二草案出探》，1999。

⑴客戶導向 (Customer Focus)

　　指組織必須依賴客戶，了解目前和未來客戶的需要，迎合顧客的需求，努力超出顧客預期的成果。

⑵領導力 (Leadership)

　　領導者建立統一的目標、方向和組織內部的環境。所建立的環境必
　　須能包含所有的部門，達到組織經營的目標。

⑶全員參與 (Involvement of People)

　　組織的本體是包含每一部門、每一階層所有的人，且他們的能力都
　　能被利用，而使企業獲益。

⑷流程導向 (Process Approach)

　　以流程為導向可以有效達到預期的經營目標。

⑸管理系統導向 (System Approach to Management)

　　以認同、了解的態度來管理系統中的相關流程，設定適當的目標，
　　以提升企業的經營效率。

⑹持續改善 (Continual Improvement)

　　持續改善是企業不斷追求進步的原動力。

⑺實踐式的決策過程 (Factual Approach to Decision Making)

　　依據適當的邏輯來精密分析資料，以做出正確落實的決策。

⑻與協力廠商的雙贏關係 (Mutually Beneficial Supplier Relationships)

　　與組織的供應商建立兩者雙贏的關係，使兩者都能提高作業效率及
　　獲利。

習　題

1 試述我國國家標準 (CNS) 的內容和功用。

2 試述優良藥品製造標準 (GMP) 的規定和做法，試以一製藥公司為例
　提出 GMP 的研究報告。

3 試述 ISO9000 品質管理制度及其企業的重要性。

4 試述 ISO9000 推動的成功關鍵因素。

5 試述 ISO9000 的品質管理 8 大原則。

第14章

品質獎

14-1　引　言

　　美國於雷根總統時期,發現生產下滑,雷根總統指示,推動全國生產力研討會,由美國生產力與品質中心 (The American Productivity and Quality Center) 負責籌劃白宮生產力研討會。有鑑於日本戴明獎 (Deming Prize) 所帶來日本產業的傑出表現,因而建議設立國家品質獎,因此,美國馬康巴立治國家品質獎（Malcolm Baldrige National Quality Award, 簡稱 MBNQA）於 1987 年 8 月 20 日正式立法成立（公共法 100～107）。

　　美國推動國家品質獎以來,使 MBNQA 成為全面品質推展的極有效的觸媒,引起世界各國的仿效而紛紛成立,我國亦於 1990 年 1 月 16 日正式核定「行政院頒發國家品質獎實施要點」頒佈實施,十三年來,深受政界、學界及產業界的肯定,帶動學術界和產業界全面品質管理推動的熱潮和卓越的成就。

　　國家品質獎在近代的品質管理上扮演著極重要的角色,故將全球重要的國家品質獎分別介紹於下。

🖱 14-2　中華民國國家品質獎

為了提升全面品質，增強國際競爭力，我國經濟部在行政院指示下，於 1988 年起推動「全面提昇產品品質計畫」，期望透過品質人才教育訓練、產品品質技術推廣、品質綜合研究發展、品質意識推廣、實驗室認證制度建立及國家品質獎頒發等六大計畫，協助我國企業全面提升品質。因此，行政院於 1990 年 1 月 16 日核定「行政院頒發國家品質獎實施要點」頒佈實施，並於該年度正式開始推展，確立了國家品質獎的頒發。

國家品質獎為國家最高品質榮譽，其設立的目的在於「樹立一最高品質管理典範，讓企業能夠觀摩學習，同時透過評選過程，清楚的將這一套品質管理典範成為企業強化體質，增加競爭實力的參考標準」。在此目的下，國家品質獎除了每年舉辦一次評選外，並於頒獎後要求獲獎公司及個人發表其全面品質管理的理念、做法和實績，以供其他企業或個人觀摩學習。其評選時程大略為每年二月廿八日前報名，四月十日前繳交「國家品質獎申請報告書」，七到九月間進行評選作業，而於十月份舉辦頒獎典禮。

行政院為了推動國家品質獎的評選和頒獎，特成立「行政院國家品質獎評審委員會」，其下設有主任委員一人，由經濟部長兼任，執行秘書及副執行秘書各一人，通常由工業局局長及商業司司長擔任，另設有顧問一至三人，十三年來均聘日本品管專家草場一郎為顧問。在委員會下則設有「工作小組」及「評審小組」，秉承委員會之命，執行國家品質獎評選作業，其組織系統圖如下：

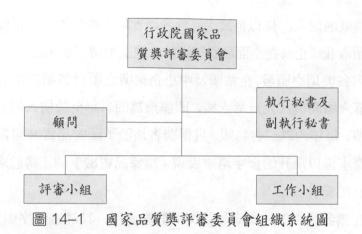

圖 14-1　國家品質獎評審委員會組織系統圖

其次，介紹國家品質獎之獎項，國家品質獎分成三大類，並各有其細類，茲分述如下：

1.企業獎

企業獎係獎勵推行全面品質管理具有卓越績效之大型企業，直到 2001 年為止，只限八大行業。

2.中小企業獎

係獎勵推行全面品質管理具有卓越績效之中小企業，所謂中小企業，依據經濟部的定義為：「資本額在六千萬元以下或員工人數在 200人以內之企業」，而其獎勵範圍亦限於八大行業。

3.個人獎

個人獎係獎勵對全面品質管理之研究、推廣或實踐具有卓越績效之個人。因專業分工愈來愈專精，一人無法兼具全部才華，因此從第六屆（1995 年）開始將個人獎分成個人研究獎、個人推廣獎及個人實踐獎。個人研究獎係頒給對全面品質管理具有卓越研究成果之個人，其主要對象以大專以上教授為主，僅於第十二屆有一人獲獎。其二為個人推廣獎，係獎勵推廣全面品質管理有卓越績效之個人，其重點在於全面品質管理的輔導和講授為主。最後一項為個人實踐獎，係獎勵實踐全面品質管理

有傑出成就的個人，係以企業之經營管理者為主要對象，目前得獎人數最多，顯示我國企業在全面品質管理的實施上相當有成果。

上列各獎項之頒發，企業獎及中小企業獎之頒發名額在前五屆各二名，從第六屆開發八大行業之後，即擴增為四名。至於個人研究、推廣和實踐獎，每年均以二名為限。凡得獎者均頒予國家品質獎證書及獎座各一，獎座係以飛升的金字塔來表現「國家品質獎」的「精益求精，追求卓越」的精神。

現在讓我們來談談國家品質獎的評審過程，其評審程序如下：

申請國家品質獎的個人或企業，經資格審查合於規定後，即進行下列的評審作業：

1. 初　審

針對企業所呈報的「國家品質獎申請報告書」或個人所提報的著作、論文及事蹟資料，由評審小組委員進行書面審查。

2. 複　審

經初審合格的企業或個人，即進行複審作業。複審時，企業依排定的時間表，由評審小組委員 5 到 9 人赴企業現場進行複審，查證其實際營運情況和績效；個人則依排定時間表，由評審小組委員進行懇談，以了解個人一生的為人處世理念、做法及成果。

3. 決　審

複審結束後，由評審小組委員議決推薦名單，送經國家品質獎評審委員會審核後報行政院長核定，即可舉行頒獎典禮。

國家品質獎於 2001 年開始實施新變革，申請的單位除原有的企業類、中小企業類及個人獎外，另增關機關團體類，二年下來已有三家大型醫院獲頒國家品質獎。預估 2003 年後可能會再開始其他行業申請。

此次變革最大者應為評審項目，從原來企業類與中小企業類不同評審準則，統一成一致的評審準則，而其評審項目也作了極大幅度的變更，

其評審權數也作相當的修正，其中最大者為經營績效，從原來配分權數的 12% 提升到 30%。茲將 2002 年的評審準則列如下表：

表 14-1　國家品質獎評審準則

NO	評審項目		
1	一、領導與經營理念【權重：150】	(一)經營理念與價值觀	*1.組織經營理念與價值觀的形成與內涵 *2.組織經營理念與價值觀的落實
		(二)組織使命與願景	*1.組織使命與願景的形成與內涵 *2.組織使命與願景的落實
		(三)高階經營層的領導能力	*1.高階主管的領導能力 2.組織績效的檢視
		(四)全面品質文化的塑造	1.推行全面品質文化的領導能力 2.全面品質管理的理念與文化 3.組織功能與職責
		(五)社會責任	1.公共安全與衛生 2.環境保護 3.社會關係
2	二、創新與策略管理【權重：110】	(一)創新價值	1.創新研發單位的投入 2.創新的具體成果
		(二)經營模式與策略規劃	1.經營模式的建立、運作與評估 2.策略目標 3.策略發展程序 4.危機管理／風險管理之考量
		(三)策略執行與改進	1.行動方案的發展和部署 2.績效評估與改進
3	三、顧客與市場發展【權重：110】	(一)產品（服務）與市場策略	1.對目前顧客的掌握 2.對未來顧客的掌握
		(二)顧客與商情管理	1.顧客資料庫的建立 2.顧客資料庫的應用
		(三)顧客關係管理	1.顧客服務體系建立的程度 2.顧客服務執行的相關做法 3.顧客滿意度的衡量與做法 4.顧客關係改善工作的檢討與改進

4	四、人力資源與 知識管理 【權重：110】	(一)人力資源規劃	1.人力資源管理策略的規劃與執行 2.人力結構的分析與改善
		(二)人力資源開發	1.教育訓練的計畫與實施 2.教育訓練設施與經費的安排
		(三)人力資源運用	1.人才任用、升遷制度的設計 2.員工生涯規劃與輪調制度的設計
		(四)員工關係管理	1.激勵制度 2.員工福利 3.勞資關係 4.員工滿意度 5.員工安全與衛生有關活動的計畫與實施 6.安全與衛生法令的執行 7.災害與處理
		(五)知識管理	1.知識的確認與取得 2.知識的發展、應用與更新 3.知識的傳播 4.知識管理產生的價值
5	五、資訊策略、 應用與管理 【權重：110】	(一)資訊策略規劃	1.資訊策略的形成 2.資訊取得的完整性與方式 3.資訊的品質 4.資訊系統的維持、更新與改善 5.以資訊策略提升組織競爭力的做法
		(二)網路應用	1.網路應用的層面與廣度 2.網路應用的基本架構與功能 3.利用網路提升競爭力的做法
		(三)資訊應用	1.資訊的分析 2.資訊的應用
6	六、流程（過程） 管理 【權重：110】	(一)產品流程（過程） 管理	1.產品開發過程的設計 2.產品的作業與傳遞過程 3.品質管制過程 4.作業與傳遞過程的檢討改進
		(二)支援性活動管理	1.關鍵支援性營運過程的設計

			2.關鍵支援性營運過程的改善
		㈢跨組織關係管理	1.外部合作的重要產品或服務 2.評估制度的設計 3.提升績效制度的設計
7	七、經營績效 【權重：300】	㈠顧客滿意度績效	1.顧客滿意度的檢視 2.顧客抱怨的處理 3.顧客關係與忠誠度 4.產品及服務品質績效指標
		㈡市場發展績效	
		㈢財務績效	
		㈣人力資源發展績效	
		㈤資訊管理績效	
		㈥流程管理績效	
		㈦創新及核心競爭力績效	
		㈧社會評價（品質榮譽）	1.組織榮譽衡量指標 2.組織責任衡量指標
計	【總權重：1,000】		

14–3　美國國家品質獎

　　美國國家品質獎係於 1980 年代末期由美國商務部主導和建置，於 1987 年成立，1988 年首屆頒獎，仍由美國商務部負責管理、推動和發展，通常稱為馬康巴立治國家品質獎（Malcolm Baldrige National Quality Award，簡稱 MBNQA），而由美國品質學會（American Society for Quality，簡稱 ASQ）舉辦或執行。其目的在於強化美國的競爭力，鼓勵企業組織導入 TQM 以提升組織的品質和生產力。

　　美國國家品質獎（MBNQA）建置在「核心價值與概念」上，協助企業組織善用整合性的組織績效管理，其評審的架構如下：

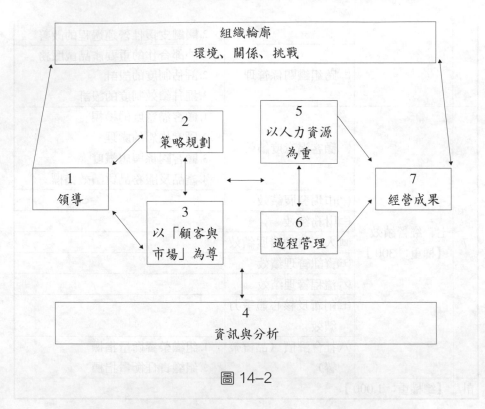

圖 14-2

至於其評審準則，如下表所示：

表 14-2 「美國國家品質獎」（2002 年）評審準則

No	評審項目				備註
1	領導 【權重：120 點】	1.1	組織領導	A.高級領導方向	80 點
				B.組織績效審查	
		1.2	公眾責任與國民義務	A.對於公眾責任	40 點
				B.關鍵社區的支持	
2	策略規劃 【權重： 85 點】	2.1	策略發展	A.策略發展過程	40 點
				B.策略目標	
		2.2	策略展開	A.矯正計畫「發展與展開」	45 點
				B.策略目標	
3	以「顧客與市場」為尊 【權重： 85 點】	3.1	「顧客與市場」知識	A.「顧客與市場」知識	40 點
		3.2	顧客 「關係與滿意」	A.顧客關係	45 點
				B.顧客滿意判定	

4	資訊與分析 【權重： 90 點】	4.1	組織績效的「量測與分析」	A.績效量測	50 點
				B.績效分析	
		4.2	資訊管理	A.數據可用性	40 點
				B.「硬體與軟體」品質	
5	以人力資源為重 【權重： 85 點】	5.1	工作制度	A.工作制度	35 點
		5.2	員工「教育、訓練與發展」	A.員工「教育、訓練與發展」	25 點
		5.3	員工「福利與滿意」	A.工作環境	25 點
				B.員工「支持與滿意」	
6	過程管理 【權重： 85 點】	6.1	「產品與服務」過程	A.設計過程	45 點
				B.「製程／運送」過程	
		6.2	業務過程	A.業務過程	25 點
		6.3	支援過程	A.支援過程	15 點
7	經營成果 【權重：450 點】	7.1	以客為尊成果	A.顧客成果	125 點
				B.「產品與服務」成果	
		7.2	「財務與市場」成果	A.「財務與市場」成果	125 點
		7.3	人力資源成果	A.人力資源成果	80 點
		7.4	組織效能成果	A.營運成果	120 點
				B.「公眾責任與國民義務」成果	
計	【權重：1000 點】				

📺14–4　歐洲國家品質獎

　　歐洲優良品質管理基金會 (European Foundation for Quality Management，簡稱 EFQM) 係一非營利性組織，西元 1988 年 9 月 15 日創建於比利時的布魯塞爾 (Brussels)，迄西元 2000 年元月為止已擁有超過 800 個會員，該基金會根據「歐洲國家品質獎」(European Quality Award) 評審標準提出一項 EFQM 卓越模式 (EFQM Model for Business Excellence) 架構，如圖 14–3。

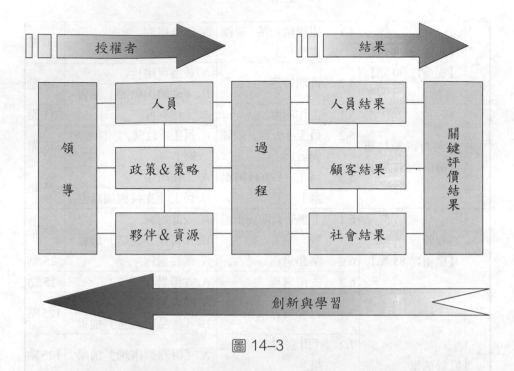

圖 14-3

　　EFQM 卓越模式架構包括八大概念原則：①結果導向，②以客為尊，③「領導與目標」的一致性，④「過程與實績」管理，⑤人員「發展與參與」，⑥持續「學習、創新、改善」，⑦夥伴發展，⑧公共責任。歐洲國家品質獎評鑑分為兩段，九大項，32 子項，前段「授權者」與後段「結果」各佔 500 點，總計 1,000 點；其權重因子項不同要求重點而配點自然有所不同。「歐洲國家品質獎」評審標準如表 14-3 所示。

　　歐洲國家品質獎分別以四種層級肯定申請人獲獎得主：①歐洲國家品質獎得主 (European Quality Award Winner)，②歐洲國家品質獎獎賞得主 (European Quality Award Prize Winner)，③卓越肯定獎 (Recognized for Excellence)——2001 年，歐洲優良品質管理基金會新導入，④歐洲國家品質獎總得主 (European Quality Award Finalist)。

表 14-3 「歐洲國家品質獎」(2002 年) 評審標準

No			評審項目	備註
1	領導 【權重: 10%】	1a	領導者發展「任務、願景與價值」，而且是優質文化典範	25%
		1b	領導者親自參與，確保組織的管理系統「發展、實施與持續改進」	25%
		1c	領導者與「顧客、夥伴與社會代表」共同參與	25%
		1d	領導者「激勵、支持與肯定」人員	25%
2	政策 & 策略 【權重: 8%】	2a	「政策與策略」植基於管理人「現在與未來」之「需求和期望」	
		2b	「政策與策略」植基於來自相關活動「績效評價、研究、學習與創造力」	
		2c	「政策與策略」之「發展、審核與更新」	
		2d	「政策與策略」透過關鍵過程的架構而展開	
		2e	「政策與策略」之「溝通與實施」	
3	人員 【權重: 9%】	3a	人員資源「規劃、管理與提升」	
		3b	人員「知識與能力」之「鑑別、發展與激勵」	
		3c	人員「參與及授權」	
		3d	「人員與組織」意見交流	
		3e	人員「獎勵、肯定與照料」	
4	夥伴 & 資源 【權重: 9%】	4a	外部夥伴關係管理	
		4b	財務管理	
		4c	「建築物、設備與材料」管理	
		4d	技術管理	
		4e	「資訊與知識」管理	
5	過程 【權重: 14%】	5a	過程系統化「設計與管理」	
		5b	必要時，過程改善採用創新以充分地滿足與衍生對於顧客和其他管理人增加價值	
		5c	植基於顧客「需求和期望」，進行「產品與服務」之「設計與發展」	
		5d	「產品與服務」生產、遞送與效勞	
		5e	「顧客關係」管理與加強	
6	顧客結果 【權重: 20%】	6a	認知量測	75%
		6b	績效指標	25%
7	人員結果 【權重: 9%】	7a	認知量測	75%
		7b	績效指標	25%

8	社會結果 【權重：6%】	8a	認知量測	25%
		8b	績效指標	75%
9	關鍵評價結果 【權重：15%】	9a	關鍵績效結局	50%
		9b	關鍵績效指標	50%
計	【權重：100%】			

14–5　日本戴明獎

　　1950 年 7 月戴明 (W. E. Deming) 博士接受「日本科技聯」邀請講授品質管理課程，並將 *Dr. Deming 8 Lectures on Statistical Control of Quality* 版稅捐贈日本科技聯；為感念戴明博士之貢獻，日本科技聯成立基金會創設「戴明獎」；該獎可分成「本獎」、「實施獎」和「營業所表彰」。「本獎」是授與對統計手法運用有極大貢獻的個人／團體。「實施獎」則頒給實施 TQM 具顯著績效的企業單位／企業事業部。「營業所表彰」則是頒給實施以 TQM 為導向之品質管理之企業營業所。戴明獎（2002 年）評價基準共由三部份所組成：「基本事項」、「具特徵活動」及「高階經營者領導能力發揮」。基本事項評審標準如表 14–4，具特徵活動評審標準如表 14–5、高階經營者領導能力發揮評審標準如表 14–6。

表 14–4　「戴明獎」（2002）年基本事項評審標準

No	評審項目		備註
1	於品質管理系統相關經營方針之展開 【配點：20 點】	A.方針與戰略	10 點
		B.方針的展開	10 點
2	「新商品的開發」及「業務的改革」 【配點：20 點】	A.積極性	10 點
		B.成果	10 點
3	產品「品質與業務」的品質的「管理與改善」 【配點：20 點】	A.日常管理	10 點
		B.持續改善	10 點
4	「品質、數量、交期、價格、安全與環境」等的管理系統的整備 【配點：10 點】		10 點

5	品質資訊的蒐集、IT（資訊技術）分析的活用 【配點：15 點】		15 點
6	人才的能力開發 【配點：15 點】		15 點
計	【總配點：100 點】		100 點

表 14-5　「戴明獎」（2002 年）具特徵活動評審標準

No	評審項目		備註
1	高階經營者「願景、經營策略與領導」	強力領導發揮共有願景價值觀	
		制定經營策略實施於優良企業	
		組織「變革與改善」優質化願景	
2	創造顧客價值	以品質系統開發為基礎，提供產品／服務，創造顧客價值	
3	大幅改善組織績效	提升品質	
		改善「速度、生產性」	
		降低成本	
		確保「環境、安全」	
4	確立組織的經營基盤	提高技術力	
		因應經營環境的變化	
		強化人才能力開發	
		整備資訊基盤	
5	其他未盡事宜		

表 14-6　「戴明獎」（2002 年）高階經營者領導能力發揮評審標準

No	評審項目		備註
1	高階經營者「領導、願景、策略」	1.1　高階經營者領導	
		1.2　組織的「願景與策略」	
2	TQM 管理系統	2.1　組織結構與其營運	
		2.2　日常管理	
		2.3　方針管理	
		2.4　與「ISO 9000 及 ISO 14000」之關係	
		2.5　與其他的經營改善方案的關係	
		2.6　TQM 的「推動與營運」	
3	品質保證系統	3.1　品質保證系統	

		3.2	新產品開發、新技術開發	
		3.3	工程（過程）管理	
		3.4	與「ISO 9000 及 ISO 14000」之關係	
		3.5	檢查、品質評價、品質監查	
		3.6	有關生命週期整體活動	
4	經營要素別管理系統	4.1	機能別管理與其營運	
		4.2	「產量、交期」管理	
		4.3	成本管理	
		4.4	環境管理	
		4.5	「安全、衛生、勞動環境」管理	
5	人才培育	5.1	「人」在經營上的定位	
		5.2	教育、訓練	
		5.3	人性尊嚴的尊重	
6	資訊的活用	6.1	「資訊」在經營上的定位	
		6.2	資訊系統	
		6.3	解析與意志決定支援	
		6.4	「標準化與結構」管理	
7	TQM 想法、價值觀	7.1	品質	
		7.2	管理、改善	
		7.3	人性尊重	
8	科學手法	8.1	手法的「理解與活用」	
		8.2	問題解決法的「理解與活用」	
9	組織力（核心技術、速度、活力）	9.1	核心技術	
		9.2	速度	
		9.3	活力	
10	為達成企業目的之貢獻	10.1	顧客關係性	
		10.2	員工關係性	
		10.3	社會關係性	
		10.4	交易對象關係性	
		10.5	股東關係性	
		10.6	組織任務的達成	
		10.7	確保持續利益	

習　題

1 試述中華民國國家品質獎的內容及其評審重點。

2 試比較美國 MBNQA、我國 NQA、歐洲 EQA 及日本戴明獎的異同。

3 試搜集我國國家品質獎歷屆得獎名單。

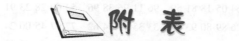

附表

附表 1-1　亂數表

10 09 73 25 33	76 52 01 35 86	34 67 35 48 76	80 95 90 91 17	39 29 27 49 45
37 54 20 48 05	64 89 47 42 96	24 80 52 40 37	20 63 61 04 02	00 82 29 16 85
08 42 26 89 53	19 66 45 09 30	23 20 90 25 60	15 95 33 47 54	35 08 03 36 08
99 01 90 25 29	09 37 67 07 15	38 31 13 11 65	88 67 67 43 97	04 43 62 76 59
12 80 79 99 70	30 15 73 61 47	64 03 23 66 53	98 95 11 68 77	12 17 17 68 33
65 06 57 47 17	34 07 27 68 50	36 69 73 61 70	85 81 33 98 85	11 19 92 01 70
31 69 01 08 05	45 57 18 24 06	35 30 34 26 14	80 79 90 74 39	23 40 30 97 22
85 26 97 76 02	02 05 16 56 92	63 68 57 48 18	73 05 33 52 47	18 62 38 85 79
63 57 33 21 35	05 32 54 70 48	90 55 35 75 43	28 48 32 87 09	83 49 12 56 24
73 79 64 57 53	03 52 96 47 78	35 80 83 42 82	60 93 52 03 44	35 27 38 94 35
98 52 01 77 67	14 90 56 86 07	22 10 94 05 58	60 97 09 34 33	50 50 07 39 33
11 80 50 54 31	39 80 82 77 73	50 72 55 82 48	29 40 52 42 01	32 77 56 78 17
83 45 29 96 34	06 28 89 80 83	13 74 67 00 73	18 47 54 06 10	68 71 17 78 17
88 68 54 02 00	86 50 75 84 01	36 76 66 76 51	90 36 47 64 93	29 60 91 10 62
99 59 46 73 48	87 54 76 49 69	91 82 60 89 28	93 73 56 13 68	33 47 83 41 13
65 48 11 76 74	17 46 85 09 50	58 04 77 23 74	73 03 95 71 86	40 21 31 65 44
80 12 43 55 35	17 72 70 80 15	45 31 82 23 74	21 11 57 82 52	14 38 55 37 63
74 35 09 98 17	7740277214	48 23 60 02 10	45 52 16 42 37	96 28 60 26 55
69 91 52 68 03	66 25 22 91 48	36 93 68 72 03	76 62 11 39 90	94 40 05 64 18
09 89 32 05 05	14 22 56 35 14	46 42 75 67 38	96 29 77 88 32	54 38 21 45 98
91 49 91 45 23	68 47 92 76 86	46 16 28 35 54	94 75 08 99 23	37 08 92 00 45
80 33 69 45 98	26 94 03 68 58	70 29 73 41 35	53 14 03 33 40	42 05 08 23 41
44 10 48 19 49	85 15 74 79 54	32 97 92 65 75	37 60 04 08 81	22 22 20 64 15
12 55 07 37 42	11 10 00 20 40	12 36 67 46 97	96 64 48 94 39	23 70 72 58 15
63 60 64 93 29	16 50 53 44 34	40 21 95 25 63	43 65 17 70 82	07 30 73 17 90
61 19 69 04 46	26 45 74 77 74	51 92 43 37 29	65 39 45 95 93	42 58 26 05 27
15 47 44 52 66	95 27 07 99 53	59 36 78 38 48	82 39 61 01 18	32 21 15 94 66
94 55 72 85 73	67 89 75 43 87	54 62 24 44 31	91 19 04 25 92	92 92 74 59 73
42 48 11 62 13	97 34 40 87 21	16 86 34 87 37	03 07 11 20 59	25 70 14 66 70
23 52 37 83 17	73 20 88 98 37	68 93 59 14 16	26 25 22 96 65	05 52 28 25 62
04 49 35 24 94	75 24 63 38 24	45 36 25 10 25	61 96 27 93 35	65 33 71 24 72

```
00 54 99 76 54    64 05 18 81 59    96 11 96 38 96    54 69 28 23 91    23 28 72 95 29
35 96 31 53 07    26 89 80 93 54    33 35 13 54 62    77 97 45 00 24    90 10 33 93 06
39 80 80 83 91    45 42 72 68 42    83 60 94 97 00    13 02 12 48 92    78 55 52 01 06
46 05 88 52 36    01 39 00 22 86    77 28 14 40 77    93 91 08 36 47    70 61 74 29 41

32 17 90 05 97    87 37 92 52 41    05 56 70 70 07    86 74 31 71 57    85 39 41 18 38
69 23 46 14 06    20 11 74 52 04    15 95 66 00 00    18 74 39 24 23    97 11 89 63 38
19 58 54 14 30    01 75 87 53 79    40 41 92 15 85    66 64 43 68 06    84 96 28 52 07
45 15 51 49 38    19 47 60 72 46    43 66 79 45 43    59 04 79 00 33    20 82 66 95 41
94 86 43 19 94    36 16 81 08 51    34 88 88 15 53    01 54 03 54 56    05 01 45 11 76

98 08 62 48 26    45 24 02 84 04    44 99 90 88 96    39 09 47 34 07    35 44 14 18 80
33 18 51 62 32    41 94 15 09 49    89 43 54 85 81    88 69 54 19 94    37 54 87 30 42
80 95 10 04 06    96 38 27 07 74    20 15 12 33 87    25 01 62 52 94    94 62 46 11 71
79 75 24 91 40    71 96 12 82 96    69 85 10 25 91    74 85 22 05 39    00 38 75 95 79
18 63 33 25 37    98 14 50 65 74    31 01 02 46 74    05 45 55 14 27    77 95 89 19 36

74 02 94 39 02    77 55 73 22 70    97 79 01 71 19    52 52 75 80 21    80 81 45 17 48
54 17 84 56 11    80 99 33 71 43    05 33 51 29 69    56 12 71 92 55    36 04 09 03 24
11 66 44 98 83    52 07 98 48 27    59 38 17 15 39    09 97 33 34 40    88 46 12 33 56
48 32 47 79 28    31 24 96 47 10    02 29 53 68 70    32 30 75 75 46    15 02 00 99 94
69 07 49 41 38    87 63 79 19 76    35 58 40 44 01    10 51 82 16 15    01 84 87 69 38
```

附表 1-2　常態分配數值表

$$\Phi(z) = \int_{-\infty}^{z} \frac{1}{\sqrt{2\pi}} \exp(-y^2/2) dy$$

z	0.09	0.08	0.07	0.06	0.05	0.04	0.03	0.02	0.01	0.00
−4.00	0.00002	0.00002	0.00002	0.00003	0.00003	0.00003	0.00003	0.00003	0.00003	0.00003
−3.90	0.00003	0.00003	0.00004	0.00004	0.00004	0.00004	0.00004	0.00004	0.00005	0.00005
−3.80	0.00005	0.00005	0.00005	0.00006	0.00006	0.00006	0.00006	0.00007	0.00007	0.00007
−3.70	0.00008	0.00008	0.00008	0.00009	0.00009	0.00009	0.00010	0.00010	0.00010	0.00011
−3.60	0.00011	0.00012	0.00012	0.00013	0.00013	0.00014	0.00014	0.00015	0.00015	0.00016
−3.50	0.00017	0.00017	0.00018	0.00019	0.00019	0.00020	0.00021	0.00022	0.00022	0.00023
−3.40	0.00024	0.00025	0.00026	0.00027	0.00028	0.00029	0.00030	0.00031	0.00033	0.00034
−3.30	0.00035	0.00036	0.00038	0.00039	0.00040	0.00042	0.00043	0.00045	0.00047	0.00048
−3.20	0.00050	0.00052	0.00054	0.00056	0.00058	0.00060	0.00062	0.00064	0.00066	0.00069
−3.10	0.00071	0.00074	0.00076	0.00079	0.00082	0.00085	0.00087	0.00090	0.00094	0.00097
−3.00	0.00100	0.00104	0.00107	0.00111	0.00114	0.00118	0.00122	0.00126	0.00131	0.00135
−2.90	0.0014	0.0014	0.0015	0.0015	0.0016	0.0016	0.0017	0.0018	0.0018	0.0019
−2.80	0.0019	0.0020	0.0021	0.0021	0.0022	0.0023	0.0023	0.0024	0.0025	0.0026
−2.70	0.0026	0.0027	0.0028	0.0029	0.0030	0.0031	0.0032	0.0033	0.0034	0.0035
−2.60	0.0036	0.0037	0.0038	0.0039	0.0040	0.0041	0.0043	0.0044	0.0045	0.0047
−2.50	0.0048	0.0049	0.0051	0.0052	0.0054	0.0055	0.0057	0.0059	0.0060	0.0062
−2.40	0.0064	0.0066	0.0068	0.0069	0.0071	0.0073	0.0075	0.0078	0.0080	0.0082
−2.30	0.0084	0.0087	0.0089	0.0091	0.0094	0.0096	0.0099	0.0102	0.0104	0.0107
−2.20	0.0110	0.0113	0.0116	0.0119	0.0122	0.0125	0.0129	0.0132	0.0136	0.0139
−2.10	0.0143	0.0146	0.0150	0.0154	0.0158	0.0162	0.0166	0.0170	0.0174	0.0179
−2.00	0.0183	0.0188	0.0192	0.0197	0.0202	0.0207	0.0212	0.0217	0.0222	0.0228
−1.90	0.0233	0.0239	0.0244	0.0250	0.0256	0.0262	0.0268	0.0274	0.0281	0.0287
−1.80	0.0294	0.0301	0.0307	0.0314	0.0322	0.0329	0.0336	0.0344	0.0351	0.0359
−1.70	0.0367	0.0375	0.0384	0.0392	0.0401	0.0409	0.0418	0.0427	0.0436	0.0446
−1.60	0.0455	0.0465	0.0475	0.0485	0.0495	0.0505	0.0516	0.0526	0.0537	0.0548
−1.50	0.0559	0.0571	0.0582	0.0594	0.0606	0.0618	0.0630	0.0643	0.0655	0.0668
−1.40	0.0681	0.0694	0.0708	0.0721	0.0735	0.0749	0.0764	0.0778	0.0793	0.0808
−1.30	0.0823	0.0838	0.0853	0.0869	0.0885	0.0901	0.0918	0.0934	0.0951	0.0968
−1.20	0.0985	0.1003	0.1020	0.1038	0.1057	0.1075	0.1093	0.1112	0.1131	0.1151
−1.10	0.1170	0.1190	0.1210	0.1230	0.1251	0.1271	0.1292	0.1314	0.1335	0.1357
−1.00	0.1379	0.1401	0.1423	0.1446	0.1469	0.1492	0.1515	0.1539	0.1562	0.1587
−0.90	0.1611	0.1635	0.1660	0.1685	0.1711	0.1736	0.1762	0.1788	0.1814	0.1841
−0.80	0.1867	0.1894	0.1922	0.1949	0.1977	0.2005	0.2033	0.2061	0.2090	0.2119
−0.70	0.2148	0.2177	0.2207	0.2236	0.2266	0.2297	0.2327	0.2358	0.2389	0.2420
−0.60	0.2451	0.2483	0.2514	0.2546	0.2578	0.2611	0.2643	0.2676	0.2709	0.2743
−0.50	0.2776	0.2810	0.2843	0.2877	0.2912	0.2946	0.2981	0.3015	0.3050	0.3085
−0.40	0.3121	0.3156	0.3192	0.3228	0.3264	0.3300	0.3336	0.3372	0.3409	0.3446
−0.30	0.3483	0.3520	0.3557	0.3594	0.3632	0.3669	0.3707	0.3745	0.3783	0.3821
−0.20	0.3859	0.3897	0.3936	0.3974	0.4013	0.4052	0.4090	0.4129	0.4168	0.4207
−0.10	0.4247	0.4286	0.4325	0.4364	0.4404	0.4443	0.4483	0.4522	0.4562	0.4602
−0.00	0.4641	0.4681	0.4721	0.4761	0.4801	0.4840	0.4880	0.4920	0.4960	0.5000

z	0.00	0.01	0.02	0.03	0.04	0.05	0.06	0.07	0.08	0.09
0.00	0.5000	0.5040	0.5080	0.5120	0.5160	0.5199	0.5239	0.5279	0.5319	0.5359
0.10	0.5398	0.5438	0.5478	0.5517	0.5557	0.5596	0.5636	0.5675	0.5714	0.5753
0.20	0.5793	0.5832	0.5871	0.5910	0.5948	0.5987	0.6026	0.6064	0.6103	0.6141
0.30	0.6179	0.6217	0.6255	0.6293	0.6331	0.6368	0.6406	0.6443	0.6480	0.6517
0.40	0.6554	0.6591	0.6628	0.6664	0.6700	0.6736	0.6772	0.6808	0.6844	0.6879
0.50	0.6915	0.6950	0.6985	0.7019	0.7054	0.7088	0.7123	0.7157	0.7190	0.7224
0.60	0.7257	0.7291	0.7324	0.7357	0.7389	0.7422	0.7454	0.7486	0.7517	0.7549
0.70	0.7580	0.7611	0.7642	0.7673	0.7704	0.7734	0.7764	0.7794	0.7823	0.7852
0.80	0.7881	0.7910	0.7939	0.7967	0.7995	0.8023	0.8051	0.8079	0.8106	0.8133
0.90	0.8159	0.8186	0.8212	0.8238	0.8264	0.8289	0.8315	0.8340	0.8365	0.8389
1.00	0.8413	0.8438	0.8461	0.8485	0.8508	0.8531	0.8554	0.8577	0.8599	0.8621
1.10	0.8643	0.8665	0.8686	0.8708	0.8729	0.8749	0.8770	0.8790	0.8810	0.8830
1.20	0.8849	0.8869	0.8888	0.8907	0.8925	0.8944	0.8962	0.8980	0.8997	0.9015
1.30	0.9032	0.9049	0.9066	0.9082	0.9099	0.9115	0.9131	0.9147	0.9162	0.9177
1.40	0.9192	0.9207	0.9222	0.9236	0.9251	0.9265	0.9279	0.9292	0.9306	0.9319
1.50	0.9332	0.9345	0.9357	0.9370	0.9382	0.9394	0.9406	0.9418	0.9429	0.9441
1.60	0.9452	0.9463	0.9474	0.9484	0.9495	0.9505	0.9515	0.9525	0.9535	0.9545
1.70	0.9554	0.9564	0.9573	0.9582	0.9591	0.9599	0.9608	0.9616	0.9625	0.9633
1.80	0.9641	0.9649	0.9656	0.9664	0.9671	0.9678	0.9686	0.9693	0.9699	0.9706
1.90	0.9713	0.9719	0.9726	0.9732	0.9738	0.9744	0.9750	0.9756	0.9761	0.9767
2.00	0.9773	0.9778	0.9783	0.9788	0.9793	0.9798	0.9803	0.9808	0.9812	0.9817
2.10	0.9821	0.9826	0.9830	0.9834	0.9838	0.9842	0.9846	0.9850	0.9854	0.9857
2.20	0.9861	0.9864	0.9868	0.9871	0.9875	0.9878	0.9881	0.9884	0.9887	0.9890
2.30	0.9893	0.9896	0.9898	0.9901	0.9904	0.9906	0.9909	0.9911	0.9913	0.9916
2.40	0.9918	0.9920	0.9922	0.9925	0.9927	0.9929	0.9931	0.9932	0.9934	0.9936
2.50	0.9938	0.9940	0.9941	0.9943	0.9945	0.9946	0.9948	0.9949	0.9951	0.9952
2.60	0.9953	0.9955	0.9956	0.9957	0.9959	0.9960	0.9961	0.9962	0.9963	0.9964
2.70	0.9965	0.9966	0.9967	0.9968	0.9969	0.9970	0.9971	0.9972	0.9973	0.9974
2.80	0.9974	0.9975	0.9976	0.9977	0.9977	0.9978	0.9979	0.9979	0.9980	0.9981
2.90	0.9981	0.9982	0.9983	0.9983	0.9984	0.9984	0.9985	0.9985	0.9986	0.9986
3.00	0.99865	0.99869	0.99874	0.99878	0.99882	0.99886	0.99889	0.99893	0.99897	0.99900
3.10	0.99903	0.99907	0.99910	0.99913	0.99916	0.99918	0.99921	0.99924	0.99926	0.99929
3.20	0.99931	0.99934	0.99936	0.99938	0.99940	0.99942	0.99944	0.99946	0.99948	0.99950
3.30	0.99952	0.99953	0.99955	0.99957	0.99958	0.99960	0.99961	0.99962	0.99964	0.99965
3.40	0.99966	0.99968	0.99969	0.99970	0.99971	0.99972	0.99973	0.99974	0.99975	0.99976
3.50	0.99977	0.99978	0.99978	0.99979	0.99980	0.99981	0.99982	0.99982	0.99983	0.99984
3.60	0.99984	0.99985	0.99985	0.99986	0.99986	0.99987	0.99987	0.99988	0.99988	0.99989
3.70	0.99989	0.99990	0.99990	0.99990	0.99991	0.99991	0.99992	0.99992	0.99992	0.99993
3.80	0.99993	0.99993	0.99993	0.99994	0.99994	0.99994	0.99994	0.99995	0.99995	0.99995
3.90	0.99995	0.99995	0.99996	0.99996	0.99996	0.99996	0.99996	0.99996	0.99997	0.99997
4.00	0.99997	0.99997	0.99997	0.99997	0.99997	0.99997	0.99998	0.99998	0.99998	0.99998

附表 1–3 管制圖數值表

n	A	A_2	A_3	E_2	C_4	B_3	B_4	B_5	B_6	m_3A_2	m_3A_3	D_6	D_5
2	2.121	1.880	2.659	2.660	0.798	0	3.267	0	2.606	1.880	2.224	3.864	–
3	1.732	1.023	1.954	1.772	0.886	0	2.568	0	2.276	1.187	1.265	2.744	–
4	1.500	0.729	1.628	1.457	0.921	0	2.266	0	2.088	0.796	0.828	2.375	–
5	1.342	0.577	1.427	1.290	0.940	0	2.089	0	1.964	0.691	0.712	2.179	–
6	1.225	0.483	1.287	1.184	0.952	0.030	1.970	0.029	1.874	0.549	0.562	2.055	–
7	1.134	0.419	1.182	1.109	0.959	0.118	1.882	0.113	1.806	0.509	0.520	1.967	0.078
8	1.061	0.373	1.099	1.054	0.965	0.185	1.815	0.179	1.751	0.432	0.441	1.902	0.139
9	1.000	0.337	1.032	1.010	0.969	0.239	1.761	0.232	1.707	0.412	0.419	1.850	0.187
10	0.949	0.308	0.975	0.975	0.973	0.284	1.716	0.276	1.669	0.363	0.369	1.808	0.227
11	0.905	0.285	0.927	0.946	0.975	0.321	1.679	0.313	1.637				
12	0.866	0.266	0.886	0.921	0.978	0.354	1.646	0.346	1.610				
13	0.832	0.249	0.850	0.899	0.979	0.382	1.618	0.374	1.585				
14	0.802	0.235	0.817	0.881	0.981	0.406	1.594	0.399	1.563				
15	0.775	0.223	0.789	0.864	0.982	0.428	1.572	0.421	1.544				
16	0.750	0.212	0.763	0.849	0.984	0.448	1.552	0.440	1.526				
17	0.728	0.203	0.739	0.836	0.985	0.466	1.534	0.458	1.511				
18	0.707	0.194	0.718	0.824	0.985	0.482	1.518	0.475	1.496				
19	0.688	0.187	0.698	0.813	0.986	0.497	1.503	0.490	1.483				
20	0.671	0.180	0.680	0.803	0.987	0.510	1.490	0.504	1.470				
21	0.655	0.173	0.663	0.794	0.988	0.523	1.477	0.516	1.459				
22	0.640	0.167	0.647	0.785	0.988	0.534	1.466	0.528	1.448				
23	0.626	1.162	0.633	0.778	0.989	0.545	1.455	0.539	1.438				
24	0.612	0.157	0.619	0.770	0.989	0.555	1.445	0.549	1.429				
25	0.600	0.153	0.606	0.763	0.990	0.565	1.435	0.559	1.420				
>25	$3/\sqrt{n}$	$3/(d_2\sqrt{n})$	$3/(C_4\sqrt{n})$	$3/d_2$	$\bar{s}/\sigma$	$1-3C_5/C_4$	$1+3C_5/C_4$	C_4-3C_5	C_4+3C_5				

附表 1-4　F 分配數值圖表

附表 1-4-1

機率 $P = 0.95$ 時之界線值 F_p

v_2＼v_1	1	2	3	4	5	6	7	8	9	10	12	15	20	24	30	40	60	120	∞
1	161.4	199.5	215.7	224.6	230.2	234.0	236.8	238.9	240.5	241.9	243.9	245.9	248.0	249.1	250.1	251.1	252.2	253.3	254.3
2	18.51	19.00	19.16	19.25	19.30	19.33	19.35	19.37	19.38	19.40	19.41	19.43	19.45	19.45	19.46	19.47	19.48	19.49	19.50
3	10.13	9.55	9.28	9.12	9.12	8.94	8.89	8.85	8.81	8.79	8.74	8.70	8.66	8.64	8.62	8.59	8.57	8.55	8.53
4	7.71	6.94	6.59	6.39	6.26	6.16	6.09	6.04	6.00	5.96	5.91	5.86	5.80	5.77	5.75	5.72	5.69	5.66	5.63
5	6.61	5.79	5.41	5.19	5.05	4.95	4.88	4.82	4.77	4.74	4.68	4.62	4.56	4.53	4.50	4.46	4.43	4.40	4.36
6	5.99	5.14	4.76	4.53	4.39	4.28	4.21	4.15	4.10	4.06	4.00	3.94	3.87	3.84	3.81	3.77	3.74	3.70	3.67
7	5.59	4.74	4.35	4.12	3.97	3.87	3.79	3.73	3.68	3.64	3.57	3.51	3.44	3.41	3.38	3.34	3.30	3.27	3.23
8	5.32	4.46	4.07	3.84	3.69	3.58	3.50	3.44	3.39	3.35	3.28	3.22	3.15	3.12	3.08	3.04	3.01	2.97	2.93
9	5.12	4.26	3.86	3.63	3.48	3.37	3.29	3.23	3.18	3.14	3.07	2.01	2.94	2.90	2.86	2.83	2.79	2.75	2.71
10	4.96	4.10	3.71	3.48	3.33	3.22	3.14	2.95	3.02	2.98	2.91	2.85	2.77	2.74	2.70	2.66	2.62	2.58	2.54
11	4.84	3.98	3.59	3.36	3.20	3.09	3.01	2.95	2.90	2.85	2.79	2.72	2.65	2.61	2.57	2.53	2.49	2.45	2.40
12	4.75	3.89	3.49	3.26	3.11	3.00	2.91	2.77	2.80	2.75	2.69	2.62	2.54	2.51	2.47	2.43	2.38	2.34	2.30
13	4.67	3.81	3.41	3.18	3.03	2.92	2.83	2.70	2.71	2.67	2.60	2.53	2.46	2.42	2.38	2.34	2.30	2.25	2.21
14	4.60	3.74	3.34	3.11	2.96	2.85	2.76	2.64	2.65	2.60	2.53	2.46	2.39	2.35	2.31	2.27	2.22	2.18	2.13
15	4.54	3.68	3.29	3.06	2.90	2.79	2.71	2.64	2.59	2.54	2.48	2.40	2.33	2.29	2.25	2.20	2.16	2.11	2.07
16	4.49	3.63	3.24	3.01	2.85	2.74	2.66	2.59	2.54	2.49	2.42	2.35	2.28	2.24	2.19	2.15	2.11	2.06	2.01
17	4.45	3.59	3.20	2.96	2.81	2.70	2.61	2.55	2.49	2.45	2.38	2.31	2.23	2.19	2.15	2.10	2.06	2.01	1.96
18	4.41	3.55	3.16	2.93	2.77	2.66	2.58	2.51	2.46	2.41	2.34	2.27	2.19	2.15	2.11	2.06	2.02	1.97	1.92
19	4.38	3.52	3.13	2.90	2.74	2.63	2.54	2.48	2.42	2.38	2.31	2.23	2.16	2.11	2.07	2.03	1.98.	1.93	1.88
20	4.35	3.49	3..10	2.87	2.71	2.60	2.51	2.45	2.39	2.35	2.28	2.20	2.12	2.08	2.04	1.99	1.95	1.90	1.84
21	4.32	3.47	3.07	2.84	2.68	2.57	2.49	2.42	2.37	2.32	2.25	2.18	2.10	2.05	2.01	1.96	1.92	1.87	1.81
22	4.30	3.44	3.05	2.82	2.66	2.55	2.46	2.40	2.34	2.30	2.23	2.15	2.07	2.03	1.98	1.94	1.89	1.84	1.78
23	4.28	3.42	3.03	2.80	2.64	2.53	2.44	2.37	2.32	2.27	2.20	2.13	2.05	2.01	1.96	1.91	1.86	1.81	1.76
24	4..26	3.40	3.01	2.78	2.62	2.51	2.42	2.36	2.30	2.25	2..18	2.11	2.03	1.98	1.94	1.89	1.84	1.79	1.73
25	4.24	3.39	2.99	2.76	2.60	2.49	2.40	2.34	2.28	2.24	2.16	2.09	2.01	1.96	1.92	1.87	1.82	1.77	1.71
26	4.23	3.37	2.98	2.74	2.59	2.47	2.39	2.32	2.27	2.22	2.15	2.07	1.99	1.95	1.90	1.85	1.80	1.75	1.69
27	4.21	3.35	2.96	2.73	2.57	2.46	2.37	2.31	2.25	2.20	2.13	2.06	1.97	1.93	1.88	1.84	1.79	1.73	1.67
28	4.20	3.34	2.95	2.71	2.56	2.45	2.36	2.29	2.24	2.19	2.12	2.04	1.96	1.91	1.87	1.82	1.77	1.71	1.65
29	4.18	3.33	2.93	2.70	2.55	2.43	2.335	2.28	2.22	2.18	2.10	2.03	1.94	1.90	1.85	1.81	1.75	1.70	1.64
30	4.17	3.32	2.92	2.69	2.53	2.42	2.33	2.27	2.21	2.16	2.09	2.01	1.93	1.89	1.84	1.79	1.74	1.68	1.62
40	4.08	3.23	2.84	2.61	2.45	2.34	2.25	2.18	2.12	2.08	2.00	1.92	1.84	1.79	1.74	1.69	1.64	1.58	1.51
60	4.00	3.15	2.76	2.53	2.37	2.25	2.17	2.10	2.04	1.99	1.92	1.84	1.75	1.70	1.65	1.59	1.53	1.47	1.39
120	3.92	3.07	2.68	2.45	2.29	2.17	2.09	2.02	1.96	1.91	1.83	1.75	1.66	1.61	1.55	1.50	1.43	1.35	1.25
∞	3.84	3.00	2.60	2.37	2.21	2.10	2.01	1.94	1.88	1.83	1.75	1.67	1.57	1.52	1.46	1.39	1.32	1.22	1.00

附表 1-4-2

機率 $P = 0.99$ 時之界線值 F_p

v_2＼v_1	1	2	3	4	5	6	7	8	9	10	12	15	20	24	30	40	60	120	∞
1	4052	4999	5403	5625	5764	5859	5928	5982	6022	6056	6106	6157	6209	6235	6261	6287	6313	6313	6366
2	98.50	99.00	99.17	99.25	99.30	99.30	99.36	99.37	99.39	99.40	99.42	99.43	99.45	99.46	99.47	99.47	99.48	99.49	99.50
3	34.12	30.82	29.46	28.71	28.24	27.91	27.67	27.49	27.35	27.23	27.05	26.87	26.69	26.60	26.50	26.41	26.32	26.22	26.13
4	21.20	18.00	16.69	15.98	15.52	15.21	14.98	14.80	14.66	14.55	14.37	14.20	14.02	13.93	13.84	13.75	13.65	13.56	13.46
5	16.26	13.27	12.06	11.39	10.97	10.67	10.46	10.29	10.16	10.05	9.89	9.7262	9.55	9.47	9.38	9.29	9.20	9.11	9.02
6	13.75	10.92	9.78	9.15	8.75	8.47	8.26	8.10	7.98	7.87	7.72	7.56	7.40	7.31	7.23	7.14	7.06	6.97	6.88
7	12.25	9.55	8.45	7.85	7.46	7.19	6.99	6.84	6.72	6.62	6.47	6.31	6.16	6.07	5.99	5.91	5.82	5.74	5.65
8	11.26	8.65	7.59	7.01	6.63	6.37	6.18	6.03	5.91	5.81	5.67	5.52	5.36	5.28	5.20	5.12	5.03	4.95	4.86
9	10.56	8.02	6.99	6.42	6.06	5.80	5.61	5.47	5.35	5.26	5.11	4.96	4.81	4.73	4.65	4.57	4.48	4.40	4.31
10	10.04	7.56	6.55	5.99	5.64	5.39	5.20	5.06	4.94	4.85	4.71	4.56	4.41	4.33	4.25	4.17	4.08	4.00	3.91
11	9.65	7.21	6.22	5.67	5.32	5.07	4.89	4.74	4.63	4.54	4.40	4.25	4.10	4.02	3.94	3.86	3.78	3.69	3.60
12	9.33	6.93	5.95	5.41	5.06	4.82	4.64	4.50	4.39	4.30	4.16	4.01	3.86	3.78	3.70	3.62	3.54	3.45	3.36
13	9.07	6.70	5.74	5.21	4.86	4.62	4.44	4.30	4.19	4.10	3.96	3.82	3.66	3.59	3.51	3.43	3.34	3.25	3.17
14	8.86	6.51	5.56	5.04	4.69	4.46	4.28	4.14	4.03	3.94	3.80	3.66	3.51	3.43	3.35	3.27	3.18	3.09	3.00
15	8.68	6.36	5.42	4.89	4.56	4.32	4.14	4.00	3.89	3.80	3.67	3.52	3.37	3.29	3.21	3.13	3.05	2.96	2.87
16	8.53	6.23	5.29	4.77	4.44	4.20	4.03	3.89	3.78	3.69	3.55	3.41	3.26	3.18	3.10	3.02	2.93	2.84	2.75
17	8.40	6.11	5.18	4.67	4.34	4.10	3.93	3.79	3.68	3.59	3.46	3.31	3.16	3.08	3.00	2.92	2.83	2.75	2.65
18	8.29	6.01	5.09	4.58	4.25	4.01	3.84	3.71	3.60	3.51	3.37	3.23	3.08	3.00	2.92	2.84	2.75	2.66	2.57
19	8.18	5.93	5.01	4.50	4.17	3.94	3.77	3.63	3.52	3.43	3.30	3.15	3.00	2.92	2.84	2.76	2.67	2.58	2.49
20	8.10	5.85	4.94	4.43	4.10	3.87	3.70	3.56	3.46	3.37	3.23	3.09	2.94	2.86	2.78	2.69	2.61	2.52	2.42
21	8.02	5.78	4.87	4.37	4.04	3.81	3.64	3.51	3.40	3.31	3.17	3.03	2.88	2.80	2.72	2.64	2.55	2.46	2.36
22	7.95	5.72	4.82	4.31	3.99	3.76	3.59	3.45	3.35	3.26	3.12	2.98	2.83	2.75	2.67	2.58	2.50	2.40	2.31
23	7.88	5.66	4.76	4.26	3.94	3.71	3.54	3.41	3.30	3.21	3.07	2.93	2.78	2.70	2.62	2.54	2.45	2.35	2.26
24	7.82	5.61	4.72	4.22	3.90	3.67	3.50	3.36	3.26	3.17	3.03	2.89	2.74	2.66	2.58	2.49	2.40	2.31	2.21
25	7.77	5.57	4.68	4.18	3.85	3.63	3.46	3.32	3.22	3.13	2.99	2.85	2.70	2.62	2.54	2.45	2.36	2.27	2.17
26	7.72	5.53	4.64	4.14	3.82	3.59	3.42	3.29	3.18	3.09	2.96	2.81	2.66	2.58	2.50	2.42	2.33	2.23	2.13
27	7.68	5.49	4.60	4.11	3.78	3.56	3.39	3.26	3.15	3.06	2.93	2.78	2.63	2.55	2.47	2.38	2.29	2.20	2.10
28	7.64	5.45	4.57	4.07	3.75	3.53	3.36	3.23	3.12	3.03	2.90	2.75	2.60	2.52	2.44	2.35	2.26	2.17	2.06
29	7.60	5.42	4.54	4.04	3.73	3.50	3.33	3.20	3.09	3.00	2.87	2.73	2.57	2.49	2.41	2.33	2.23	2.14	2.03
30	7.56	5.39	4.51	4.02	3.70	3.47	3.30	3.17	3.07	2.98	2.84	2.70	2.55	2.47	2.39	2.30	2.21	2.11	2.01
40	7.31	5.18	4.31	3.83	3.51	3.29	3.12	3.99	2.99	2.80	2.66	2.52	2.37	2.29	2.20	2.11	2.02	1.92	1.80
60	7.08	4.98	4.13	3.65	3.34	3.12	2.95	3.82	2.72	2.63	2.50	2.35	2.20	2.12	2.03	1.94	1.84	1.73	1.60
120	6.85	4.79	3.95	3.48	3.17	2.96	2.79	2.66	2.56	2.47	2.34	2.19	2.03	1.95	2.86	1.76	1.66	1.53	1.38
∞	6.63	4.61	3.78	3.32	3.02	2.80	2.64	2.51	2.41	2.32	2.18	2.04	1.88	1.79	1.70	1.59	1.47	1.32	1.00

附表 2-1　日本規準型抽樣計畫表

附表 2-1-1　JIS Z9002 表

$\alpha \fallingdotseq 0.05,\ \beta \fallingdotseq 0.10$

$p_0(\%)$ ＼ $p_1(\%)$	0.71~0.90	0.91~1.12	1.13~1.40	1.41~1.80	1.81~2.24	2.25~2.80	2.81~3.55	3.56~4.50	4.51~5.60	5.61~7.10	7.11~9.00	9.01~11.2	11.3~14.0	14.1~18.0	18.1~22.4	22.5~28.0	28.1~35.5
0.090~0.112	*	400 1	300 1	↓	→	↑	60 0	50 0	↓	→	→	↓	→	→	→	→	→
0.113~0.140	*	→	300 1	250 1	→	↓	→	→	40 0	↑	→	→	→	↓	→	→	→
0.141~0.180	*	500 2	→	250 1	200 1	→	↓	→	→	30 0	↑	→	→	→	→	→	→
0.181~0.224	*	*	400 2	→	200 1	150 1	→	↓	→	→	25 0	↓	→	→	→	→	→
0.225~0.280	*	*	500 3	300 2	→	150 1	120 1	→	↓	→	→	20 0	↓	→	→	→	↓
0.281~0.355	*	*	*	400 3	250 2	→	100 1	→	↓	→	↑	→	15 0	→	↓	→	→
0.356~0.450	*	*	*	500 4	300 3	200 2	→	80 1	→	↓	→	↑	→	15 0	→	↓	→
0.451~0.560	*	*	*	→	400 4	250 3	150 2	→	60 1	→	↓	→	→	→	10 0	→	↑
0.561~0.710	*	*	*	*	500 6	300 4	200 3	120 2	→	50 1	→	↓	→	10 0	→	7 0	→
0.711~0.900	*	*	*	*	→	400 6	250 4	150 3	100 2	→	40 1	→	↓	→	↑	→	5 0
0.901~1.12	*	*	*	*	*	→	300 6	200 4	120 3	80 2	→	40 1	→	↓	→	↑	→
1.13~1.40	*	*	*	*	*	*	500 10	300 6	150 4	100 3	60 2	→	30 1	→	↓	→	↑
1.41~1.80	*	*	*	*	*	*	400 10	250 6	120 4	80 3	50 2	→	30 1	→	↓	→	
1.81~2.24	*	*	*	*	*	*	*	300 10	200 6	100 4	60 3	40 2	→	25 1	→	↓	
2.25~2.80	*	*	*	*	*	*	*	*	250 10	150 6	100 6	70 4	50 3	40 2	20 1	→	
2.81~3.55	*	*	*	*	*	*	*	*	*	200 10	120 6	70 4	60 4	40 3	25 2	15 1	
3.56~4.50	*	*	*	*	*	*	*	*	*	*	200 10	100 6	60 4	50 4	40 4	30 3	20 2
4.51~5.60	*	*	*	*	*	*	*	*	*	*	150 10	80 6	60 6	50 6	40 4	25 3	15 2
5.61~7.10	*	*	*	*	*	*	*	*	*	*	*	120 10	60 6	50 6	30 4	20 3	
7.11~9.00	*	*	*	*	*	*	*	*	*	*	*	*	100 10	70 10	40 6	25 4	
9.01~11.2	*	*	*	*	*	*	*	*	*	*	*	*	*	60 10	60 10	30 6	

附表 2-1-2　抽樣計劃設計補助表 (JIS Z9002)

p_1/p_0	c	n
17　以上	0	$2.56/p_0 + 115/p_1$
16　～7.9	1	$17.8/p_0 + 194/p_1$
7.8　～5.6	2	$40.9/p_0 + 266/p_1$
5.5　～4.4	3	$68.3/p_0 + 334/p_1$
4.3　～3.6	4	$98.5/p_0 + 400/p_1$
3.5　～2.8	6	$164/p_0 + 527/p_1$
2.7　～2.3	10	$308/p_0 + 770/p_1$
2.2　～2.0	15	$502/p_0 + 1065/p_1$
1.99～1.86	20	$704/p_0 + 1350/p_1$

附表 2-2　逐次抽樣計劃 JIS Z9009

$p_1(\%)$		0.71	0.91	1.13	1.41	1.81	2.25	2.81	3.56	4.51	5.61	7.11	9.01	11.3	14.1	18.1	22.5	28.1	$p_1(\%)$
		~	~	~	~	~	~	~	~	~	~	~	~	~	~	~	~	~	
$p_0(\%)$		0.90	1.12	1.40	1.80	2.24	2.80	3.55	4.50	5.60	7.10	9.00	11.2	14.0	18.0	22.4	28.0	35.5	$p_0(\%)$
0.090	h_0	1.079	0.974	0.887	0.808	0.747	0.694	0.647	0.604	0.568	0.535	0.504	0.479	0.454	0.429	0.408	0.388	0.367	0.090
~	h_1	0.385	1.250	1.139	1.037	0.959	0.891	0.830	0.775	0.723	0.687	0.647	0.615	0.583	0.551	0.524	0.498	0.471	~
0.112	s	0.003	0.004	0.005	0.006	0.006	0.008	0.009	0.011	0.013	0.015	0.019	0.021	0.027	0.033	0.040	0.049	0.062	0.112
0.113	h_0	1.209	1.076	0.973	0.878	0.807	0.746	0.691	0.642	0.602	0.565	0.534	0.502	0.475	0.448	0.425	0.402	0.381	0.113
~	h_1	1.551	1.384	1.249	1.123	1.035	0.957	0.887	0.824	0.773	0.725	0.681	0.644	0.610	0.575	0.546	0.517	0.489	~
0.140	s	0.004	0.004	0.005	0.006	0.007	0.008	0.009	0.011	0.013	0.016	0.019	0.023	0.028	0.035	0.042	0.051	0.064	0.140
0.141	h_0	1.394	1.223	1.090	0.972	0.885	0.812	0.748	0.691	0.645	0.603	0.564	0.531	0.502	0.471	0.446	0.420	0.398	0.141
~	h_1	1.788	1.570	1.398	1.247	1.136	1.042	0.960	0.887	0.827	0.773	0.724	0.682	0.644	0.605	0.572	0.539	0.511	~
0.180	s	0.004	0.005	0.005	0.006	0.007	0.009	0.010	0.012	0.014	0.017	0.021	0.025	0.029	0.036	0.044	0.052	0.067	0.180
0.181	h_0	1.617	1.392	1.222	1.076	0.970	0.884	0.808	0.742	0.689	0.641	0.597	0.561	0.528	0.495	0.467	0.440	0.414	0.181
~	h_1	2.075	1.787	1.568	1.390	1.245	1.134	1.037	0.952	0.884	0.823	0.767	0.720	0.677	0.635	0.599	0.565	0.532	~
0.224	s	0.004	0.005	0.006	0.007	0.008	0.009	0.011	0.013	0.015	0.018	0.022	0.026	0.031	0.038	0.046	0.056	0.069	0.224
0.225	h_0		1.616	1.390	1.204	1.074	0.968	0.879	0.801	0.740	0.685	0.619	0.594	0.572	0.520	0.489	0.460	0.432	0.225
~	h_1		2.073	1.784	1.545	1.378	1.243	1.127	1.028	0.949	0.879	0.795	0.762	0.715	0.667	0.628	0.591	0.554	~
0.280	s		0.006	0.006	0.007	0.009	0.010	0.012	0.014	0.016	0.019	0.022	0.027	0.032	0.040	0.048	0.059	0.072	0.280
0.281	h_0			1.623	1.375	1.207	1.076	0.966	0.873	0.801	0.737	0.679	0.633	0.591	0.549	0.515	0.483	0.452	0.281
~	h_1			2.082	1.764	1.549	1.380	1.240	1.120	1.027	0.945	0.872	0.812	0.758	0.705	0.661	0.620	0.580	~
0.355	s			0.007	0.008	0.009	0.011	0.012	0.015	0.017	0.020	0.021	0.029	0.034	0.042	0.050	0.061	0.075	0.355
0.356	h_0				1.610	1.335	1.215	1.077	0.963	0.875	0.799	0.732	0.674	0.629	0.584	0.545	0.509	0.475	0.356
~	h_1				2.066	1.777	1.559	1.382	1.235	1.123	1.026	0.940	0.864	0.808	0.749	0.699	0.654	0.610	~
0.450	s				0.009	0.010	0.012	0.013	0.016	0.018	0.022	0.026	0.030	0.036	0.044	0.053	0.064	0.079	0.450
0.451	h_0				1.915	1.607	1.382	1.206	1.065	0.959	0.868	0.790	0.727	0.673	0.620	0.576	0.537	0.499	0.451
~	h_1				2.457	2.062	1.773	1.548	1.366	1.230	1.114	1.014	0.933	0.863	0.795	0.740	0.689	0.640	~
0.560	s				0.009	0.011	0.012	0.011	0.017	0.020	0.023	0.028	0.032	0.038	0.047	0.056	0.067	0.083	0.560
0.561	h_0					1.926	1.612	1.377	1.197	1.064	0.954	0.860	0.786	0.723	0.662	0.613	0.558	0.526	0.561
~	h_1					2.471	2.068	1.767	1.535	1.365	1.224	1.104	1.009	0.928	0.849	0.786	0.72	0.675	~
0.710	s					0.012	0.013	0.016	0.018	0.021	0.025	0.030	0.035	0.041	0.049	0.060	0.071	0.087	0.710
0.711	h_0						1.947	1.615	1.371	1.200	1.062	0.947	0.859	0.784	0.712	0.656	0.601	0.554	0.711
~	h_1						2.499	2.072	1.760	1.540	1.363	1.215	1.102	1.005	0.913	0.842	0.772	0.710	~
0.900	s						0.015	0.017	0.020	0.023	0.027	0.032	0.037	0.044	0.053	0.063	0.075	0.091	0.900
0.901	h_0							1.965	1.589	1.364	1.188	1.046	0.939	0.850	0.767	0.702	0.644	0.590	0.901
~	h_1							2.521	2.039	1.751	1.525	1.342	1.205	1.091	0.984	0.901	0.827	0.757	~
1.12	s							0.019	0.022	0.025	0.030	0.034	0.040	0.047	0.056	0.066	0.079	0.096	1.12
1.13	h_0								1.890	1.580	1.349	1.169	1.037	0.929	0.831	0.755	0.689	0.627	1.13
~	h_1								2.42	2.028	1.731	1.500	1.330	1.192	1.066	0.969	0.884	0.804	~
1.40	s								0.024	0.027	0.031	0.037	0.043	0.050	0.060	0.071	0.084	0.102	1.40
1.41	h_0									1.917	1.586	1.343	1.172	1.036	0.915	0.824	0.746	0.674	1.41
~	h_1									2.460	2.036	1.723	1.504	1.330	1.174	1.058	0.957	0.865	~
1.80	s									0.030	0.035	0.040	0.047	0.054	0.064	0.076	0.090	0.108	1.80
1.81	h_0										1.889	1.554	1.329	1.157	1.008	0.899	0.806	0.723	1.81
~	h_1										2.424	1.994	1.705	1.485	1.294	1.153	1.035	0.928	~
2.24	s										0.038	0.044	0.050	0.058	0.069	0.081	0.096	0.115	2.24
2.25	h_0										2.341	1.844	1.529	1.311	1.123	0.989	0.878	0.780	2.25
~	h_1										3.005	2.366	1.962	1.682	1.441	1.259	1.127	1.001	~
2.80	s										0.039	0.048	0.054	0.063	0.074	0.087	0.102	0.122	2.80
2.81	h_0											2.290	1.833	1.522	1.274	1.104	0.968	0.850	2.81
~	h_1											2.935	2.352	1.953	1.635	1.417	1.242	1.091	~
3.55	s											0.052	0.060	0.069	0.081	0.094	0.110	0.131	3.55
3.56	h_0												2.296	1.828	1.482	1.257	1.083	0.938	3.56
~	h_1												2.946	2.345	1.901	1.613	1.390	1.204	~
4.50	s												0.066	0.075	0.088	0.102	0.119	0.141	4.50
4.51	h_0													2.255	1.751	1.445	1.220	1.039	4.51

~	h_1										2.894	2.247	1.855	1.566	1.333	~
5.60	s										0.082	0.096	0.110	0.128	0.151	5.60
5.61	h_0											2.163	1.715	1.407	1.171	5.61
~	h_1											2.775	2.201	1.805	1.503	~
7.10	s											0.105	0.120	0.139	0.162	7.10
7.11	h_0												2.087	1.676	1.368	7.11
~	h_1												2.679	2.151	1.714	~
9.00	s												0.125	0.152	0.167	9.00
9.01	h_0												2.778	2.050	1.586	9.01
~	h_1												3.564	2.631	2.035	~
11.2	s												0.145	0.166	0.192	11.2

附表 2–3　美軍 MIL–STD–105 表 ANSI/ASQC ZI. 4–1981
附表 2–3–1　　樣本代字

批量			特殊檢驗水準				一般檢驗水準		
			S–1	S–2	S–3	S–4	I	II	III
2	至	8	A	A	A	A	A	A	B
9	至	15	A	A	A	A	A	B	C
16	至	25	A	A	B	B	B	C	D
26	至	50	A	B	B	C	C	D	E
51	至	90	B	B	C	C	C	E	F
91	至	150	B	B	C	D	D	F	G
151	至	280	B	C	D	E	E	G	H
281	至	500	B	C	D	E	F	H	J
501	至	1200	C	C	E	F	G	J	K
1201	至	3200	C	D	E	G	H	K	L
3201	至	11000	C	D	F	G	J	L	M
1001	至	35000	C	D	F	H	K	M	N
35001	至	15000	D	E	G	J	L	N	P
15001	至	50000	D	E	G	J	M	P	Q
50001	及	以上	D	E	H	K	N	Q	R

附表 2-3-2　正常檢驗（單次）

樣本代字	樣本大小	0.010		0.015		0.025		0.040		0.065		0.10		0.15		0.25		0.40		0.65		1.0		1.5		2.5		4.0		6.5		10		15		25		40		65		100		150		250		400		650		1000	
		Ac	Re	Ac	Re	Ac	Re	Ac	Re	Ac	Re	Ac	Re	Ac	Re	Ac	Re	Ac	Re	Ac	Re	Ac	Re	Ac	Re	Ac	Re	Ac	Re	Ac	Re	Ac	Re	Ac	Re	Ac	Re	Ac	Re	Ac	Re	Ac	Re	Ac	Re	Ac	Re	Ac	Re	Ac	Re	Ac	Re
A	2																																		0	1	1	2	2	3	3	4	5	6	7	8	10	11	14	15	21	22	30	31
B	3																																0	1	1	2	2	3	3	4	5	6	7	8	10	11	14	15	21	22	30	31	44	45
C	5																														0	1	1	2	2	3	3	4	5	6	7	8	10	11	14	15	21	22	30	31	44	45		
D	8																											0	1	1	2	2	3	3	4	5	6	7	8	10	11	14	15	21	22	30	31	44	45				
E	13																									0	1	1	2	2	3	3	4	5	6	7	8	10	11	14	15	21	22	30	31	44	45						
F	20																							0	1	1	2	2	3	3	4	5	6	7	8	10	11	14	15	21	22	30	31	44	45								
G	32																					0	1	1	2	2	3	3	4	5	6	7	8	10	11	14	15	21	22	30	31	44	45										
H	50																			0	1	1	2	2	3	3	4	5	6	7	8	10	11	14	15	21	22	30	31	44	45												
J	80																	0	1	1	2	2	3	3	4	5	6	7	8	10	11	14	15	21	22	30	31	44	45														
K	125															0	1	1	2	2	3	3	4	5	6	7	8	10	11	14	15	21	22	30	31	44	45																
L	200													0	1	1	2	2	3	3	4	5	6	7	8	10	11	14	15	21	22	30	31	44	45																		
M	315										0	1	1	2	2	3	3	4	5	6	7	8	10	11	14	15	21	22	30	31	44	45																				
N	500								0	1	1	2	2	3	3	4	5	6	7	8	10	11	14	15	21	22	30	31	44	45																						
P	800						0	1	1	2	2	3	3	4	5	6	7	8	10	11	14	15	21	22	30	31	44	45																								
Q	1250					0	1	1	2	2	3	3	4	5	6	7	8	10	11	14	15	21	22	30	31	44	45																										
R	2000			0	1	1	2	2	3	3	4	5	6	7	8	10	11	14	15	21	22	30	31	44	45																												

附表 2-3-3　正常檢驗（單次）

樣本代字	樣本大小	0.010		0.015		0.025		0.040		0.065		0.10		0.15		0.25		0.40		0.65		1.0		1.5		2.5		4.0		6.5		10		15		25		40		65		100		150		250		400		650		1000	
		Ac	Re	Ac	Re	Ac	Re	Ac	Re	Ac	Re	Ac	Re	Ac	Re	Ac	Re	Ac	Re	Ac	Re	Ac	Re	Ac	Re	Ac	Re	Ac	Re	Ac	Re	Ac	Re	Ac	Re	Ac	Re	Ac	Re	Ac	Re	Ac	Re	Ac	Re	Ac	Re	Ac	Re	Ac	Re	Ac	Re
A	2	↓		↓		↓		↓		↓		↓		↓		↓		↓		↓		↓		↓		↓		↓		↓		↓		↓		0	1	1	2	2	3	3	4	5	6	8	9	12	13	18	19	27	28
B	3	↓		↓		↓		↓		↓		↓		↓		↓		↓		↓		↓		↓		↓		↓		↓		↓		0	1	1	2	2	3	3	4	5	6	8	9	12	13	18	19	27	28	41	42
C	5	↓		↓		↓		↓		↓		↓		↓		↓		↓		↓		↓		↓		↓		↓		↓		0	1	1	2	2	3	3	4	5	6	8	9	12	13	18	19	27	28	41	42	↑	
D	8	↓		↓		↓		↓		↓		↓		↓		↓		↓		↓		↓		↓		↓		↓		0	1	1	2	2	3	3	4	5	6	8	9	12	13	18	19	27	28	41	42	↑		↑	
E	13	↓		↓		↓		↓		↓		↓		↓		↓		↓		↓		↓		↓		↓		0	1	1	2	2	3	3	4	5	6	8	9	12	13	18	19	27	28	41	42	↑		↑		↑	
F	20	↓		↓		↓		↓		↓		↓		↓		↓		↓		↓		↓		↓		0	1	1	2	2	3	3	4	5	6	8	9	12	13	18	19	27	28	41	42	↑		↑		↑		↑	
G	32	↓		↓		↓		↓		↓		↓		↓		↓		↓		↓		↓		0	1	1	2	2	3	3	4	5	6	8	9	12	13	18	19	27	28	41	42	↑		↑		↑		↑		↑	
H	50	↓		↓		↓		↓		↓		↓		↓		↓		↓		↓		0	1	1	2	2	3	3	4	5	6	8	9	12	13	18	19	27	28	41	42	↑		↑		↑		↑		↑		↑	
J	80	↓		↓		↓		↓		↓		↓		↓		↓		↓		0	1	1	2	2	3	3	4	5	6	8	9	12	13	18	19	27	28	41	42	↑		↑		↑		↑		↑		↑		↑	
K	125	↓		↓		↓		↓		↓		↓		↓		↓		0	1	1	2	2	3	3	4	5	6	8	9	12	13	18	19	27	28	41	42	↑		↑		↑		↑		↑		↑		↑		↑	
L	200	↓		↓		↓		↓		↓		↓		↓		0	1	1	2	2	3	3	4	5	6	8	9	12	13	18	19	27	28	41	42	↑		↑		↑		↑		↑		↑		↑		↑		↑	
M	315	↓		↓		↓		↓		↓		↓		0	1	1	2	2	3	3	4	5	6	8	9	12	13	18	19	27	28	41	42	↑		↑		↑		↑		↑		↑		↑		↑		↑		↑	
N	500	↓		↓		↓		↓		↓		0	1	1	2	2	3	3	4	5	6	8	9	12	13	18	19	27	28	41	42	↑		↑		↑		↑		↑		↑		↑		↑		↑		↑		↑	
P	800	↓		↓		↓		↓		0	1	1	2	2	3	3	4	5	6	8	9	12	13	18	19	27	28	41	42	↑		↑		↑		↑		↑		↑		↑		↑		↑		↑		↑		↑	
Q	1250	↓		↓		↓		0	1	1	2	2	3	3	4	5	6	8	9	12	13	18	19	27	28	41	42	↑		↑		↑		↑		↑		↑		↑		↑		↑		↑		↑		↑		↑	
R	2000	↓		↓		0	1	1	2	2	3	3	4	5	6	8	9	12	13	18	19	27	28	41	42	↑		↑		↑		↑		↑		↑		↑		↑		↑		↑		↑		↑		↑		↑	
S	3150	↓		0	1	1	2	2	3	3	4	5	6	8	9	12	13	18	19	27	28	41	42	↑		↑		↑		↑		↑		↑		↑		↑		↑		↑		↑		↑		↑		↑		↑	

附表 2-3-4　正常檢驗（單次）

各欄位為 Ac（允收數） / Re（拒收數）；↓＝採用箭頭下方第一個抽樣計畫；↑＝採用箭頭上方第一個抽樣計畫。

樣本代字	樣本大小	0.010	0.015	0.025	0.040	0.065	0.10	0.15	0.25	0.40	0.65	1.0	1.5	2.5	4.0	6.5	10	15	25	40	65	100	150	250	400	650	1000
A	2	↓	↓	↓	↓	↓	↓	↓	↓	↓	↓	↓	↓	↓	↓	↓	↓	0 1	1 2	2 3	3 4	5 6	7 8	10 11	14 15	21 22	30 31
B	3	↓	↓	↓	↓	↓	↓	↓	↓	↓	↓	↓	↓	↓	↓	↓	0 1	1 2	2 3	3 4	5 6	7 8	10 11	14 15	21 22	30 31	44 45
C	5	↓	↓	↓	↓	↓	↓	↓	↓	↓	↓	↓	↓	↓	↓	0 1	1 2	2 3	3 4	5 6	7 8	10 11	14 15	21 22	30 31	44 45	↑
D	8	↓	↓	↓	↓	↓	↓	↓	↓	↓	↓	↓	↓	↓	0 1	1 2	2 3	3 4	5 6	7 8	10 11	14 15	21 22	30 31	44 45	↑	↑
E	13	↓	↓	↓	↓	↓	↓	↓	↓	↓	↓	↓	↓	0 1	1 2	2 3	3 4	5 6	7 8	10 11	14 15	21 22	30 31	44 45	↑	↑	↑
F	20	↓	↓	↓	↓	↓	↓	↓	↓	↓	↓	↓	0 1	1 2	2 3	3 4	5 6	7 8	10 11	14 15	21 22	30 31	44 45	↑	↑	↑	↑
G	32	↓	↓	↓	↓	↓	↓	↓	↓	↓	↓	0 1	1 2	2 3	3 4	5 6	7 8	10 11	14 15	21 22	30 31	44 45	↑	↑	↑	↑	↑
H	50	↓	↓	↓	↓	↓	↓	↓	↓	↓	0 1	1 2	2 3	3 4	5 6	7 8	10 11	14 15	21 22	30 31	44 45	↑	↑	↑	↑	↑	↑
J	80	↓	↓	↓	↓	↓	↓	↓	↓	0 1	1 2	2 3	3 4	5 6	7 8	10 11	14 15	21 22	30 31	44 45	↑	↑	↑	↑	↑	↑	↑
K	125	↓	↓	↓	↓	↓	↓	↓	0 1	1 2	2 3	3 4	5 6	7 8	10 11	14 15	21 22	30 31	44 45	↑	↑	↑	↑	↑	↑	↑	↑
L	200	↓	↓	↓	↓	↓	↓	0 1	1 2	2 3	3 4	5 6	7 8	10 11	14 15	21 22	30 31	44 45	↑	↑	↑	↑	↑	↑	↑	↑	↑
M	315	↓	↓	↓	↓	↓	0 1	1 2	2 3	3 4	5 6	7 8	10 11	14 15	21 22	30 31	44 45	↑	↑	↑	↑	↑	↑	↑	↑	↑	↑
N	500	↓	↓	↓	↓	0 1	1 2	2 3	3 4	5 6	7 8	10 11	14 15	21 22	30 31	44 45	↑	↑	↑	↑	↑	↑	↑	↑	↑	↑	↑
P	800	↓	↓	↓	0 1	1 2	2 3	3 4	5 6	7 8	10 11	14 15	21 22	30 31	44 45	↑	↑	↑	↑	↑	↑	↑	↑	↑	↑	↑	↑
Q	1250	↓	↓	0 1	1 2	2 3	3 4	5 6	7 8	10 11	14 15	21 22	30 31	44 45	↑	↑	↑	↑	↑	↑	↑	↑	↑	↑	↑	↑	↑
R	2000	↓	0 1	1 2	2 3	3 4	5 6	7 8	10 11	14 15	21 22	30 31	44 45	↑	↑	↑	↑	↑	↑	↑	↑	↑	↑	↑	↑	↑	↑

附表 2-3-5　正常檢驗（單次）

（各 AQL 欄數值為「Ac Re」；Ac＝允收數，Re＝拒收數）

樣本代字	樣本	樣本大小	累積樣本大小	0.010	0.015	0.025	0.040	0.065	0.10	0.15	0.25	0.40	0.65	1.0	1.5	2.5	4.0	6.5	10	15	25	40	65	100	150	250	400	650	1000
A																												
B	第一	2	2																	0 2	0 3	1 4	2 5	3 7	5 9	7 11	11 16	17 22	25 31
	第二	2	4																	1 2	3 4	4 5	6 7	8 9	12 13	18 19	26 27	37 38	56 57
C	第一	3	3																0 2	0 3	1 4	2 5	3 7	5 9	7 11	11 16	17 22	25 31	
	第二	3	6																1 2	3 4	4 5	6 7	8 9	12 13	18 19	26 27	37 38	56 57	
D	第一	5	5															0 2	0 3	1 4	2 5	3 7	5 9	7 11	11 16	17 22	25 31		
	第二	5	10															1 2	3 4	4 5	6 7	8 9	12 13	18 19	26 27	37 38	56 57		
E	第一	8	8														0 2	0 3	1 4	2 5	3 7	5 9	7 11	11 16	17 22	25 31			
	第二	8	16														1 2	3 4	4 5	6 7	8 9	12 13	18 19	26 27	37 38	56 57			
F	第一	13	13													0 2	0 3	1 4	2 5	3 7	5 9	7 11	11 16	17 22	25 31				
	第二	13	26													1 2	3 4	4 5	6 7	8 9	12 13	18 19	26 27	37 38	56 57				
G	第一	20	20												0 2	0 3	1 4	2 5	3 7	5 9	7 11	11 16	17 22	25 31					
	第二	20	40												1 2	3 4	4 5	6 7	8 9	12 13	18 19	26 27	37 38	56 57					
H	第一	32	32											0 2	0 3	1 4	2 5	3 7	5 9	7 11	11 16	17 22	25 31						
	第二	32	64											1 2	3 4	4 5	6 7	8 9	12 13	18 19	26 27	37 38	56 57						
J	第一	50	50										0 2	0 3	1 4	2 5	3 7	5 9	7 11	11 16	17 22	25 31							
	第二	50	100										1 2	3 4	4 5	6 7	8 9	12 13	18 19	26 27	37 38	56 57							
K	第一	80	80									0 2	0 3	1 4	2 5	3 7	5 9	7 11	11 16	17 22	25 31								
	第二	80	160									1 2	3 4	4 5	6 7	8 9	12 13	18 19	26 27	37 38	56 57								
L	第一	125	125								0 2	0 3	1 4	2 5	3 7	5 9	7 11	11 16	17 22	25 31									
	第二	125	250								1 2	3 4	4 5	6 7	8 9	12 13	18 19	26 27	37 38	56 57									
M	第一	200	200							0 2	0 3	1 4	2 5	3 7	5 9	7 11	11 16	17 22	25 31										
	第二	200	400							1 2	3 4	4 5	6 7	8 9	12 13	18 19	26 27	37 38	56 57										
N	第一	315	315						0 2	0 3	1 4	2 5	3 7	5 9	7 11	11 16	17 22	25 31											
	第二	315	630						1 2	3 4	4 5	6 7	8 9	12 13	18 19	26 27	37 38	56 57											
P	第一	500	500					0 2	0 3	1 4	2 5	3 7	5 9	7 11	11 16	17 22	25 31												
	第二	500	1000					1 2	3 4	4 5	6 7	8 9	12 13	18 19	26 27	37 38	56 57												
Q	第一	800	800				0 2	0 3	1 4	2 5	3 7	5 9	7 11	11 16	17 22	25 31													
	第二	800	1600				1 2	3 4	4 5	6 7	8 9	12 13	18 19	26 27	37 38	56 57													
R	第一	1250	1250			0 2	0 3	1 4	2 5	3 7	5 9	7 11	11 16	17 22	25 31														
	第二	1250	2500			1 2	3 4	4 5	6 7	8 9	12 13	18 19	26 27	37 38	56 57														

附表 2-4　道奇雷敏表

附表 2-4-1　SL 表

LTPD (%) = 5.0%

製程均數 %	0－.05			.06－.50			.51－1.00			1.01－1.50			1.51－2.00			2.01－2.50		
N	n	c	AOQL %	n	c	AOQL %	n	c	AOQL %	n	c	AOQL %	n	c	AOQL %	n	c	AOQL %
1～30	全數	0	0	全數	0	0	全數	0	0	全數	0	0	全數	0	0	全數	0	0
31～50	30	0	.49	30	0	.49	30	0	.49	30	0	.49	30	0	.49	30	0	.49
51～100	37	0	.63	37	0	.63	37	0	.63	37	0	.63	37	0	.63	37	0	.63
101～200	40	0	.74	40	0	.74	40	0	.74	40	0	.74	40	0	.74	40	0	.74
201～300	43	0	.74	43	0	.74	70	1	.92	70	1	.92	95	2	.99	95	2	.99
301～400	44	0	.74	44	0	.74	70	1	.99	100	2	1.0	120	3	1.1	145	4	1.1
401～500	45	0	.75	75	1	.95	100	2	1.1	100	2	1.1	125	3	1.2	150	4	1.2
501～600	45	0	.76	75	1	.98	100	2	1.1	125	3	1.2	150	4	1.3	175	5	1.3
601～800	45	0	.77	75	1	1.0	100	2	1.2	130	3	1.2	175	5	1.4	200	6	1.4
801～1000	45	0	.78	75	1	1.0	105	2	1.2	155	4	1.4	180	5	1.4	225	7	1.5
1001～2000	45	0	.80	75	1	1.0	130	3	1.4	180	5	1.6	230	7	1.7	280	9	1.8
2001～3000	75	1	1.1	105	2	1.3	135	3	1.4	210	6	1.7	280	9	1.9	370	13	2.1
3001～4000	75	1	1.1	105	2	1.3	160	4	1.5	210	6	1.7	305	10	2.0	420	15	2.2
4001～5000	75	1	1.1	105	2	1.3	160	4	1.5	235	7	1.8	330	11	2.0	440	16	2.2
5001～7000	75	1	1.1	105	2	1.3	185	5	1.7	260	8	1.9	350	12	2.2	490	18	2.4
7001～10,000	75	1	1.1	105	2	1.3	185	6	1.7	260	8	1.9	380	13	2.2	535	20	2.5
10,001～20,000	75	1	1.1	135	3	1.4	210	6	1.8	285	9	2.0	425	15	2.3	610	23	2.6
20,001～50,000	75	1	1.1	135	3	1.4	235	7	1.9	305	10	2.1	470	17	2.4	700	27	2.7
50,001～100,000	75	1	1.1	160	4	1.6	235	7	1.9	355	12	2.2	515	19	2.5	770	30	2.8

附表 2-4-2　SA 表

AOQL (%) = 2.0%

製程均數 % N	0~.04			.05~.40			.41~.80			.81~1.20			1.21~1.60			1.61~2.00		
	n	c	pt%	n	c	pt%	n	c	pt%	n	c	pt%	n	c	pt%	n	c	pt%
1~15	全數	0	–	全數	0	–	全數	0	–	全數	0	–	全數	0	–	全數	0	–
16~50	14	0	13.6	14	0	13.6	14	0	13.6	14	0	13.6	14	0	13.6	14	0	13.6
51~100	16	0	12.4	16	0	12.4	16	0	12.4	16	0	12.4	16	0	12.4	16	0	12.4
101~200	17	0	12.2	17	0	12.2	17	0	12.2	17	0	12.2	35	1	10.5	35	1	10.5
201~300	17	0	12.3	17	0	12.3	17	0	12.3	37	1	12.3	37	1	10.2	37	1	10.2
301~400	18	0	11.8	18	0	11.8	38	1	10.0	38	1	10.0	38	1	10.0	60	2	8.5
401~500	18	0	11.9	18	0	11.9	39	1	9.8	39	1	9.8	60	2	8.6	60	2	8.6
501~600	18	0	11.9	18	0	11.9	39	1	9.8	39	1	9.8	60	2	8.6	60	2	8.6
601~800	18	0	11.9	40	1	9.6	40	1	9.6	65	2	8.0	65	2	8.0	85	3	7.5
801~1000	18	0	12.0	40	1	9.6	40	1	9.6	65	2	8.1	65	2	8.1	90	3	7.4
1001~2000	18	0	12.0	41	1	9.4	65	2	8.2	65	2	8.2	95	3	7.0	120	4	6.5
2001~3000	18	0	12.0	41	1	9.4	65	2	8.2	95	3	7.0	120	4	6.5	180	6	5.8
3001~4000	18	0	12.0	42	1	9.3	65	2	8.2	95	3	7.0	155	5	6.0	210	7	5.5
4001~5000	18	0	12.0	42	1	9.3	70	2	7.5	125	4	6.4	155	5	6.0	245	8	5.3
5001~7000	18	0	12.0	42	1	9.3	95	3	7.0	125	4	6.4	185	6	5.6	280	9	5.1
7001~10,000	42	1	9.3	70	2	7.5	95	3	7.0	125	5	6.0	220	7	5.4	350	11	4.8
10,001~20,000	42	1	9.3	70	2	7.6	95	3	7.0	190	6	5.6	290	9	4.9	460	14	4.4
20,001~50,000	42	1	9.3	70	2	7.6	125	4	6.4	220	7	5.4	395	12	4.5	720	21	3.9
50,001~100,000	42	1	9.3	95	3	7.0	160	5	5.9	290	9	4.9	505	15	4.2	955	27	3.7

附表 2-5　日本 JIS Z9006 表
附表 2-5-1　　SL 表

LTPD(%) = 5%

N \ $\bar{p}$(%)	0～.33 n	c	AOQL(%)	.34～.55 n	c	AOQL(%)	.56～.77 n	c	AOQL(%)	.78～1.1 n	c	AOQL(%)	1.2～2.2 n	c	AOQL(%)
30 以下	全數	0	0	全數	0	0	全數	0	0	全數	0	0	全數	0	0
31～50	30	0	.80	30	0	.80	30	0	.80	30	0	.80	30	0	.80
51～70	34	0	.75	34	0	.75	34	0	.75	34	0	.75	34	0	.75
71～100	37	0	.79	37	0	.79	37	0	.79	37	0	.79	37	0	.79
101～200	41	0	.79	41	0	.79	41	0	.79	75	1	1.1	75	1	1.1
201～300	42	0	.80	75	1	1.1	75	1	1.1	75	1	1.1	105	2	1.3
301～500	75	1	1.1	75	1	1.1	75	1	1.1	75	1	1.1	130	3	1.5
501～700	75	1	1.1	105	2	1.3	105	2	1.3	130	3	1.5	180	5	1.7
701～1000	75	1	1.1	105	2	1.3	105	2	1.3	130	3	1.5	205	6	1.9
1001～2000	105	2	1.3	105	2	1.3	130	3	1.5	155	4	1.6	280	9	2.1
3001～3000	105	2	1.3	130	3	1.5	130	3	1.5	155	4	1.6	305	10	2.2
3001～5000	105	2	1.3	130	3	1.5	155	4	1.6	205	6	1.9	350	12	2.3
5001～7000	105	2	1.3	155	4	1.6	180	5	1.7	205	6	1.9	350	12	2.3
7001～10000	130	3	1.5	155	4	1.6	180	5	1.7	205	6	1.9	395	14	2.4
10001～30000	130	3	1.5	155	4	1.6	205	6	1.9	255	8	2.0	420	15	2.4
30001～50000	130	3	1.5	180	5	1.7	205	6	1.9	255	8	2.0	465	17	2.5

附表 2-5-2　SA 表

AOQL(%) = 2%

$\bar{p}$(%) / N	0～.22 n	c	p_1(%)	.23～.33 n	c	p_1(%)	.34～.55 n	c	p_1(%)	.56～.77 n	c	p_1(%)	.78～1.1 n	c	p_1(%)
16 以下	全數	0	0	全數	0	0	全數	0	0	全數	0	0	全數	0	0
17～70	16	0	12.0	16	0	12.0	16	0	12.0	16	0	12.0	16	0	12.0
71～100	17	0	11.6	17	0	11.6	17	0	11.6	17	0	11.6	17	0	11.6
101～200	18	0	11.5	18	0	11.5	18	0	11.5	18	0	11.5	18	0	11.5
201～500	18	0	11.7	18	0	11.7	42	1	8.7	42	1	8.7	42	1	8.7
501～700	18	0	11.9	42	1	8.7	42	1	8.7	42	1	8.7	70	2	7.2
701～1000	42	1	8.8	42	1	8.8	42	1	8.8	42	1	8.8	70	2	7.3
1001～2000	42	1	8.9	42	1	8.9	70	2	7.4	70	2	7.4	70	2	7.4
2001～3000	42	1	8.9	42	1	8.9	70	2	7.4	70	2	7.4	95	3	6.9
3001～5000	42	1	8.9	70	2	7.4	70	2	7.4	95	3	6.9	95	3	6.9
5001～7000	70	2	7.4	70	2	7.4	70	2	7.4	95	3	6.9	125	4	6.3
7001～10000	70	2	7.4	70	2	7.4	95	3	6.9	95	3	6.9	155	5	5.9
10001～20000	70	2	7.4	70	2	7.4	95	3	6.9	125	4	6.3	190	6	5.5
20001～30000	70	2	7.4	70	2	7.4	95	3	6.9	155	5	5.9	220	7	5.3
30001～50000	70	2	7.4	95	3	6.9	125	4	6.3	155	5	5.9	255	8	5.1

附表 2-6　MIL-STD-1235

附表 2-6-1　CSP 制樣本代字表

生產週期之生產量	檢驗水準			
	I	II		III
	CSP-1 & CSP-2	CSP-1 & CSP-2	CSP-A	CSP-1 & CSP-2
2~8	C	B	A′	A
9-25	D	C	B′	A
26-65	E	D	C′	B
66-110	F	E	D′	B
111-180	F	E	E′	C
181-300	G	E	F′	C
301-500	G	F	G′	D
501-800	G	F	H′	E
801-1,300	H	F	I′	E
1,301-3,200	H	G	J′	F
3,201-8,000	I	H	K′	G
8,001-22,000	J	I	L′	H
22,001-110,000	K	J	M′	I
110,000 以上	K	K	N′	J

附表 2-6-2　CSP-1 之 f 及 L 值表

樣本代字	f	AQL(%)												
		0.015	0.035	0.065	0.10	0.15	0.25	0.40	0.65	1.0	1.5	2.5	4.0	6.5	10.0
A	1/2	240	180	120	100	75	50	33	25	20	12	9	5	4	2
B	1/3	390	290	200	170	130	80	55	43	34	20	15	9	6	4
C	1/4	500	380	260	220	170	100	75	55	45	27	19	12	8	5
D	1/5	600	450	320	270	200	130	90	70	55	33	23	14	9	6
E	1/7	750	560	390	330	250	150	110	85	65	40	29	17	12	8
F	1/10	920	690	480	410	310	190	140	100	80	50	35	22	15	10
G	1/15	1,110	840	590	500	380	230	170	130	100	65	43	27	18	12
H	1/25	1,380	1,040	730	620	470	290	210	160	130	75	55	34	22	15
I	1/50	1,780	1,340	940	800	600	370	260	200	160	100	70	42	29	19
J	1/100	2,210	1,660	1,150	980	740	450	320	250	200	120	85	55	36	24
K	1/200	2,630	1,970	1,370	1,170	880	530	380	300	240	150	100	65	43	28
		0.12	0.16	0.23	0.27	0.36	0.59	0.82103	1.08	1.35	2.6520	3.09	4.96	7.24	10.70

附表 2–6–3　　CSP–1 之全數檢驗界限 L 值表

樣本代字	f	AQL(%)													
		0.015	0.035	0.065	0.10	0.15	0.25	0.40	0.65	1.0	1.5	2.5	4.0	6.5	10.0
A	1/2	360	270	190	160	120	75	50	39	31	19	13	8	5	3
B	1/3	590	500	310	260	200	120	90	65	50	31	22	13	9	6
C	1/4	730	550	380	320	240	150	110	80	65	39	27	17	11	7
D	1/5	850	640	440	380	280	170	120	95	75	45	32	20	13	9
E	1/7	1,020	760	530	450	340	210	150	110	90	55	39	24	16	11
F	1/10	1,220	920	640	540	410	250	180	140	110	70	47	29	19	13
G	1/15	1,440	1,090	760	650	490	300	210	170	130	80	55	35	23	16
H	1/25	1,750	1,320	920	780	590	360	260	200	160	95	65	42	28	19
I	1/50	2,200	1,650	150	980	730	450	320	250	200	120	85	55	35	23
J	1/100	2,650	2,000	380	1,180	880	540	380	290	230	150	110	65	42	27
K	1/200	3,200	2,400	1,660	1,410	1,060	640	460	360	290	180	130	75	55	33
		0.12	0.16	0.23	0.27	0.36	0.59	0.82103	1.08	1.35	2.6520	3.09	4.96	7.24	10.70
		AOQL(%)													

附表 2-7　日本計數連續生產型抽樣計劃 (JIS Z9008)

附表 2-7-1　$\frac{1}{f}$ 值表

b	1.52 未滿	1.52~1.61 未滿	1.61~1.70 未滿	1.70~1.83 未滿	1.83~1.96 未滿	1.96~2.12 未滿	2.12~2.31 未滿	2.31~2.51 未滿	2.51~2.89 未滿	2.89~3.75 未滿	3.75 以上
$\frac{1}{f}$	50	30	20	15	10	8	6	5	4	3	2

附表 2-7-2　連續良品之值表（不良品以良品替換）

AOQL 範圍 %	$\frac{1}{f}$										
	2	3	4	5	6	8	10	15	20	30	50
0.1 ～ 0.16 未滿	280	470	610	720	820	980	1100	1350	1530	1790	2140
0.16～ 0.25 未滿	175	290	380	450	510	610	690	840	960	1120	1340
0.25～ 0.4 未滿	115	185	245	290	330	390	440	540	610	720	860
0.4 ～ 0.63 未滿	69	120	155	180	205	245	275	340	380	450	540
0.63～ 1.0 未滿	44	73	95	115	130	155	175	215	245	285	340
1.0 ～ 1.6 未滿	28	46	60	71	81	97	110	135	155	180	215
1.6 ～ 2.5 未滿	17	29	37	44	50	60	68	83	94	115	135
2.5 ～ 4.0 未滿	11	18	24	28	32	38	43	53	60	71	84
4.0 ～ 6.3 未滿	7	11	15	17	20	24	27	33	37	44	52
6.3 ～10.0 未滿	4	7	9	11	12	15	17	21	23	27	33

附表 2-7-3　連續良良品之值表（剔除不良品）

AOQL 範圍 %	$\frac{1}{f}$										
	2	3	4	5	6	8	10	15	20	30	50
0.1 ～ 0.16 未滿	280	470	610	720	820	980	1100	1350	1530	1790	2140
0.16～ 0.25 未滿	175	290	380	450	510	610	690	840	960	1120	1340
0.25～ 0.4 未滿	115	185	245	290	330	390	440	540	610	720	860
0.4 ～ 0.63 未滿	70	120	155	180	205	245	275	340	380	450	540
0.63～ 1.0 未滿	45	74	96	115	130	155	175	215	245	285	340
1.0 ～ 1.6 未滿	29	47	61	72	82	98	110	135	155	180	215
1.6 ～ 2.5 未滿	18	30	38	45	51	61	69	84	95	115	135
2.5 ～ 4.0 未滿	12	19	25	29	33	39	44	54	61	72	85
4.0 ～ 6.3 未滿	8	12	16	18	21	25	28	34	38	45	53
6.3 ～10.0 未滿	5	8	10	12	13	16	18	22	24	28	34

附表 2-8　日本計量規準型一次抽樣計劃 (JIS Z9003)

附表 2-8-1　保證批均數抽樣表

$\dfrac{|m_1-m_0|}{\sigma}$	n	G_5
2.069 以上	2	1.163
1.690～2.068	3	0.950
1.463～1.689	4	0.822
1.309～1.462	5	0.736
1.195～1.308	6	0.672
1.106～1.194	7	0.622
1.035～1.105	8	0.582
0.975～1.034	9	0.548
0.925～0.974	10	0.520
0.882～0.924	11	0.496
0.845～0.881	12	0.475
0.812～0.844	13	0.456
0.772～0.811	14	0.440
0.756～0.771	15	0.425
0.732～0.755	16	0.411
0.710～0.731	17	0.399
0.690～0.709	18	0.383
0.671～0.689	19	0.377
0.654～0.670	20	0.368
0.585～0.653	25	0.329
0.534～0.584	30	0.300
0.495～0.533	35	0.278
0.463～0.494	40	0.260
0.436～0.462	45	0.245
0.414～0.435	50	0.233

附表 2-8-2　保證批不良率抽樣表

$\alpha \doteqdot 0.05,\ \beta \doteqdot 0.10$

各格上列為數值，下列為樣本數 n；「*」表示無適用方案。

$p_0(\%)$ 代表值	範圍	0.80	1.00	1.25	1.60	2.00	2.50	3.15	4.00	5.00	6.30	8.00	10.0	12.5	16.0	20.0	25.0	31.5
$p_1(\%)$ 範圍 →		0.71~0.90	0.91~1.12	1.13~1.40	1.41~1.80	1.81~2.24	2.25~2.80	2.81~3.55	3.56~4.50	4.51~5.60	5.61~7.10	7.11~9.00	9.01~11.2	11.3~14.0	14.1~18.0	18.1~22.4	22.5~28.0	28.1~35.5
0.100	0.090~0.112	2.71/18	2.66/15	2.61/12	2.56/10	2.51/8	2.46/7	2.40/6	2.34/5	2.28/4	2.23/4	2.14/3	2.08/3	1.99/2	1.91/2	1.84/2	1.75/2	1.66/2
0.125	0.113~0.140	2.68/23	2.63/18	2.58/14	2.53/12	2.48/9	2.43/8	2.37/6	2.31/5	2.25/5	2.19/4	2.11/3	2.05/3	1.96/2	1.88/2	1.80/2	1.72/2	1.62/2
0.160	0.141~0.180	2.64/29	2.60/22	2.55/17	2.50/13	2.45/11	2.39/9	2.35/7	2.28/6	2.22/5	2.15/4	2.09/4	2.01/3	1.94/3	1.84/2	1.77/2	1.68/2	1.59/2
0.200	0.181~0.224	2.61/39	2.57/28	2.52/21	2.47/16	2.42/13	2.36/10	2.30/8	2.25/7	2.19/6	2.12/5	2.05/4	1.98/3	1.91/3	1.81/2	1.73/2	1.65/2	1.55/2
0.250	0.225~0.280	*	2.54/37	2.49/27	2.44/20	2.38/15	2.33/12	2.28/10	2.21/8	2.15/6	2.09/5	2.02/4	1.95/4	1.87/3	1.80/3	1.70/2	1.61/2	1.52/2
0.315	0.281~0.355	*	*	2.46/36	2.40/25	2.35/19	2.30/14	2.24/11	2.18/9	2.12/7	2.06/6	1.99/5	1.92/4	1.84/4	1.76/3	1.66/2	1.57/2	1.48/2
0.400	0.356~0.450	*	*	*	2.37/33	2.32/24	2.26/18	2.21/14	2.15/11	2.08/8	2.02/7	1.95/6	1.89/5	1.81/4	1.72/3	1.64/3	1.53/2	1.44/2
0.500	0.451~0.560	*	*	*	2.33/46	2.28/31	2.23/23	2.17/17	2.11/13	2.05/10	1.99/8	1.92/6	1.85/5	1.77/4	1.68/3	1.60/3	1.50/2	1.40/2
0.630	0.561~0.710	*	*	*	*	2.25/44	2.19/30	2.13/21	2.08/15	2.02/12	1.95/9	1.89/7	1.81/6	1.74/5	1.65/4	1.56/3	1.46/2	1.36/2
0.800	0.711~0.900	*	*	*	*	*	2.16/42	2.10/28	2.04/20	1.98/15	1.91/11	1.84/8	1.78/7	1.70/5	1.61/4	1.52/3	1.44/3	1.32/2
1.00	0.901~1.12		*	*	*	*	*	2.06/38	2.00/26	1.94/18	1.88/14	1.81/10	1.74/8	1.66/6	1.58/5	1.50/4	1.42/3	1.30/3
1.25	1.13~1.40			*	*	*	*	*	1.97/36	1.91/24	1.84/17	1.77/12	1.70/9	1.63/7	1.54/6	1.45/4	1.37/3	1.26/3
1.60	1.41~1.80				*	*	*	*	*	1.86/34	1.80/23	1.73/16	1.66/12	1.59/9	1.50/6	1.41/5	1.32/4	1.21/3
2.00	1.81~2.24					*	*	*	*	*	1.76/31	1.69/20	1.62/14	1.54/10	1.46/8	1.37/6	1.28/5	1.16/3
2.50	2.25~2.80						*	*	*	*	1.72/46	1.65/28	1.58/19	1.50/13	1.42/9	1.33/7	1.24/5	1.13/4
3.15	2.81~3.55							*	*	*	*	1.60/42	1.53/26	1.46/17	1.37/11	1.29/8	1.19/6	1.09/5
4.00	3.56~4.50								*	*	*	*	1.49/39	1.41/24	1.33/15	1.24/10	1.14/7	1.04/5
5.00	4.51~5.60									*	*	*	*	1.37/35	1.28/20	1.19/13	1.10/9	0.99/6
6.30	5.61~7.10										*	*	*	*	1.23/30	1.14/18	1.05/12	0.94/8
8.00	7.11~9.00											*	*	*	*	1.09/27	1.00/16	0.89/10
10.0	9.01~11.2												*	*	*	1.03/44	0.94/23	0.83/14

附表 2-8-3 保證批不良率星號 (*) 欄 K_p 值

| $p(\%)$ | | K_p |
p_0	p_1	
0.100	–	3.09023
0.125	–	3.02334
0.160	–	2.94784
0.200	–	2.87816
0.250	–	2.80703
0.315	–	2.73174
0.400	–	2.65207
0.500	–	2.57583
0.630	–	2.49488
0.800	0.80	2.40892
1.00	1.00	2.32635
1.25	1.25	2.24140
1.60	1.60	2.14441
2.00	2.00	2.05375
2.50	2.50	1.95996
3.15	3.15	1.85919
4.00	4.00	1.75069
5.00	5.00	1.64485
6.30	6.30	1.53007
8.00	8.00	1.40507
10.0	10.0	1.28155
–	12.5	1.15035
–	16.0	1.99446
–	20.0	0.84162
–	25.0	0.67449
–	31.5	0.48173

$$n = (\frac{2.9264}{K_{p_0} - K_{p_1}})^2$$
$$k = 0.562073 K_{p_1} + 0.437927 k_{p_0}$$

附表 2-8-4　保證批不良率雙邊規格限度表

P_0(%)	$\dfrac{su-sl}{\sigma}$	P_0(%)	$\dfrac{su-sl}{\sigma}$
0.10	7.9	1.50	6.0
0.15	7.7	2.00	5.8
0.20	7.5	3.00	5.5
0.30	7.2	5.00	5.0
0.50	6.9	7.00	4.7
0.70	6.6	10.00	4.3
1.00	6.4	15.00	3.8

附表 2-9　日本計量規準型一次抽樣表（JIS Z9004）

$\alpha \fallingdotseq 0.05,\ \beta \fallingdotseq 0.10$

p0(%) 代表值	範圍	0.80	1.00	1.25	1.60	2.00	2.50	3.15	4.00	5.00	6.30	8.00	10.0	12.5	16.0	20.0	25.0	31.5
(p1代表值)／範圍		0.71~0.90	0.91~1.12	1.13~1.40	1.41~1.80	1.81~2.24	2.25~2.80	2.81~3.55	3.56~4.50	4.51~5.60	5.61~7.10	7.11~9.00	9.01~11.20	11.30~14.00	14.10~18.00	18.10~22.40	22.50~28.00	28.10~35.50
0.100	0.090~0.112	2.71 87	2.67 68	2.62 54	2.57 42	2.52 34	2.47 28	2.42 23	2.36 19	2.31 16	2.24 13	2.19 11	2.11 9	2.07 8	1.95 6	1.87 5	1.87 5	1.77 4
0.125	0.113~0.140		2.64 80	2.59 62	2.54 48	2.49 38	2.44 31	2.39 25	2.32 20	2.28 17	2.21 14	2.16 12	2.10 10	2.02 8	1.97 7	1.90 6	1.82 5	1.72 4
0.160	0.141~0.180		2.60 98	2.56 74	2.50 56	2.46 44	2.40 35	2.35 28	2.30 23	2.23 18	2.18 15	2.10 12	2.04 10	2.00 9	1.91 7	1.85 6	1.77 5	1.67 4
0.200	0.181~0.224			2.53 90	2.47 66	2.43 51	2.37 40	2.32 31	2.26 25	2.20 20	2.14 16	2.08 13	2.02 11	1.95 9	1.86 7	1.80 6	1.72 5	1.63 4
0.250	0.225~0.280				2.44 79	2.39 59	2.34 46	2.28 35	2.23 28	2.17 22	2.12 18	2.04 14	1.99 12	1.93 10	1.86 8	1.75 6	1.67 5	1.53 4
0.315	0.281~0.355				2.41 98	2.36 71	2.31 54	2.25 41	2.19 31	2.14 25	2.07 19	2.00 15	1.94 12	1.88 10	1.80 8	1.75 7	1.62 5	1.53 4
0.400	0.356~0.450					2.32 89	2.27 65	2.22 48	2.16 36	2.10 28	2.04 22	1.98 17	1.92 14	1.85 11	1.78 9	1.69 7	1.64 6	1.47 4
0.500	0.451~0.560						2.23 80	2.18 57	2.12 42	2.07 32	2.00 24	1.94 19	1.88 15	1.81 12	1.72 9	1.64 7	1.58 6	1.51 5
0.630	0.561~0.710							2.14 71	2.08 50	2.03 37	1.97 28	1.90 21	1.83 16	1.77 13	1.69 10	1.62 8	1.52 6	1.45 5
0.800	0.711~0.900							2.10 92	2.05 62	1.99 44	1.92 32	1.86 24	1.79 18	1.72 14	1.66 11	1.56 8	1.51 7	1.39 5
1.000	0.901~1.120								2.01 79	1.95 54	1.89 38	1.83 28	1.76 21	1.69 16	1.62 12	1.53 9	1.45 7	1.33 5
1.250	1.130~1.400									1.91 69	1.85 47	1.78 32	1.72 24	1.65 18	1.57 13	1.50 10	1.39 7	1.33 6
1.600	1.410~1.800										1.80 60	1.74 40	1.67 28	1.60 20	1.53 15	1.45 11	1.35 8	1.26 6
2.000	1.810~2.240											1.69 50	1.63 34	1.56 24	1.48 17	1.40 12	1.32 9	1.19 6
2.500	2.250~2.800											1.65 67	1.59 43	1.52 29	1.43 19	1.36 14	1.27 10	1.17 7
3.150	2.810~3.550											1.61 96	1.54 57	1.47 36	1.39 23	1.31 16	1.22 11	1.13 8
4.000	3.560~4.500												1.49 83	1.42 48	1.34 29	1.25 19	1.17 13	1.08 9
5.000	4.510~5.600													1.37 69	1.29 38	1.20 23	1.11 15	1.02 10
6.300	5.610~7.100														1.23 53	1.15 30	1.07 19	0.97 12
8.000	7.110~9.000														1.18 87	1.10 44	1.00 24	0.89 14
10.000	9.010~11.200															1.04 68	0.95 34	0.84 18

附表 2-10　MIL-STD-414 表
附表 2-10-1　樣本代字表

批　量		檢驗水準				
		特　殊		一　般		
		S3	S4	I	II	III
2to	8	B	B	B	B	C
9to	15	B	B	B	B	D
16to	25	B	B	B	C	E
26to	50	B	B	C	D	F
51to	90	B	B	D	E	G
91to	150	B	C	E	F	H
151to	280	B	D	F	G	I
281to	400	C	E	G	H	J
401to	500	C	E	G	I	J
501to	1,200	D	F	H	J	K
1,201to3,200	3,200	E	G	I	K	L
3,201to10,000	10,000	F	H	J	L	M
10,001to35,000	35,000	G	I	K	M	N
35,001to150,000	150,000	H	J	L	N	P
150,001to500,000	500,000	H	K	M	P	P
50,001and over		H	K	N	P	P

附表 2–10—2　正常及嚴格驗基準表變異未知，標準差法

（單邊規格界限一形式1）

樣本代字	樣本大小	AQL　允收品質水準（正常檢驗）											
		T	.10	.15	.25	.40	.65	1.00	1.50	2.50	4.00	6.50	10.00
		K	K	K	K	K	K	K	K	K	K	K	K
B	3									1.12	.958	.765	.566
C	4							1.45	1.34	1.17	1.01	.814	.617
D	5						1.65	1.53	1.40	1.24	1.07	.874	.675
E	7				2.00	1.88	1.75	1.62	1.50	1.33	1.15	.955	.755
F	10			2.24	2.11	1.98	1.84	1.72	1.58	1.41	1.23	1.03	.828
G	15	2.53	2.42	2.32	2.20	2.06	1.91	1.79	1.65	1.47	1.30	1.09	.886
H	20	2.58	2.47	2.36	2.24	2.11	1.96	1.82	1.69	1.51	1.33	1.12	.917
I	25	2.61	2.50	2.40	2.26	2.14	1.98	1.85	1.72	1.53	1.35	1.14	.936
J	35	2.65	2.54	2.45	2.31	2.18	2.03	1.89	1.76	1.57	1.39	1.18	.969
K	50	2.71	2.60	2.50	2.35	2.22	2.08	1.93	1.80	1.61	1.42	1.21	1.00
L	75	2.77	2.66	2.55	2.41	2.27	2.12	1.98	1.84	1.65	1.46	1.24	1.03
M	100	2.80	2.69	2.58	2.43	2.29	2.14	2.00	1.86	1.67	1.48	1.26	1.05
N	150	2.84	2.73	2.61	2.47	2.33	2.18	2.03	1.89	1.70	1.51	1.29	1.07
P	200	2.85	2.73	2.62	2.47	2.33	2.18	2.04	1.89	1.70	1.51	1.29	1.07
		.10	.15	.25	.40	.65	1.00	1.50	2.50	4.00	6.50	10.00	
		AQL　允收品質水準（嚴格檢驗）											

附表 2-10-3　正常及嚴格驗基準表變異未知，標準差法

（雙邊規格界限及形式 2—單邊規格界限）

樣本代字	樣本大小	AQL 允收品質水準（正常檢驗）											
		T	.10	.15	.25	.40	.65	1.00	1.50	2.50	4.00	6.50	10.00
		M	M	M	M	M	M	M	M	M	M	M	M
B	3									7.59	18.86	26.94	33.69
C	4							1.53	5.50	10.92	16.45	22.86	29.45
D	5						1.33	3.32	5.83	9.80	14.39	20.19	26.56
E	7				0.422	1.06	2.14.	3.55	4.35	8.40	12.20	17.35	23.29
F	10			0.349	0.716	1.30	2.17.	3.26	4.77	7.29	10.54	15.17	20.74
G	15	0.186	0.312	0.503	0.818	1.31	2.11.	3.05	4.31	6.56	9.46	13.71	18.94
H	20	0.228	0.365	0.544	0.846	1.29	2.05.	2.95	4.09	6.17	8.92	12.99	18.03
I	25	0.250	0.380	0.551	0.877	1.29	2.00	2.86	3.97	5.97	8.63	12.57	17.51
J	35	0.264	0.388	0.535	0.847	1.23	1.87	2.68	3.70	5.57	8.10	11.87	16.65
K	50	0.250	0.363	0.503	0.789	1.17	1.71	2.49	3.45	5.20	7.61	11.23	15.87
L	75	0.228	0.330	0.467	0.720	1.07	1.60	2.29	3.20	4.87	7.15	10.63	15.13
M	100	0.220	0.317	0.447	0.689	1.02	1.53	2.20	3.07	4.69	6.91	10.32	14.75
N	150	0.203	0.293	0.413	0.638	.949	1.43	2.05	2.89	4.43	6.57	9.88	14.20
P	200	0.204	0.294	0.414	0.637	.945	1.42	2.04	2.87	4.40	6.53	9.81	14.12
		.10	.15	.25	.40	.65	1.00	1.50	2.50	4.00	6.50	10.00	
		AQL 允收品質水準（嚴格檢驗）											

附表 2-10-4 估計批不合格率，標準差法

Q_U 或 Q_L	樣本大小														
	3	4	5	7	10	15	20	25	30	35	50	75	100	150	200
1.50	0.00	0.00	3.80	5.28	5.87	6.20	6.34	6.41	6.46	6.50	6.55	6.60	6.62	6.64	6.65
1.51	0.00	0.00	3.61	5.13	5.73	6.06	6.20	6.28	6.33	6.36	6.42	6.47	6.49	6.51	6.52
1.52	0.00	0.00	3.42	4.97	5.59	5.93	6.07	6.15	6.20	6.23	6.29	6.34	6.36	6.38	6.39
1.53	0.00	0.00	3.23	4.82	5.45	5.80	5.94	6.02	6.07	6.11	6.17	6.21	6.24	6.26	6.27
1.54	0.00	0.00	3.05	4.67	5.31	5.67	5.81	5.89	5.95	5.98	6.04	6.09	6.11	6.13	6.15
1.55	0.00	0.00	2.87	4.52	5.18	5.54	5.69	5.77	5.82	5.86	5.92	5.97	5.99	6.01	6.02
1.56	0.00	0.00	2.69	4.38	5.05	5.41	5.56	5.65	5.70	5.74	5.80	5.85	5.87	5.89	5.90
1.57	0.00	0.00	2.53	4.24	4.92	5.29	5.44	5.53	5.58	5.62	5.68	5.73	5.75	5.78	5.79
1.58	0.00	0.00	2.35	4.10	4.79	5.16	5.32	5.41	5.46	5.50	5.56	5.61	5.64	5.66	5.67
1.59	0.00	0.00	2.19	3.96	4.66	5.04	5.20	5.29	5.34	5.38	5.45	5.50	5.52	5.54	5.56
1.60	0.00	0.00	2.83	3.83	4.54	4.92	5.09	5.17	5.23	5.27	5.33	5.38	5.41	5.43	5.44
1.61	0.00	0.00	1.87	3.69	4.41	4.81	4.97	5.06	5.12	5.16	5.22	5.27	5.30	5.32	5.33
1.62	0.00	0.00	1.72	3.57	4.30	4.69	4.86	4.95	5.01	5.04	5.11	5.16	5.19	5.21	5.23
1.63	0.00	0.00	1.57	3.44	4.18	4.58	4.75	4.84	4.90	4.94	5.01	5.06	5.08	5.11	5.12
1.64.	0.00	0.00	1.42	3.31	4.06	4.47	4.64	4.73	4.79	4.83	4.90	4.95	4.98	5.00	5.01
1.65	0.00	0.00	1.28	3.19	3.95	4.36	4.53	4.62	4.68	4.72	4.79	4.85	4.87	4.90	4.91
1.66	0.00	0.00	1.15	3.07	3.84	4.25	4.43	4.52	4.58	4.62	4.69	4.74	4.77	4.80	4.81
1.67	0.00	0.00	1.02	2.95	3.73	4.15	4.32	4.42	4.48	4.52	4.59	4.64	4.67	4.70	4.71
1.68	0.00	0.00	0.89	2.84	3.62	4.05	4.22	4.32	4.38	4.42	4.49	4.55	4.57	4.60	4.61
1.69	0.00	0.00	0.77	2.73	3.52	3.94	4.12	4.22	4.28	4.32	4.39	4.45	4.47	4.50	4.51
1.70	0.00	0.00	0.66	2.62	3.41	3.84	4.02	4.12	4.18	4.22	4.30	4.35	4.38	4.41	4.42
1.71	0.00	0.00	1.55	2.51	3.31	3.74	3.93	4.02	4.09	4.13	4.20	4.26	4.29	4.31	4.32
1.72	0.00	0.00	0.45	2.41	3.21	3.65	3.83	3.39	3.99	4.04	4.11	4.17	4.19	4.22	4.23.
1.73	0.00	0.00	0.36	2.31	3.11	3.56	3.74	3.84	3.90	3.94	4.02	4.08	4.10	4.13	4.14
1.74	0.00	0.00	0.27	2.20	3.02	3.46	3.65	3.75	3.81	3.85	3.93	3.99	4.01	4.04	4.05
1.75	0.00	0.00	0.19	2.11	2.92	3.37	3.56	3.66	3.72	3.77	3.84	3.90	3.93	3.95	3.97
1.76	0.00	0.00	0.12	2.01	2.83	3.28	3.47	3.57	3.63	3.68	3.76	3.81	3.84	3.87	3.88
1.77	0.00	0.00	0.06	1.92	2.74	3.20	3.38	3.48	3.55	3.59	3.67	3.73	3.76	3.78	3.80
1.78	0.00	0.00	0.02	1.83	2.66	3.11	3.30	3.40	3.47	3.51	3.59	3.64	3.67	3.70	3.71
1.79	0.00	0.00	0.00	1.74	2.57	3.03	3.21	3.32	3.38	3.43	3.51	3.56	3.59	3.63	3.63
1.80	0.00	0.00	0.00	1.65	2.49	2.94	3.13	3.24	3.30	3.35	3.43	3.48	3.51	3.54	3.55
1.81	0.00	0.00	0.00	1.57	2.40	2.86	3.05	3.16	3.22	3.27	3.35	3.40	3.43	3.46	3.47
1.82	0.00	0.00	0.00	1.49	2.32	2.79	2.98	3.08	3.15	3.19	3.27	3.33	3.36	3.38	3.40
1.83	0.00	0.00	0.00	1.41	2.25	2.71	2.90	3.00	3.07	3.11	3.19	3.25	3.28	3.31	3.32
1.84	0.00	0.00	0.00	1.34	2.17	2.63	2.82	2.93	2.99	3.04	3.12	3.18	3.21	3.23	3.25
1.85	0.00	0.00	0.00	1.26	2.09	2.56	2.75	2.85	2.92	2.97	3.05	3.10	3.13	3.16	3.17
1.86	0.00	0.00	0.00	1.19	2.02	2.48	2.68	2.78	2.85	2.89	2.97	3.03	3.06	3.09	3.10
1.87	0.00	0.00	0.00	1.12	1.95	2.41	2.61	2.71	2.78	2.82	3.90	2.96	2.99	3.02	3.03
1.88	0.00	0.00	0.00	1.09	1.88	2.34	2.54	2.64	2.71	2.75	3.83	2.89	2.92	3.95	2.96
1.89	0.00	0.00	0.00	0.99	1.81	2.28.	2.47	2.57	2.64	2.69	2.77	2.83	2.85	2.88	2.90

附表 2-10-5 正常及嚴格檢基準表，變異未知，全距法

（單邊規格界限—形式 1）

樣本代字	樣本大小	AQL 允收品質水準（正常檢驗）											
		T	.10	.15	.25	.40	.65	1.00	1.50	2.50	4.00	6.50	10.00
		k	k	k	k	k	k	k	k	k	k	k	k
B	3									.587	.502	.401	.296
C	4								.651	.598	.525	.450	.364	.276
D	5							.663	.614	.565	.498	.431	.352	.272
E	7					.702	.659	.613	.569	.525	.465	.405	.336	.266
F	10			.916	.863	.811	.755	.703	.650	.579	.507	.424	.341
G	15	1.04	.999	.958	.903	.850	.792	.738	.684	.610	.536	.452	.368
H	25	1.10	1.05	1.01	.951	.896	.835	.779	.723	.647	.571	.484	.398
I	30	1.10	1.06	1.02	.959	.904	.843	.787	.730	654	.577	.490	.403
J	40	1.13	1.08	1.04	.978	..921	.860	.803	.746	.668	.591	.503	.415
K	60	1.16	1.11	1.06	1.00	.948	.885	.826	.768	.689	..610	.521	.432
L	85	1.17	1.13	1.08	1.02	.962	.899	.839	.780	.701	.621	.530	.441
M	115	1.19	1.14	1.09	1.03	.975	.911	.851	.791.	.711	0631	.539	.449
N	175	1.21	1.16	1.11	1.03	.994	.929	.868	.807	.726	3644	.552	.460
P	230	1.21	1.16	1.12	1.06	.996	.931	.870	.809	.728	646	.553	.462
			.15	.25	.40	.65	1.00	1.50	2.50	4.00	6.50	10.00	
		AQL 允收品質水準（嚴格檢驗）											

附表 2-11 美軍 H108 手冊
附表 2-11-1 壽命試驗樣本代字表

$\alpha = 0.01$ $\beta = 0.01$ 樣本代字	θ_1/θ_0	$\alpha = 0.05$ $\beta = 0.10$ 樣本代字	θ_1/θ_0	$\alpha = 0.10$ $\beta = 0.10$ 樣本代字	θ_1/θ_0	$\alpha = 0.25$ $\beta = 0.10$ 樣本代字	θ_1/θ_0	$\alpha = 0.50$ $\beta = 0.10$ 樣本代字	θ_1/θ_0
$A-1$	0.004	$B-1$	0.022	$C-1$	0.046	$D-1$	0.125	$E-1$	0.301
$A-2$	0.038	$B-2$	0.091	$C-2$	0.137	$D-2$	0.247	$E-2$	0.432
$A-3$	0.082	$B-3$	0.154	$C-3$	0.207	$D-3$	0.325	$E-3$	0.502
$A-4$	0.123	$B-4$	0.205	$C-4$	0.261	$D-4$	0.379	$E-4$	0.550
$A-5$	0.160	$B-5$	0.246	$C-5$	0.304	$D-5$	0.421	$E-5$	0.584
$A-6$	0.193	$B-6$	0.282	$C-6$	0.340	$D-6$	0.455	$E-6$	0.611
$A-7$	0.221	$B-7$	0.312	$C-7$	0.370	$D-7$	0.483	$E-7$	0.633
$A-8$	0.247	$B-8$	0.338	$C-8$	0.396	$D-8$	0.506	$E-8$	0.652
$A-9$	0.270	$B-9$	0.361	$C-9$	0.418	$D-9$	0.526	$E-9$	0.667
$A-10$	0.291	$B-10$	0.382	$C-10$	0.438	$D-10$	0.544	$E-10$	0.681
$A-11$	0.371	$B-11$	0.459	$C-11$	0.512	$D-11$	0.608	$E-11$	0.729
$A-12$	0.428	$B-12$	0.512	$C-12$	0.561	$D-12$	0.650	$E-12$	0.759
$A-13$	0.470	$B-13$	0.550	$C-13$	0.597	$D-13$	0.680	$E-13$	0.781
$A-14$	0.504	$B-14$	0.581	$C-14$	0.624	$D-14$	0.703	$E-14$	0.798
$A-15$	0.554	$B-15$	0.625	$C-15$	0.666	$D-15$	0.737	$E-15$	0.821
$A-16$	0.591	$B-16$	0.658	$C-16$	0.695	$D-16$	0.761	$E-16$	0.838
$A-17$	0.653	$B-17$	0.711	$C-17$	0.743	$D-17$	0.800	$E-17$	0.865
$A-18$	0.692	$B-18$	0.745	$C-18$	0.774	$D-18$	0.824	$E-18$	0.882

附表 2-11-2　　T/Q_0 值表（$\alpha = 5\%$，樣本代字 B），時間終止且可置換試驗

樣本代字	r	樣本大小									
		$2r$	$3r$	$4r$	$5r$	$6r$	$7r$	$8r$	$9r$	$10r$	$20r$
B − 1	1	0.026	0.017	0.013	0.010	0.009	0.007	0.006	0.006	0.005	0.003
B − 2	2	0.089	0.059	0.044	0.036	0.030	0.025	0.022	0.020	0.018	0.009
B − 3	3	0.136	0.091	0.068	0.055	0.045	0.039	0.034	0.030	0.027	0.014
B − 4	4	0.171	0.114	0.085	0.068	0.057	0.049	0.043	0.038	0.034	0.017
B − 5	5	0.197	0.131	0.099	0.079	0.066	0.056	0.049	0.044	0.039	0.020
B − 6	6	0.218	0.145	0.109	0.087	0.073	0.062	0.054	0.048	0.044	0.022
B − 7	7	0.235	0.156	0.117	0.094	0.078	0.067	0.059	0.052	0.047	0.023
B − 8	8	0.249	0.166	0.124	0.100	0.083	0.071	0.062	0.055	0.050	0.025
B − 9	9	0.261	0.174	0.130	0.104	0.087	0.075	0.065	0.058	0.052	0.026
B − 10	10	0.271	0.181	0.136	0.109	0.090	0.078	0.068	0.060	0.054	0.027
B − 11	15	0.308	0.205	0.154	0.123	0.103	0.088	0.077	0.068	0.062	0.031
B − 12	20	0.331	0.221	0.166	0.133	0.110	0.095	0.083	0.074	0.066	0.033
B − 13	25	0.348	0.232	0.174	0.139	0.116	0.099	0.087	0.077	0.070	0.035
B − 14	30	0.360	0.240	0.180	0.144	0.120	0.130	0.090	0.080	0.072	0.036
B − 15	40	0.377	0.252	0.189	0.151	0.126	0.108	0.094	0.084	0.075	0.038
B − 16	50	0.390	0.260	0.195	0.156	0.130	0.111	0.097	0.087	0.078	0.039
B − 17	75	0.409	0.273	0.204	0.164	0.136	0.117	0.102	0.091	0.082	0.041
B − 18	10	0.421	0.280	0.210	0.168	0.140	0.120	0.105	0.093	0.084	0.042

附表 2-11-3　抽樣計畫表（指定 α, β, θ_1/θ_0, T/θ_0 值）

θ_1/θ_0	r	T/θ_0 1/3 n	1/5 n	1/10 n	1/20 n	r	T/θ_0 1/3 n	1/5 n	1/10 n	1/20 n
		$\alpha=0.01$		$\beta=0.01$			$\alpha=0.05$		$\beta=0.01$	
2/3	136	331	551	1103	2207	95	238	397	795	1591
1/2	46	95	158	317	634	33	72	120	241	483
1/3	19	31	51	103	206	13	25	38	76	153
1/5	9	10	17	35	70	7	9	16	32	65
1/10	5	4	6	12	25	4	4	6	13	27
		$\alpha=0.01$		$\beta=0.05$			$\alpha=0.05$		$\beta=0.05$	
2/3	101	237	395	790	1581	67	162	270	541	1 082
1/2	35	68	113	227	454	23	47	78	157	314
1/3	15	22	37	74	149	10	16	27	54	108
1/5	8	8	14	29	58	6	6	10	19	39
1/10	4	3	4	8	16	3	3	4	8	16
		$\alpha=0.01$		$\beta=0.10$			$\alpha=0.05$		$\beta=0.10$	
2/3	83	189	316	632	1265	55	130	216	433	867
1/2	30	56	93	187	374	19	37	62	124	248
1/3	13	18	30	60	121	8	11	19	39	79
1/5	7	7	11	23	46	4	4	7	13	27
1/10	4	2	4	8	16	3	3	4	8	16
		$\alpha=0.01$		$\beta=0.25$			$\alpha=0.05$		$\beta=0.25$	
2/3	60	130	217	434	869	35	77	129	258	517
1/2	22	37	62	125	251	13	23	38	76	153
1/3	10	12	20	41	82	6	7	13	26	52
1/5	5	4	7	13	25	3	3	4	8	16
1/10	3	2	2	4	8	2	1	2	3	7
		$\alpha=0.10$		$\beta=0.01$			$\alpha=0.25$		$\beta=0.01$	
2/3	77	197	329	659	1319	52	140	234	469	939
1/2	26	59	98	197	394	17	42	70	140	281
1/3	11	21	35	70	140	7	15	25	50	101
1/5	5	7	12	24	48	3	5	8	17	34
1/10	3	3	5	11	22	2	2	4	9	19
		$\alpha=0.10$		$\beta=0.05$			$\alpha=0.15$		$\beta=0.05$	
2/3	52	128	214	429	859	32	84	140	280	560
1/2	18	38	64	128	256	11	25	43	86	172
1/3	8	13	23	46	93	5	10	16	33	67
1/5	4	5	8	17	34	2	3	5	10	19

1/10	2	2	3	5	10	2	2	4	9	19
	$\alpha = 0.10$			$\beta = 0.10$			$\alpha = 0.25$		$\beta = 0.10$	
2/3	41	99	165	330	660	23	58	98	196	392
1/2	15	30	51	102	205	8	17	29	59	119
1/3	6	9	15	31	63	4	7	12	25	50
1/5	3	4	6	11	22	2	3	4	9	19
1/10	2	2	2	5	10	1	1	2	3	5
	$\alpha = 0.10$			$\beta = 0.25$			$\alpha = 0.25$		$\beta = 0.25$	
2/3	25	56	94	188	376	12	28	47	95	190
1/2	9	16	27	54	108	5	10	16	33	67
1/3	4	5	8	17	34	2	2	4	9	19
1/5	3	3	5	11	22	1	1	2	3	6
1/10	2	1	2	5	10	1	1	1	2	5

附表 2-12 直交表

附表 2-12-1 $L_8(2^7)$ 表

行 No	1	2	3	4	5	6	7
1	1	1	1	1	1	1	1
2	1	1	1	2	2	2	2
3	1	2	2	1	1	2	2
4	1	2	2	2	2	1	1
5	2	1	2	1	2	1	2
6	2	1	2	2	1	2	1
7	2	2	1	1	2	2	1
8	2	2	1	2	1	1	2
成分	a	b b	a b	c	a c	b c	a b c
	第1群	第2群		第3群			

$L_s(2^7)$ 之交互作用配行表

行 行	1	2	3	4	5	6	7
	(1)	3	2	5	4	7	6
		(2)	1	6	7	4	5
			(3)	7	6	5	4
				(4)	1	2	3
					(5)	3	2
						(6)	1
							(7)

附表 2–12–2　$L_{16}(2^{15})$ 表

No.	1	2	3	4	5	6	7	8	9	10	11	12	13	14	15
1	1	1	1	1	1	1	1	1	1	1	1	1	1	1	1
2	1	1	1	1	1	1	1	2	2	2	2	2	2	2	2
3	1	1	1	2	2	2	2	1	1	1	1	2	2	2	2
4	1	1	1	2	2	2	2	2	2	2	2	1	1	1	1
5	1	2	2	1	1	2	2	1	1	2	2	1	1	2	2
6	1	2	2	1	1	2	2	2	2	1	1	2	2	1	1
7	1	2	2	2	2	1	1	1	1	2	2	2	2	1	1
8	1	2	2	2	2	1	1	2	2	1	1	1	1	2	2
9	2	1	2	1	2	1	2	1	2	1	2	1	2	1	2
10	2	1	2	1	2	1	2	2	1	2	1	2	1	2	1
11	2	1	2	2	1	2	1	1	2	1	2	2	1	2	1
12	2	1	2	2	1	2	1	2	1	2	1	1	2	1	2
13	2	2	1	1	2	2	1	1	2	2	1	1	2	2	1
14	2	2	1	1	2	2	1	2	1	1	2	2	1	1	2
15	2	2	1	2	1	1	2	1	2	2	1	2	1	1	2
16	2	2	1	2	1	1	2	2	1	1	2	1	2	2	1
成分	a	b	a b	c	a c	b c	a b c	d	a d	b c d	a b d	c d	a c d	b c d	a b c d

第1群（1）　第2群（2 3）　第3群（4 5 6 7）　第4群（8～15）

$L_{16}(2^{15})$ 之交互作用配行表

行\行	1	2	3	4	5	6	7	8	9	10	11	12	13	14	15
	(1)	3	2	5	4	7	6	9	8	11	10	13	12	15	14
		(2)	1	6	7	4	5	10	11	8	9	14	15	12	13
			(3)	7	6	5	4	11	10	9	8	15	14	13	12
				(4)	1	2	3	12	13	14	15	8	9	10	11
					(5)	3	2	13	12	15	14	9	8	11	10
						(6)	1	14	15	12	13	10	11	8	9
							(7)	15	14	13	12	11	10	9	8
								(8)	1	2	3	4	5	6	7
									(9)	3	2	5	4	7	6
										(10)	1	6	7	4	5
											(11)	7	6	5	4
												(12)	1	2	3
													(13)	3	2
														(14)	1

附表 2–12–13　　$L_9(3^4)$ 表

Col. No.	1	2	3	4
1	1	1	1	1
2	1	2	2	2
3	1	3	3	3
4	2	1	2	3
5	2	2	3	1
6	2	3	1	2
7	3	1	3	2
8	3	2	1	3
9	3	3	2	1
	第 1 群	第 2 群		

中、英名詞對照

人名對照表

名詞對照表

參考文獻

劉漢容著，《品質管制》，64 年 9 月。

劉漢容著，《品質管制》，90 年 2 月。

何明政，〈零售業服務品質與顧客行為意向之實驗研究 (1999)〉，成大工管所碩士論文。

馮修鴻，〈推行 TPM 關鍵成功因素與績效之研究 (2000)〉，成大工管所碩士論文。

黃春生，〈服務品質、關係品質與顧客行為意向關係之研究 (2000)〉，成大工管所碩士論文。

王見福，〈光電產業組織文化，行銷策略顧客關係管理對組織績效影響之實証研究 (2003)〉，成大工管所論文碩士。

郭建良，〈ISO9001 關鍵成功因素與組織績效關聯性之研究 (2003)〉，成大工管所論文碩士。

許嘉真，〈經營策略與營運績效關係之研究—以醫療院所為例 (2003)〉，成大工管所論文碩士。

ANSI/ASQC Z1.4–1993, *Sampling procelures for inspection by Attributes ASQ*, Milwaukee, Wisc.

ANSI/ASQC, Z.19–1994, *Sampling Procedures and tables for inspection by nanables for Porcent Non-conburming*, Milwaukee, Wisc.

Berry L.L, V.A. Zeithaml & P. Parasurman, (1985), *Quality counts in Service, Too* Business Horizons, 28, No.3, pp.44–52.

Feigenbaum, A,V, (1983), *Total Quality control*, 3rd ed. McGraw-Hill.

Goetsch, David L. & Stanley Davis, (1994), *Introduction to total quality*, Mocmillan College, New York.

Oakland, John S, (1993), *Total Quality Management*, 2nd ed., Butter worth-Heinemann, Great Britain.

Zeithaml, V. A., LL, Berry & P. Parasursman, (1990), *Delivering Quality Service: Balancing Custome Perceptions and expection*, Free Press, New York

James R. Evans, William M. Lindsay, *The management and control of Quality*, 4th ed.

Gevald Smith, *Statistical process control and Quality improvement*, 2nd ed.

管理學　伍忠賢／著

　　抱持「為用而寫」的精神，以解決問題為導向，釐清大家似懂非懂的概念，並輔以實用的要領、圖表或個案解說，將其應用到日常生活和職場領域中。標準化的圖表方式，雜誌報導的寫作風格，使你對抽象觀念或時事個案，都能融會貫通，輕鬆準備研究所等入學考試。

財務管理　伍忠賢／著

　　細從公司現金管理，廣至集團財務掌控，不論是小公司出納或是大型集團的財務主管，本書都能滿足你的需求。以理論架構、實務血肉、創意靈魂，將理論、公式作圖表整理，深入淺出，易讀易記，足供碩士班入學考試之用。本書可讀性高、實用性更高。

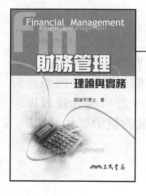

財務管理──理論與實務　張瑞芳／著

　　財務管理是企業的重心所在，關係經營的成敗，不可不用心體察，盡力學習控制管理；然而財務衍生的金融、資金、倫理……，構成一複雜而艱澀的困難學科。且由於部分原文書及坊間教科書篇幅甚多，內容艱辛難以理解，因此本書著重在概念的養成，希望以言簡意賅、重點式的提要，能對莘莘學子及工商企業界人士有所助益。並提供教學光碟（投影片、習題解答）供教師授課之用。

策略管理全球企業案例分析　伍忠賢／著

　　一服見效的管理大補帖，讓你快速吸收惠普、嬌生、西門子、UPS、三星、臺塑、統一、國巨、台積電、聯電……等二十多家海內外知名企業的成功經驗！本書讓你在看故事的樂趣中，盡得管理精髓。精選最新、最具代表性的個案，精闢的分析，教你如何應用所學，尋出自己企業活路！

公司鑑價　伍忠賢／著

　　本書揭露公司鑑價的專業本質，洞見財務管理的學術內涵，以生活事務來比喻專業事業；清楚的圖表、報導式的文筆、口語化的內容，易記易解，並收錄多項著名個案。引用美國著名財務、會計、併購期刊十七種、臺灣著名刊物五種，以及博碩士論文、參考文獻三百五十篇，並自創「實用資金成本估算法」、「實用盈餘估算法」，讓你體會「簡單有效」的獨門工夫。

投資學　伍忠賢／著

　　本書讓你具備全球、股票、債券型基金經理所需的基本知識，實例取材自《工商時報》和《經濟日報》，讓你跟「實務零距離」，章末所附的個案研究，讓你「現學現用」！不僅適合大專院校教學之用，更適合經營企管碩士(EMBA)班使用。

生產與作業管理　潘俊明／著

　　本學門內容範圍涵蓋甚廣，而本書除將所有重要課題囊括在內，更納入近年來新興的議題與焦點，並比較東、西方不同的營運管理概念與做法，研讀後，不但可學習此學門相關之專業知識，並可建立管理思想及管理能力。因此本書可說是瞭解此一學門，內容最完整的著作。

現代企業管理　陳定國／著

　　本書對主管人員之任務，經營管理之因果關係，管理與齊家治國平天下之道，在古中國、英國、法國、美國發展演進，二十及二十一世紀各階段波濤萬丈的新策略思與偉大企業家經營策略，以及企業決策、企業計劃、企業組織、領導激勵與溝通、預算與控制、行銷管理、生產管理、財務管理、人力資源管理、企業會計，研究發展管理、企業研究方法、管理情報資訊系統及資訊科技在企業管理上之最新應用等重點，做深入淺出之完整性闡釋，為國人力求公司治理、企業轉型化及管理現代化之最佳讀本。